U0937482

普通高等院校土建类应用型人才培养系列规划教材

建筑结构抗震设计

主　编　李玉胜
副主编　韩少男　袁胜佳

北京理工大学出版社
BEIJING INSTITUTE OF TECHNOLOGY PRESS

内容简介

本书较系统地介绍了地震基本知识、土木工程的结构抗震基本原理和方法，重点突出，注重实用，注重基本概念、基本原理和抗震设计规范的应用。

本书按照国家标准《建筑抗震设计规范（2016 年版）》（GB 50011—2010）、《建筑工程抗震设防分类标准》（GB 50223—2008）编写，主要介绍了建筑结构在地震作用下动力反应的新的计算方法，以及建筑结构抗震设计原理及相关规定。本书主要内容包括：地震的基本知识与抗震设计的基本要求，场地、地基和基础处理，结构地震反应分析与结构抗震计算，多层和高层钢筋混凝土结构抗震设计，砌体结构房屋抗震设计，多层和高层钢结构房屋抗震设计，单层钢筋混凝土柱厂房抗震设计。

本书可作为高等院校土木工程专业的教材，也可作为建筑结构设计、施工、监理等工程技术人员的参考书。

图书在版编目（CIP）数据

建筑结构抗震设计 / 李玉胜主编. —北京：北京理工大学出版社，2019.5（2019.6 重印）

ISBN 978-7-5682-7025-0

Ⅰ. ①建…　Ⅱ. ①李…　Ⅲ. ①建筑结构-防震设计-高等学校-教材　Ⅳ. ①TU352.104

中国版本图书馆 CIP 数据核字（2019）第 088843 号

出版发行 / 北京理工大学出版社有限责任公司
社　　址 / 北京市海淀区中关村南大街 5 号
邮　　编 / 100081
电　　话 / （010）68914775（总编室）
（010）82562903（教材售后服务热线）
（010）68948351（其他图书服务热线）
网　　址 / http://www.bitpress.com.cn
经　　销 / 全国各地新华书店
印　　刷 / 三河市天利华印刷装订有限公司
开　　本 / 787 毫米×1092 毫米　1/16
印　　张 / 14
字　　数 / 329 千字
版　　次 / 2019 年 5 月第 1 版　2019 年 6 月第 2 次印刷
定　　价 / 42.00 元

责任编辑 / 陆世立
文案编辑 / 赵　轩
责任校对 / 杜　枝
责任印制 / 李志强

图书出现印装质量问题，请拨打售后服务热线，本社负责调换

前　言

Preface

随着极端环境破坏的不断出现，以及经过局部修订的《中国地震动参数区划图》(GB 18306—2015)、《建筑抗震设计规范(2016 年版)》(GB 50011—2010)的颁布，对土木结构工程抗震有了新的要求，我国土木结构工程的抗震设计与施工水平等有了很大提高，但与世界先进水平相比还有一定差距。随着国家经济水平的不断提高，这种差距将会逐步缩小。

我国是地震灾害较频繁的国家，因而在建筑结构设计中需要提高建筑物的抗震能力。建筑抗震的实践表明，地震区的建筑物，缺乏良好的抗震设计、没有良好的总体布置方案，仅仅依靠结构抗震计算、采取抗震构造措施是远远不够的，不能达到良好的抗震效果。“建筑结构抗震设计”是原“建筑工程”“交通土建工程”“桥梁工程”“城市地下空间工程”等多个专业合并的土木工程专业核心课程之一。由于建筑结构的复杂性和地震作用的严重后果，随着对建筑结构抗震设计多年的研究和探索，我国逐渐形成了一整套行之有效的设计方法，并且日渐成熟，在建筑结构设计中的运用越来越广泛，并发挥着很大的实际作用。然而，现有的建筑结构抗震设计仍然有很多不完善之处，在很多的地方仍然欠缺考虑，这是我们在今后工作中需要加以完善的。在未来的建筑施工中，要保证建筑结构抗震设计的高效和完善，今后在建筑设计施工中，需要遵循相关规范的要求，严格按照设计的原则进行施工，对建筑结构进行科学合理的抗震设计，保证建筑物具有可靠的抗震性能，使建筑物在较小的地震中不会发生任何损坏，在一般的地震中只需要稍微修补，在大地震中不会发生倒塌。随着抗震设计水平的不断提高、实践经验的不断积累，建筑结构抗震设计将会取得更大的进步。本书是在吸取国内外建筑结构抗震方面的相关教材和文献的基础上，为适应国家产业政策和法律法规而编写的。

本书结合《建筑抗震设计规范(2016 年版)》(GB 50011—2010)，阐述了建筑结构抗震设计的原理与方法，对常见结构的抗震设计方法进行了详细介绍，给出了具体的设计实例，并概述了基于性能抗震设计方法的一般思想。

本书由哈尔滨学院李玉胜担任主编，由哈尔滨学院韩少男、袁胜佳担任副主编。具体编写分工为：哈尔滨学院李玉胜(第一、四章)、哈尔滨学院韩少男(第三、六章)、哈尔滨学院袁胜佳(第二、五、七章)。全书由袁胜佳统稿。书中绘图与例题校对工作由哈尔滨学院相关教师完成，在此深表感谢。

由于编写时间仓促，书中可能存在疏漏和不妥之处，恳请广大读者和专家批评指正。

编　者

目录

Contents

第1章　地震的基本知识与抗震设计的基本要求 …… (1)

1.1　地震的基本知识 …… (1)

1.1.1　地震 …… (1)

1.1.2　地震波 …… (2)

1.1.3　地震动的特性 …… (3)

1.1.4　地震震害 …… (4)

1.1.5　地震震级和地震烈度 …… (5)

1.2　建筑工程抗震设防 …… (8)

1.2.1　抗震设防的目标 …… (8)

1.2.2　两阶段设计方法 …… (8)

1.2.3　建筑抗震设防分类和设防标准 …… (9)

1.3　建筑抗震设计要求 …… (9)

1.3.1　场地和地基 …… (10)

1.3.2　建筑结构的规则性 …… (10)

1.3.3　抗震结构体系 …… (11)

1.3.4　非结构构件 …… (12)

1.3.5　结构材料与施工 …… (12)

第2章　场地、地基和基础处理 …… (15)

2.1　建筑场地划分 …… (15)

2.1.1　建筑地段的划分和选择 …… (15)

2.1.2　建筑场地类别划分 …… (16)

2.2　地基抗震验算和地基土液化及其防治措施 …… (18)

2.2.1　一般原则 …… (18)

2.2.2　天然地基的抗震验算 …… (19)

2.2.3　天然地基抗震承载力验算 …… (19)

2.3　液化土地基判别和处理 …… (20)

2.3.1　液化的概念 …… (20)

2.3.2　液化的判别 …… (21)

2.3.3 液化地基的评价 …… (22)
2.3.4 地基抗液化措施 …… (23)
第3章 结构地震反应分析与结构抗震计算 …… (25)
3.1 结构地震概述 …… (25)
3.2 单自由度弹性体系的地震反应 …… (26)
3.3 单自由度弹性体系地震作用计算的反应谱法 …… (28)
3.3.1 单自由度弹性体系的水平地震作用 …… (28)
3.3.2 地震系数、动力系数 …… (28)
3.3.3 地震影响系数和抗震设计反应谱 …… (30)
3.3.4 建筑物的重力荷载代表值 …… (32)
3.3.5 利用反应谱确定地震作用 …… (32)
3.4 多自由度弹性体系的水平地震反应 …… (34)
3.4.1 多自由度弹性体系的运动方程 …… (34)
3.4.2 多自由度弹性体系的自振频率与振型分析 …… (35)
3.4.3 频率、振型特点 …… (38)
3.4.4 地震反应分析的振型分解法 …… (39)
3.5 振型分解反应谱法 …… (41)
3.5.1 多自由度体系的水平地震作用 …… (41)
3.5.2 地震作用效应的组合 …… (42)
3.6 底部剪力法 …… (45)
3.6.1 底部剪力法的基本公式 …… (45)
3.6.2 底部剪力法的修正 …… (46)
3.7 结构基本周期的近似计算 …… (49)
3.7.1 能量法 …… (49)
3.7.2 顶点位移法 …… (50)
3.7.3 基本周期的修正 …… (51)
3.8 平动扭转耦联振动时结构的地震反应 …… (51)
3.9 竖向地震作用 …… (54)
3.9.1 高层建筑的竖向地震作用计算 …… (54)
3.9.2 大跨度结构的竖向地震作用计算 …… (55)
3.10 结构抗震验算 …… (56)
3.10.1 结构抗震检算的一般原则 …… (56)
3.10.2 截面抗震验算 …… (57)
3.10.3 多遇地震作用下结构的弹性变形验算 …… (59)
3.10.4 罕遇地震作用下结构的弹塑性变形验算 …… (59)
第4章 多层和高层钢筋混凝土结构抗震设计 …… (63)
4.1 钢筋混凝土结构抗震设计概述 …… (63)
4.2 钢筋混凝土结构抗震设计特点与概念设计 …… (64)

4.2.1 单柱的 $P-\Delta$ 曲线 …… (64)
4.2.2 柱群的 $P-\Delta$ 曲线 …… (65)
4.2.3 钢筋混凝土结构的抗震设计特点 …… (66)
4.2.4 钢筋混凝土结构抗震的概念设计 …… (67)
4.3 多层和高层钢筋混凝土房屋抗震设计的一般规定 …… (67)
4.3.1 《建筑抗震设计规范》适用范围内的房屋高度 …… (67)
4.3.2 房屋的平立面布置与防震缝 …… (68)
4.4 钢筋混凝土结构及其构件的抗震等级 …… (69)
4.5 钢筋混凝土框架的抗震设计要求 …… (71)
4.5.1 结构材料与施工 …… (71)
4.5.2 基本概念 …… (71)
4.5.3 “强柱弱梁”框架的抗震设计 …… (73)
4.5.4 梁、柱延性破坏之前不发生其他脆性破坏的抗震设计 …… (74)
4.5.5 框架的节点设计 …… (79)
4.6 钢筋混凝土框架结构水平地震作用 …… (81)
4.6.1 水平地震作用下的框架内力的计算 …… (81)
4.6.2 框架结构位移验算 …… (86)
4.7 框架—抗震墙结构和抗震墙结构的抗震设计 …… (90)
4.7.1 框架—抗震墙结构和抗震墙结构抗震设计的基本思想 …… (90)
4.7.2 结构体系的合理工作 …… (90)
4.7.3 抗震墙的布置 …… (91)
4.7.4 抗震墙的破坏形态 …… (92)
4.7.5 抗震墙的内力设计值 …… (93)
4.7.6 抗震墙的截面限制条件及考虑承载力抗震调整系数后的截面承载力设计值 …… (94)
4.7.7 抗震墙的构造 …… (97)
第5章 砌体结构房屋抗震设计 …… (108)
5.1 震害及其分析 …… (108)
5.2 多层砌体结构房屋抗震设计的一般规定 …… (110)
5.2.1 多层砌体房屋的总高度、层数和层高的限制 …… (110)
5.2.2 多层砌体房屋最大高宽比的限制 …… (111)
5.2.3 房屋砌体抗震横墙间距的限制 …… (111)
5.2.4 房屋局部尺寸的限制 …… (111)
5.2.5 多层砌体房屋的结构体系 …… (112)
5.3 砌体结构房屋抗震验算 …… (112)
5.3.1 计算简图 …… (113)
5.3.2 地震作用 …… (113)
5.3.3 楼层地震剪力在墙体间的分配 …… (114)

5.3.4 墙体抗震承载力验算 ……………………………………………… (116)
5.4 砌体房屋抗震构造措施 ……………………………………………… (118)
5.4.1 多层砖房抗震构造措施 …………………………………………… (118)
5.4.2 多层砌块房屋的抗震构造措施 …………………………………… (122)
5.5 底部框架—抗震墙房屋的抗震设计 ………………………………… (124)
5.5.1 底部框架—抗震墙房屋抗震设计的一般规定 …………………… (124)
5.5.2 底部框架—抗震墙房屋抗震计算的有关规定及其特殊要求 ……… (125)
5.5.3 底层框架—抗震墙房屋抗震构造要求 …………………………… (128)
第6章 多层和高层钢结构房屋抗震设计……………………………………… (132)
6.1 多层和高层钢结构房屋的主要震害 ………………………………… (132)
6.1.1 多层钢结构底层或中间某层整层的坍塌 ………………………… (133)
6.1.2 梁、柱、支撑等构件的破坏 ……………………………………… (133)
6.1.3 节点域的破坏形式 ……………………………………………… (134)
6.1.4 节点的破坏形式 ………………………………………………… (135)
6.1.5 震害原因分析 …………………………………………………… (135)
6.2 多层和高层钢结构房屋的抗震性能 ………………………………… (135)
6.2.1 纯钢框架结构的抗震性能 ……………………………………… (135)
6.2.2 钢框架—支撑(抗震墙板)结构的抗震性能 ……………………… (136)
6.2.3 筒体结构的抗震性能 …………………………………………… (137)
6.2.4 巨型框架结构的抗震性能 ……………………………………… (138)
6.3 多层和高层钢结构房屋抗震设计的结构布置及形式 ……………… (138)
6.3.1 结构平、立面布置以及防震缝的设置……………………………… (138)
6.3.2 各种不同结构体系的多层和高层钢结构房屋适用的高度和最大高宽比 ……………………………………………………………… (139)
6.3.3 框架—支撑结构的支撑布置原则 ……………………………… (140)
6.3.4 多层和高层钢结构房屋中的楼盖形式 ………………………… (141)
6.3.5 多层和高层钢结构房屋的地下室 ……………………………… (142)
6.4 多层和高层钢结构房屋的抗震计算要求 …………………………… (142)
6.4.1 地震作用 ………………………………………………………… (142)
6.4.2 抗震设计的验算内容以及作用效应的组合方法 ………………… (143)
6.4.3 钢结构节点域对侧移的影响以及结构在地震作用下的变形验算 … (143)
6.4.4 钢结构在地震作用下的内力调整 ……………………………… (144)
6.4.5 钢结构构件的承载力验算 ……………………………………… (145)
6.4.6 钢结构构件连接的弹性设计和极限承载力验算 ………………… (149)
6.4.7 不同连接材料的承载力计算方法、全塑性受弯承载力计算公式…… (151)
6.5 多层和高层钢框架结构抗震构造措施 ……………………………… (153)
6.5.1 框架柱的构造措施 ……………………………………………… (153)
6.5.2 框架梁的构造措施 ……………………………………………… (154)

6.5.3 梁柱连接的构造 …… (154)
6.5.4 节点域的构造措施 …… (155)
6.5.5 刚接柱脚的构造措施 …… (156)
6.6 多层和高层钢框架—支撑结构抗震构造措施 …… (158)
6.6.1 钢框架—中心支撑结构抗震构造措施 …… (158)
6.6.2 钢框架—偏心支撑框架结构抗震构造措施 …… (159)
第7章 单层钢筋混凝土柱厂房 …… (168)
7.1 震害及其分析 …… (168)
7.1.1 屋盖系统 …… (168)
7.1.2 柱 …… (169)
7.1.3 墙体 …… (169)
7.1.4 支撑 …… (169)
7.2 单层厂房结构抗震设计要求 …… (170)
7.2.1 场地选择 …… (170)
7.2.2 地基与基础 …… (170)
7.2.3 结构布置 …… (170)
7.2.4 天窗架布置 …… (171)
7.2.5 屋架设置 …… (171)
7.2.6 柱的设置 …… (171)
7.2.7 围护墙体 …… (172)
7.3 单层厂房的横向抗震验算 …… (172)
7.3.1 计算简图 …… (172)
7.3.2 集中柱顶处的质点重力荷载 G_i 的计算 …… (172)
7.3.3 横向基本周期计算 …… (174)
7.3.4 横向水平地震作用计算 …… (175)
7.3.5 排架的内力分析 …… (177)
7.3.6 排架内力组合 …… (178)
7.3.7 厂房结构构件的抗震验算 …… (179)
7.4 单层厂房的纵向抗震验算 …… (179)
7.4.1 纵向结构构件的刚度计算 …… (179)
7.4.2 柱列法 …… (184)
7.4.3 修正刚度法 …… (187)
7.4.4 拟能量法 …… (189)
7.4.5 突出屋面天窗架的纵向抗震计算 …… (192)
7.5 单层厂房结构抗震构造措施 …… (201)
7.5.1 有檩屋盖构件的连接与支撑布置 …… (201)
7.5.2 无檩屋盖构件的连接与支撑布置 …… (201)
7.5.3 屋架 …… (203)

7.5.4 柱 …………………………………………………………………………… (204)
7.5.5 柱间支撑 …………………………………………………………………… (205)
7.5.6 连接节点 …………………………………………………………………… (206)
参考文献 ………………………………………………………………………… (207)

第1章 地震的基本知识与抗震设计的基本要求

地震是一种突发性的自然灾害,是地球内部发生的急剧破裂产生的震波,在一定范围内引起地面震动的现象。地震是极其频繁的,全球每年发生地震约550万次。其中,5级以上地震约1 000次,造成严重破坏的大地震,全世界平均每年大约发生18次。强烈地震通常给人类带来巨大的生命和财产损失,其产生的影响是长久的。目前,科学技术还不能准确预测并控制地震的发生,但是完全可以运用现代科学技术手段来减轻和预防地震灾害。例如对建筑结构进行抗震设计就是减轻地震灾害的一种积极有效的方法。

我国地处世界上两个最活跃的地震带中间,东部处于环太平洋地震带,西部和西南部处于欧亚地震带,是世界上多地震国家之一。根据统计,全国450个城市中有70%以上处于地震区,而其中80%以上的大中城市均在地震区。由于城市人口与设施集中,地震灾害会带来严重的生命危险和财产损失。因此,为了抗御和减轻地震灾害,有必要进行建筑结构的抗震分析与设计。我国《建筑抗震设计规范(2016年版)》(GB 50011—2010)中明确规定:抗震设防烈度为6度及以上地区的建筑,必须进行抗震设计。本书的编写目的是介绍建筑结构抗震设计的原理、方法与要求,培养学生建筑结构抗震设计的能力,使其能够从事一般建筑物的抗震设计。

1.1 地震的基本知识

1.1.1 地震

地震是地球内某处岩层突然破裂,或因局部岩层塌陷、火山爆发等发生振动,并以波的形式传到地表,从而引起地面的运动。地震按其成因主要分为构造地震、火山地震、陷落地震和诱发地震四种类型。

构造地震是地壳运动,推挤地壳岩层,使其薄弱部位发生断裂错动所引起的地震。火山地震是指火山爆发,岩浆猛烈冲出地面所引起的地震。陷落地震是地表或地下岩层,如石灰岩地区较大的地下溶洞或古旧矿坑等,突然发生大规模的陷落和崩塌所引起的小范围内的地面震动。诱发地震是工业爆破、核爆破、水库蓄水或深井注水等引起的地面震动。

在上述四种类型的地震中，构造地震分布最广，危害最大，发生次数最多（约占发生地震的90%）。其他三类地震发生的概率很小，且受灾影响面也较小。因此，在地震工程学中主要的研究对象是构造地震。在建筑抗震设防中所指的地震就是构造地震，通常简称为地震。

地球内部岩层破裂引起震动的地方称为震源。震源是有一定大小的区域，又称震源区或震源体，是地震能量积聚和释放的地方。但在地震学中，通常都把它简化成一个点来处理。震源正上方的地面位置，或震源在地表的投影叫作震中。震中附近地面运动最剧烈，也是破坏最严重的地区，叫作震中区或极震区。地面上被地震波及的某一地区称为场地。由场地到震中的水平距离叫作震中距。由场地到震源的距离叫作震源距。震源深度是从震源到地面（震中）的垂直距离。

根据震源深度，将构造地震分为浅源地震（0 ~ 60 km）、中源地震（60 ~ 300 km）和深源地震（300 km 以上）。浅源地震距地面近，在震中区附近造成的危害最大，但相对而言，其所波及的范围较小。深源地震波及的范围较大，但由于地震释放的能量在长距离传播中大部分被耗散掉，因此，它对地面上建筑物的破坏程度较轻。破坏性地震一般是浅源地震。

1.1.2 地震波

地震波是从震源处向四外发射的弹性波。由于地球内部物质不均一，地震波的传播途径是一条很复杂的曲线，其传播速度与地球内部物质的密度和弹性有关，一般随深度的增大而增大。地震波按传播方式可分为纵波（P 波）、横波（S 波）和面波（L 波）三种类型（纵波和横波均属于体波）。地震发生时，震源区的介质发生急速的破裂和运动，这种扰动构成一个波源。由于地球介质的连续性，这种波动向地球内部及表层各处传播开去，形成了连续介质中的弹性波。地震引起的震动以波的形式从震源向各个方向传播并释放能量，这就是地震波。根据在地壳中传播的路径不同，地震波可分为体波和面波，下面分别介绍这两种波的特点。

1. 体波

在地球内部传播的地震波称为体波。根据介质质点振动方向与波传播方向的不同，体波又可分为纵波和横波，或称 P 波和 S 波。

当质点的振动方向与波的传播方向一致时称为纵波。在纵波由震源向外传播的过程中，介质质点不断地被压缩与拉伸，所以纵波又称为压缩波，它可以在固体和液体里传播。纵波在震中区主要引起地面垂直方向的振动。纵波的特点是周期短、振幅小。

横波是指质点的振动方向与波的前进方向垂直的地震波。横波又称为剪切波，由于横波的传播过程是介质质点不断受剪变形的过程，因此，横波只能在固体介质中传播。横波在震中区主要引起地面水平方向的振动。横波一般周期较长、振幅较大。

根据弹性理论，纵波传播速度 v_P 和横波传播速度 v_S 可分别按下列公式计算：

$$v_P = \sqrt{\frac{E(1-\mu)}{\rho(1+\mu)(1-2\mu)}} \tag{1-1}$$

$$v_S = \sqrt{\frac{E}{2\rho(1+\mu)}} = \sqrt{\frac{G}{\rho}} \tag{1-2}$$

$$\frac{v_P}{v_S} = \sqrt{(1 + \frac{1}{1 - 2\mu})} \tag{1-3}$$

式中　E——介质的弹性模量;

G——介质的剪切模量,$G = \frac{E}{2 + (1 + \mu)}$;

ρ——介质的密度;

μ——介质的泊松比。

从式(1-3)可以看出,一般情况下,纵波的传播速度比横波的传播速度快。当泊松比$\mu = 0.25$时,$v_P = 1.73v_S$。由于纵波和横波的传播速度不同,纵波的传播速度快,先到达地面,其质点振动方向与波的前进方向一致,首先引起地表垂直振动,当横波到达时才引起水平振动,所以在地震时,人们先感觉到上下颠簸,然后才感觉到左右摇摆。

2. 面波

面波是沿地表或地壳不同地质层界面传播的波。一般认为,面波是体波经地层界面多次反射、折射所形成的次生波。

面波包括瑞利波(R波)和勒夫波(L波)。瑞利波传播时,质点在波的传播方向和地表面法向所组成的平面内作与波前进的方向相反的椭圆运动,在地面上表现为滚动形式。勒夫波传播时,质点在地平面内产生与波前进的方向垂直的运动,在地面上表现为蛇形运动。面波的传播速度较慢,面波周期长、振幅大、衰减慢,故能传播到很远的地方。面波使地面既产生垂直振动又产生水平振动。

地震波的传播速度以纵波最快,横波次之,面波最慢。因此,在一般地震波记录图上,纵波最先到达,横波次之,面波到达最晚;振幅则恰好相反,纵波的振幅最小,横波的振幅较大,面波的振幅最大。

1.1.3　地震动的特性

地震动是由震源释放出来的地震波引起的地面运动。它是不同频率、不同振幅(或强度)在一个有限时间范围内的集合。因此,通常以振幅、频谱和持时三个参数来表达地震动的特点。地震动可以用地面上质点的加速度、速度和位移的时间函数来表示,这些函数关系构成地震动的时程曲线。地震动的位移、速度和加速度时程曲线可以用地震仪记录下来。地震动时程曲线是地震工程的重要资料。建筑抗震设计采用直接动力法计算地震时程反应时,需要用到强震地震动时程曲线,绘制地震反应谱曲线(仅作抗震设计之用)时,更需要大量的强震地震动时程曲线。人们一般通过记录地震动的加速度时程曲线来了解地震动的特征,对加速度时程曲线进行积分,可进一步得到地震动的速度时程曲线和位移时程曲线,下面就以加速度时程曲线来分析地震动的特性。

1. 振幅

地震动的振幅是地震动的加速度时程曲线的峰值。振幅是描述地震动强烈程度的最直观的参数。在抗震设计中,对结构进行时程分析时,往往要给出输入的最大加速峰值,在设计用反应谱中,地震影响系数的最大值也与地震动最大加速度峰值有着直接的关系。

2. 频谱

地震动不是简单的谐和震动，而是振幅和频率都在变化的无规则振动。但是对于给定的地震动时程，总可以把它看作由不同频率的简谐波组合而成，这就说明地震动是由不同频谱组成的，在一次地震中不同的房屋破坏程度是不同的。例如，1957 年、1962 年和 1985 年三次墨西哥地震，距震中很远的墨西哥城，高层建筑的破坏程度高于低层建筑。频谱是用地震动中振幅与频率关系的曲线来表示的。在地震工程中常用傅里叶谱、反应谱和功率谱来表示地震动的频谱特性。

3. 持时

持时是指地震动持续的时间。人们从震害经验总结中认识到强震持续的时间对结构破坏的重要性，有一些结构破坏不是在一次大的地震脉冲下发生倒塌破坏，而是从开裂到倒塌经过了几次、几十次甚至几百次的反复震动过程，在一次的震动过程中结构不一定发生破坏，但在每一次的反复震动中结构都发生了一定损伤，当损伤积累到一定程度的时候，结构就发生了破坏。很显然，在结构已发生开裂时，连续震动的时间越长，则结构倒塌的可能性越大。由此，人们可以看出地震动的持时是地震动的重要参数。

地震动的振幅、频谱和持时，通常被称为地震动的三要素。工程结构的地震破坏与地震动的三要素密切相关。

1.1.4 地震震害

全世界每年发生地震几百万次，其中破坏性地震近千次，7 级以上的大地震近十几次，地震造成的灾害是毁灭性的。例如 1976 年发生在中国河北唐山的大地震，震级为 7.8 级，震中烈度为 11 度。该次地震中死亡 24 万多人，伤残 16 万多人，倒塌房屋 320 万间，直接经济损失近百亿元人民币，是 20 世纪一次地震中死亡人数最多的地震。又如 1995 年 1 月 17 日发生在日本神户的地震，死亡人数近 5 438 人，但经济损失超过 1 000 亿美元，是 20 世纪一次地震中造成经济损失最大的地震。

2008 年 5 月 12 日发生了汶川地震，根据中国地震局的数据，此次地震的面波震级达 8.0 级，地震烈度达到 11 度。地震波及大半个中国及亚洲多个国家和地区，北至辽宁，东至上海，南至中国香港、中国澳门、泰国、越南，西至巴基斯坦均有震感。

“5・12”汶川地震严重破坏地区超过 10 万平方千米，共造成 69 227 人死亡、374 643 人受伤、17 923 人失踪，是中华人民共和国成立以来破坏力最大的地震，也是唐山大地震后伤亡最严重的一次地震。

地震灾害主要表现在三个方面：地表破坏、建筑物破坏以及由地震引起的各种次生灾害。

1. 地表破坏

地震造成的地表破坏一般有地裂缝、地陷、地面喷水冒砂及滑坡、塌方等。地震引起的地裂缝主要有两种：构造地裂缝和重力地裂缝。构造地裂缝，是地壳深部断层错动延伸至地面的裂缝，裂缝比较长，可达几千米到几十千米；裂缝也比较宽，可以达到几米甚至几十米。重力地裂缝是由于土质软硬不匀及微地貌重力影响，在地震作用下形成的。重力地裂缝在地震区的规模较构造地裂缝小,缝长比较短,一般为几米到几十米;宽度比较小;深度较浅,一般为1～2m。地裂缝穿过的地方可引起房屋开裂和道路、桥梁、水坝等工程设施的破坏。

由地震引起的地面的震动,使土颗粒间的摩擦力大大降低或使链状结构破坏,土层变密实,造成地面下沉,致使建筑物破坏。另外,地震时在岩溶洞和采空(采掘的土下坑道)地区也可能发生地陷。

地震时,地面的喷水冒砂现象多发生在地下水位较高、砂层埋藏较浅的平原及沿海地区。地震的强烈震动使地下水压力急剧增高,使饱和的砂土或粉土层液化,地下水夹带着砂土颗粒,从地裂缝或土质较松软的地方冒出,形成喷水冒砂现象。喷水冒砂严重的地方会造成房屋下沉、倾斜、开裂和倒塌。

强烈地震作用还常引起河岸、边坡滑坡,山崖的山石崩裂、塌方等现象。滑坡、塌方会导致公路阻塞,交通中断,冲毁房屋和桥梁,堵塞河流,淹没村庄等震害。

2. 建筑物破坏

强地震引起的建筑物破坏有两类:一类是建筑物的震动破坏。这类破坏是由于地震时,地面运动引起建筑物震动,产生惯性力,不仅使结构构件内力增大很多,而且往往其受力性质也发生改变,导致结构承载力不足而破坏;在强烈地震作用下产生的惯性力,还可能使结构构件连接不牢、节点破坏、支撑系统失效,而导致结构丧失整体性从而破坏或倒塌;也可能使结构产生过大震动变形,有时主体结构并未达到强度破坏,但围护墙、隔墙、雨篷、各种装修等非结构构件往往由于变形过大而发生脱落或倒塌等震害。另一类是地基失效引起的破坏。这类破坏是由于强烈地震引起地裂缝、地陷、滑坡和地基土液化等而导致地基开裂、滑动或不均匀沉降,使地基失效,丧失稳定性,降低或丧失承载力,最终造成建筑物整体倾斜、拉裂或倒塌而破坏。

3. 次生灾害

地震不仅直接造成建筑物的破坏,还间接引起火灾、水灾、毒气泄漏、疫病蔓延、海啸等,这称为地震的次生灾害。例如地震时电器短路引燃煤气、汽油等会引发火灾;水库大坝、江河堤岸倒塌或震裂会引起水灾;公路、铁路、机场被地震摧毁会造成交通中断;通信设施、互联网络被地震破坏会造成信息灾难;化工厂管道、贮存设备遭到破坏会导致有毒物质泄漏、蔓延,危及人们的生命和健康;城市中与人们生活密切相关的电厂、水厂、煤气厂的各种管线被地震破坏会造成大面积停水、停电、停气;卫生状况的恶化还能造成疫病流行等。例如“5·12”汶川地震震级高,强度大,造成人民生命财产的损失巨大。地震的次生灾害特别严重,频繁发生,以坡面地质灾害(如崩塌、滑坡、泥石流)和地面地质灾害(如地裂缝、地面塌陷、道路滑塌以及堰塞湖)和社会灾祸最为常见。这些次生灾害以活动断裂为地质构造基础,地表大量松散的固体物质为物质来源,强烈频繁的余震、坡面流水和沟谷洪流为动力条件,暴雨、洪水、持续的高温为诱发和触发因素。

1.1.5　地震震级和地震烈度

1. 地震震级

地震震级是通过仪器给出地震大小的一种量度,考虑到地震波在传播过程中的衰减,震级的测定需要考虑地震深度和震中距。现在测定地震是依靠仪器记录的地震波。取不同的地震波震相可以求得不同的地震震级。通常所说的里氏震级是一种近震震级。我国现在使用的是统一震级,最后的结果是取多台仪器记录结果的平均值。

地震震级是衡量地震本身大小的尺度,由地震所释放出来的能量大小决定。地震释放的能量越大,则震级越大。地震释放的能量大小,是通过地震仪记录的震波最大振幅来确定的。由于仪器性能和震中距不同,记录到的振幅也不同,所以必须以标准地震仪和标准震中距的记录为准。

目前,国际上比较通用的是里氏震级,它最早是由美国学者里克特(C. F. Richter)于1935年提出的,用符号 M_L 表示。里氏震级计算公式为

$$M_L = \lg A - \lg A_0 \tag{1-4}$$

式中 A——地震记录图上量得的以微米(μm)为单位的最大水平位移;

$\lg A_0$——依震中距而变化的起算函数:当震中距为100 km时,$A_0=1$ μm,即 $\lg A_0=0$。

里氏震级具有一定的适用条件,如必须使用标准的地震仪(周期为0.8 s,阻尼系数为0.8,放大倍率为2 800)来记录。后来,人们在里氏震级的基础上,又提出了一些其他震级表示法,如面波震级、体波震级和矩震级等,此处不做详细介绍。利用震级可以估计出一次地震所释放的能量,震级与地震释放的能量之间有如下关系:

$$\lg E = 1.5M_L + 11.8 \tag{1-5}$$

式中 E——地震释放的能量,单位为尔格(erg),1 erg$=10^{-7}$ J。

地震震级分为九级,一般小于2.5级的地震人无感觉;2.5级以上的地震人有感觉;5级以上的地震会造成破坏。

(1)一般将小于1级的地震称为超微震。

(2)$1 \leqslant M<3$ 的称为弱震或微震。如果震源不是很浅,这种地震人们一般不易觉察。

(3)$3<M<4.5$ 的称为有感地震。这种地震人们能够感觉到,但一般不会造成破坏。

(4)$4.5 \leqslant M<6$ 的称为中强震(如"9·7"彝良地震)。属于可造成破坏的地震,但破坏轻重还与震源深度、震中距等多种因素有关。

(5)$6 \leqslant M \leqslant 7$ 的称为强震(如"8·3"鲁甸地震、"2·6"高雄地震)。

(6)$7 \leqslant M<8$ 的称为大地震(如"8·8"九寨沟地震、"4·14"玉树地震、"4·20"雅安地震、"7·18"俄罗斯堪察加半岛地震)。

(7)8级以及8级以上的称为巨大地震(如"5·12"汶川地震、"3·11"日本地震)。

发震时刻、震级、震中统称为地震三要素。

2. 地震烈度

地震烈度是指某一地区的地面和各类建筑物遭受一次地震影响的强弱程度,是对地震引起的后果的一种度量。目前,主要是根据地震时人的感觉、器物的反应、建筑物破损程度和地貌变化特征等宏观现象综合判定。地震烈度将地震的强烈程度,从无感到建筑物毁灭及山河改观等划分为若干等级,列成表格,即地震烈度表。地震烈度表是评定地震烈度大小的尺度和标准,目前我国和世界上绝大多数国家采用的是划分为12度的地震烈度表,欧洲一些国家采用划分为10度的地震烈度表,日本则采用划分为8度的地震烈度表。对于一次地震来说,震级只有一个,但相应这次地震的不同地区则有不同的地震烈度。一般地说,震

中区的地震影响最大,烈度最高;距震中越远,地震影响越小,烈度越低。

我国把烈度划分为 12 度,不同烈度的地震,其影响和破坏大体如下:

(1) Ⅰ度:无感,仅仪器能记录到。

(2) Ⅱ度:个别敏感的人在完全静止中有感。

(3) Ⅲ度:室内少数人在静止中有感,悬挂物轻微摆动。

(4) Ⅳ度:室内大多数人、室外少数人有感,悬挂物摆动,不稳器皿作响。

(5) Ⅴ度:室外大多数人有感,家畜不宁,门窗作响,墙壁表面出现裂纹。

(6) Ⅵ度:人站立不稳,家畜外逃,器皿翻落,简陋棚舍损坏,陡坎滑坡。

(7) Ⅶ度:房屋轻微损坏,牌坊、烟囱损坏,地表出现裂缝及喷砂冒水。

(8) Ⅷ度:房屋多有损坏,少数路基破坏塌方,地下管道破裂。

(9) Ⅸ度:房屋大多数破坏,少数倾倒,牌坊、烟囱等崩塌,铁轨弯曲。

(10) Ⅹ度:房屋倾倒,道路毁坏,山石大量崩塌,水面大浪扑岸。

(11) Ⅺ度:房屋大量倒塌,路基堤岸大段崩毁,地表产生很大变化。

(12) Ⅻ度:一切建筑物普遍毁坏,地形剧烈变化,动植物遭毁灭。

3. 地震区划图与设防烈度

地震区划是地震区域的划分,地震区划图是指在地图上按地震情况的差异划分不同的区域。地震区划根据其目的和指标分为地震动活动区划、震害区划和地震动区划。我国在总结按地震烈度来划分的四代地震区划图的基础上,提出了直接以地震动参数表示的第五代新区划图,即《中国地震动参数区划图》(GB 18306—2015),其已于 2016 年 6 月 1 日起实施。该图根据地震危险性分析方法,提供了Ⅱ类场地土、50 年超越概率为 10% 的地震动参数,共给出两张图:地震动峰值加速度分区图、地震动反应谱特征周期分区图。

抗震设防烈度是按国家规定的权限批准作为一个地区抗震设防依据的地震烈度。我国国家标准《建筑抗震设计规范(2016 年版)》(GB 50011—2010)规定,一般情况下,抗震设防烈度可采用《中国地震动参数区划图》(GB 18306—2015)的地震基本烈度,或与《建筑抗震设计规范(2016 年版)》(GB 50011—2010)中设计基本地震加速度对应的烈度值。对已编制抗震设防区划的城市,可按批准的抗震设防烈度或设计地震动参数进行抗震设计。抗震设防烈度和设计基本地震加速度值的对应关系应符合表 1-1 的规定。设计基本地震加速度为 0.15g 和 0.30g 地区内的建筑,除《建筑抗震设计规范(2016 年版)》(GB 50011—2010)另有规定外,应分别按抗震设防烈度为 7 度和 8 度的要求进行抗震设计。

表 1-1　抗震设防烈度和设计基本地震加速度值的对应关系

抗震设防烈度	6	7	8	9
设计基本地震加速度值	0.05g	0.10(0.15)g	0.20(0.30)g	0.40g
注:g 为重力加速度				

1.2 建筑工程抗震设防

1.2.1 抗震设防的目标

建筑工程抗震设防的目标是在一定的经济条件下,最大限度地限制或减轻由地震引起的建筑物破坏,保障人员的安全,减少经济损失。为了实现这一目标,我国《建筑抗震设计规范(2016年版)》(GB 50011—2010)提出了"小震不坏,中震可修,大震不倒"三个水准的抗震设防目标。

第一水准:当遭受低于本地区设防烈度的多遇地震影响时,建筑物一般不受损坏或不需修理仍可继续使用。对应于"小震不坏",要求建筑结构满足多遇地震作用下的承载力极限状态验算要求与建筑的弹性变形不超过规定的弹性变形限值。

第二水准:当遭受相当于本地区设防烈度的地震影响时,建筑物可能损坏,但经一般修理或不需修理仍可继续使用。对应于"中震可修",要求建筑结构具有相当的延性能力(变形能力),不发生不可修复的脆性破坏。

第三水准:当遭受高于本地区设防烈度预估的罕遇地震影响时,建筑物不致倒塌或发生危及生命的严重破坏。对应于"大震不倒",要求建筑结构具有足够的变形能力,其弹塑性变形不超过规定的弹塑性变形限值。

根据对我国一些主要地震区的地震危险性分析,50年内的超越概率为63.2%的地震烈度称为多遇地震烈度(又称为小震烈度),所对应的地震水准为多遇地震(小震);50年内的超越概率为10%的地震烈度为抗震设防烈度(又称为基本烈度),所对应的地震水准为设防烈度地震(中震);50年内的超越概率为2%~3%的地震烈度称为罕遇地震烈度,所对应的地震水准为罕遇地震(大震)。根据统计分析,若以基本烈度为基准,则多遇地震烈度比基本烈度约低1.55度,而罕遇地震烈度比基本烈度约高1度。

1.2.2 两阶段设计方法

建筑结构的抗震设计应满足上述三水准的抗震设防要求。为实现此目标,我国《建筑抗震设计规范(2016年版)》(GB 50011—2010)采用了简化的两阶段设计方法。

第一阶段设计是承载力验算,按第一水准多遇地震烈度对应的地震作用效应和其他荷载效应的组合验算结构构件的承载能力和结构的弹性变形。

第二阶段设计是弹塑性变形验算,按第三水准罕遇地震烈度对应的地震作用效应验算结构的弹塑性变形。

通过第一阶段设计,将保证第一水准下的"小震不坏"要求;通过第二阶段设计,使建筑结构满足第三水准下的"大震不倒"要求。在抗震设计中,通过良好的抗震构造措施使第二水准的要求得以实现,从而满足"中震可修"的要求。

在实际抗震设计中,对有特殊要求的建筑、地震时易倒塌的结构以及有明显薄弱层的不规则结构,除进行第一阶段设计外,还要进行结构薄弱部位的弹塑性层间变形验算并采取相应的抗震构造措施,实现第三水准的设防要求。

1.2.3　建筑抗震设防分类和设防标准

对于不同使用功能的建筑物，地震破坏造成后果的严重性也是不一样的。因此，建筑物的抗震设防应根据其使用功能的重要性和破坏后果而采用不同的设防标准。根据我国《建筑抗震设防分类标准》(GB 50223—2008)的规定，根据建筑使用功能的重要性程度，将建筑抗震设防分为甲、乙、丙、丁四个类别。

甲类建筑(特殊设防类)：是指使用上有特殊设施，涉及国家公共安全的重大建筑工程和地震时可能发生严重次生灾害等特别重大灾害后果，需要进行特殊设防的建筑。简称甲类。如可能产生大爆炸、核泄漏、放射性污染、剧毒气体扩散的建筑。

乙类建筑(重点设防类)：是指地震时使用功能不能中断或需要尽快恢复的生命线相关建筑，以及地震时可能导致大量人员伤亡等重大灾害后果，需要提高设防标准的建筑。简称乙类。如城市生命线工程(供水、供电、交通、消防、医疗、通信等系统)的核心建筑。

丙类建筑(标准设防类)：是指大量的除甲、乙、丁类以外按标准要求进行设防的建筑。简称丙类。如一般的工业与民用建筑、公共建筑等。

丁类建筑(适度设防类)：是指使用上人员稀少且震损不致产生次生灾害，允许在一定条件下适度降低要求的建筑。简称丁类。如一般的仓库、人员较小的辅助建筑物等。

对于不同的抗震设防类别，在进行建筑抗震设计时，应采用不同的抗震设防标准。《建筑抗震设计规范(2016 年版)》(GB 50011—2010)规定如下：

甲类建筑(特殊设防类)：地震作用应高于本地区抗震设防烈度的要求，其值应按批准的地震安全性评价结果确定。抗震措施，当抗震设防烈度为 6～8 度时，应符合本地区抗震设防烈度提高 1 度的要求；当抗震设防烈度为 9 度时，应符合比抗震设防烈度 9 度抗震设防更高的要求。

乙类建筑(重点设防类)：地震作用应符合本地区抗震设防烈度的要求(抗震设防烈度 6 度时可不进行计算)。抗震措施，一般情况下，当抗震设防烈度为 6～8 度时，应符合本地区抗震设防烈度提高 1 度的要求；当抗震设防烈度为 9 度时，应符合比抗震设防烈度 9 度抗震设防更高的要求。

丙类建筑(标准设防类)：地震作用应符合本地区抗震设防烈度的要求(抗震设防烈度 6 度时可不进行计算)。抗震措施，应符合本地区抗震设防烈度的要求。

丁类建筑(适度设防类)：一般情况下，应符合本地区抗震设防烈度的要求(抗震设防烈度 6 度时可不进行计算)。抗震措施，允许比本地区抗震设防烈度的要求适当降低，但抗震设防烈度为 6 度时不应降低。

1.3　建筑抗震设计要求

建筑抗震设计一般包括概念设计、抗震计算和构造措施三个方面。其中，概念设计是指根据地震灾害、工程经验等所形成的基本设计原则和设计思想，进行建筑和结构的总体布置并确定细部构造的过程。概念设计在总体上把握抗震设计的基本原则；抗震计算为建筑抗震设计提供定量手段；构造措施则可以在保证结构整体性、加强局部薄弱环节等意义上保证抗震计算结果的有效性。建筑抗震设计上述三个层次的内容是一个不可分割的整体,忽略任何一部分,都可能造成建筑抗震设计的失败。

建筑抗震概念设计主要包括以下几个内容:注意场地选择和地基基础设计,把握建筑结构的规则性,选择合理抗震结构体系,合理利用结构延性,重视非结构因素,确保材料和施工质量。

由于我国的抗震设计是将小震下的地震力作为荷载参与计算,使之达到"不坏"的标准。这种设计对于抵抗大地震并无多大益处,甚至因刚度太大而在大震情况下出现脆性破坏。对于特殊的建筑结构,可以进行"性能设计"。性能设计宜多考虑隔震、减震技术。当建筑结构采用抗震性能化设计时,应根据抗震设防类别、设防烈度、场地条件、结构类型和不规则性,建筑使用功能和附属设施功能的要求、投资大小、震后损失和修复难易程度等,对选定的抗震性能目标提出技术和经济可行性综合分析,论证建筑抗震性能化设计的总原则。同时,给出了建筑结构的抗震性能化设计三个方面的要求:选定地震动水准、选定性能目标、选定性能设计指标。建筑结构的抗震性能化设计计算应符合的具体要求如下。

(1)分析模型应正确、合理地反映地震作用的传递途径和楼盖在不同地震动水准下是否整体或分块处于弹性工作状态。

(2) 弹性分析可采用线性方法,弹塑性分析可根据性能目标所预期的结构弹塑性状态,分别采用增加阻尼的等效线性化方法以及静力或动力非线性分析方法。

(3)结构非线性分析模型相对于弹性分析模型可有所简化,但二者在多遇地震下的线性分析结果应基本一致;应计入重力二阶效应、合理确定弹塑性参数,应依据构件的实际截面、配筋等计算承载力,可通过与理想弹性假定计算结果的对比分析,着重发现构件可能破坏的部位及其弹塑性变形程度。

1.3.1 场地和地基

选择建筑场地时,应根据工程需要和地震活动情况、工程地质和地震地质的有关资料,对抗震有利、一般、不利和危险地段做出综合评价。对不利地段,应提出避开要求;当无法避开时应采取有效的措施。对危险地段,严禁建造甲、乙类建筑,不应建造丙类建筑。建筑场地为I类时,甲、乙类建筑应允许按本地区设防烈度要求采取抗震构造措施;丙类建筑应允许按本地区抗震设防烈度降低1度的要求采取抗震构造措施,但抗震设防烈度为6度时仍应按本地区抗震设防烈度的要求采取抗震构造措施。

地基和基础设计应符合下列要求:

(1)同一结构单元的基础不宜设置在性质截然不同的地基上。

(2)同一结构单元不宜部分采用天然地基,部分采用桩基;当采用不同基础类型或基础埋深显著不同时,应根据地震时两部分地基基础的沉降差异,在基础上部结构的相关部位采取相应措施。

(3)地基为软弱黏性土、液化土、新近填土或严重不均匀土时,应根据地震时地基不均匀沉降或其他不利影响,并采取相应的措施。

1.3.2 建筑结构的规则性

建筑结构不规则可能造成较大地震扭转效应,产生严重应力集中,或形成抗震薄弱层。

因此,在建筑抗震设计中,应使建筑物的平面布置规则、对称,具有良好的整体性;建筑的立面和竖向剖面宜规则,结构的侧向刚度变化宜均匀。竖向抗侧力构件的截面尺寸和材料强度宜自下而上逐渐减小,避免抗侧力结构的侧向刚度和承载力突变而形成薄弱层。

建筑结构的不规则类型可分为平面不规则(表1-2)和竖向不规则(表1-3)。当采用不规则建筑结构时,应按《建筑抗震设计规范(2016年版)》(GB 50011—2010)的要求进行地震作用计算和内力调整,并应对薄弱部位采取有效的抗震构造措施。

对于体型复杂、平立面特别不规则的建筑结构,可按实际需要在适当部位设置防震缝,形成多个较规则的结构单元,但应注意使设缝后形成的结构单元的自振周期避开场地的卓越周期。

表1-2 平面不规则的主要类型

不规则类型	定义和参考指标
扭转不规则	在具有偶然偏心的规定水平力作用下,楼层两端抗侧力构件弹性水平位移(或层间位移)的最大值与平均值的比值大于1.2
凹凸不规则	平面凹进的尺寸,大于相应投影方向总尺寸的30%
楼板局部不连续	楼板的尺寸和平面刚度急剧变化,例如有效楼板宽度小于该层楼板典型宽度的50%,或开洞面积大于该层楼面面积的30%,或较大的楼层错层

表1-3 竖向不规则的主要类型

不规则类型	定义和参考指标
侧向刚度不规则	该层的侧向刚度小于相邻上一层的70%,或小于其上相邻三个楼层侧向刚度平均值的80%;除顶层或出屋面小建筑外,局部收进的水平向尺寸大于相邻下一层的25%
竖向抗侧力构件不连续	竖向抗侧力构件(柱、抗震墙、抗震支撑)的内力由水平转换构件(梁、桁架等)向下传递
楼层承载力突变	抗侧力结构的层间受剪承载力小于相邻上一楼层的80%

1.3.3 抗震结构体系

大量的震害实例表明,采取合理的抗震结构体系,加强结构的整体性,增强结构各构件延性是减轻地震破坏、提高建筑物抗震能力的关键。结构体系应根据建筑的抗震设防类别、抗震设防烈度、建筑高度、场地条件、地基、结构材料和施工等因素,经技术、经济和使用条件综合分析确定。

(1)在选择建筑抗震结构体系时,应符合下列各项要求:

①应具有明确的计算简图和合理的地震作用传递途径。

②宜有多道抗震防线,应避免因部分结构或构件破坏而导致整个结构丧失抗震能力或对重力荷载的承载能力。在建筑抗震设计中,可以利用多种手段实现设置多道防线的目的,例如增加结构超静定数、有目的地设置人工塑性铰、利用框架的填充墙、设置耗能元件或耗能装置等。

③应具备必要的抗震承载力、良好的变形能力和消耗地震能量的能力。结构抵抗强烈地震,主要取决于其吸能和耗能能力。这种能力依靠结构或构件在预定部位产生塑性铰,即结构可承受反复塑性变形而不倒塌,仍具有一定的承载能力。为实现上述目的,可采用结构各部位的联系构件形成耗能元件,或将塑性铰控制在一系列有利部位,使这些并不危险的部位首先形成塑性铰或发生可以修复的破坏,从而保护主要承重体系。

④宜具有合理的刚度和承载力分布,避免因局部削弱或突变开成薄弱部位,产生过大的应力集中或塑性变形集中;对可能出现的薄弱部位,应采取措施提高抗震能力。

⑤结构在两个主轴方向的动力特性宜相近。

(2)结构构件的设计应符合下列要求:

①砌体结构应按规定设置钢筋混凝土圈梁和构造柱、芯柱,或采用约束砌体、配筋砌体等。

②混凝土结构构件应控制截面尺寸和受力钢筋、箍筋的设置,防止剪切破坏在于弯曲破坏,混凝土的压溃先于钢筋的屈服、钢筋的锚固黏结破坏先于钢筋破坏。

③预应力混凝土的构件,应配有足够的非预应力钢筋。

④钢结构构件的尺寸应合理控制,避免局部失稳或整个构件失稳。

⑤多、高层的混凝土楼、屋盖宜优先采用现浇混凝土板。当采用预制装配式混凝土楼屋盖时,应从楼盖体系和构选上采取措施确保各预制板之间连接的整体性。

(3)结构各构件之间应可靠连接,保证结构的整体性,并应符合下列要求:

①构件节点的破坏,不应先于其连接的构件。

②预埋件的锚固破坏,不应先于连接件。

③装配式结构构件的连接,应能保证结构的整体性。

④预应力混凝土构件的预应力钢筋,宜在节点核心以外锚固。

1.3.4 非结构构件

非结构构件,包括建筑非结构构件和建筑附属机电设备。为了减少附加震害的发生次数,减少损失,应处理好非承重结构构件与主体结构之间的关系。

(1)附着于楼、屋面结构上的非结构构件,以及楼梯间的非承重墙体,应与主体结构有可靠的连接或锚固,避免地震时倒塌伤人或砸坏重要设备。

(2)框架结构的围护墙和隔墙,应考虑对结构抗震的不利影响,避免不合理设置而导致主体结构的破坏。

(3)幕墙、装饰贴面与主体结构应有可靠连接,避免地震时其脱落伤人。

(4)安装在建筑上的附属机械、电气设备系统的支座和连接,应符合地震使用功能的要求,且不应导致相关部件的损坏。

1.3.5 结构材料与施工

建筑结构材料与施工质量的好坏,直接影响建筑物的抗震性能。因此,在《建筑抗震设计规范(2016 年版)》(GB 50011—2010)中,对结构材料性能指标,提出了最低要求;对施工中的钢筋代换也提出了具体要求;对施工顺序也提出了具体要求。抗震结构对材料和施工质量的特殊要求,应在设计文件上注明,并应保证切实执行。

(1)砌体结构材料应符合下列规定:

①普通砖和多孔砖的强度等级不应低于 MU10,其砌筑砂浆强度等级不应低于 M5;

②混凝土小型空心砌块的强度等级不应低于 MU7.5,其砌筑砂浆强度等级不应低于 Mb7.5。

(2)混凝土结构材料应符合下列规定:

①混凝土的强度等级,框支梁、框支柱以及抗震等级为一级的框架梁、柱、节点核芯区,不应低于 C30;构造柱、芯柱、圈梁以及其他各类构件不应低于 C20;

②抗震等级为一、二、三级的框架和斜撑构件(含梯段),其纵向受力钢筋采用普通钢筋时,钢筋的抗拉强度实测值与屈服强度实测值的比值不应小于 1.25;钢筋的屈服强度实测值与屈服强度标准值的比值不应大于 1.3,且钢筋在最大拉力下的总伸长率实测值不应小于 9%。

(3)钢结构的钢材应符合下列规定:

①钢材的屈服强度实测值与抗拉强度实测值的比值不应大于 0.85;

②钢材应有明显的屈服台阶,且伸长率不应小于 20%;

③钢材应有良好的焊接性和合格的冲击韧性。

(4)结构材料性能指标,还宜符合下列要求:

①普通钢筋宜优先采用延性、韧性和焊接性较好的钢筋;普通钢筋的强度等级,纵向受力钢筋宜选用符合抗震性能指标的不低于 HRB400 级的热轧钢筋,也可采用符合抗震性能指标的 HRB335 级热轧钢筋;箍筋宜选用符合抗震性能指标的不低于 HRB335 级的热轧钢筋,也可选用 HPB300 级热轧钢筋。

注:钢筋的检验方法应符合现行国家标准《混凝土结构工程施工质量验收规范》(GB 50204—2015)的规定。

②混凝土结构的混凝土强度等级,抗震墙不宜超过 C60;其他构件,抗震设防烈度为 9 度时不宜超过 C60,抗震设防烈度为 8 度时不宜超过 C70。

③钢结构的钢材宜采用 Q235 等级 B、C、D 的碳素结构钢与 Q345 等级 B、C、D、E 的低合金高强度结构钢;当有可靠依据时,还可采用其他钢种和钢号。

(5)在施工中,当需要以强度等级较高的钢筋替代原设计中的纵向受力钢筋时,应按照钢筋受拉承载力设计值相等的原则换算,并应满足最小配筋率要求。

(6)采用焊接连接的钢结构,当接头的焊接拘束度较大、钢板厚度不小于 40 mm 且承受沿板厚方向的拉力时,钢板厚度方向截面收缩率不应小于国家标准《厚度方向性能钢板》(GB/T 5313—2010)关于 Z15 级规定的容许值。

(7)钢筋混凝土构造柱和底部框架—抗震墙房屋中的砌体抗震墙,其施工应先砌墙后浇构造柱和框架梁柱。

(8)混凝土墙体、框架柱的水平施工缝,应采取措施加强混凝土的结合性能。对于抗震等级一级的墙体和转换层楼板与落地混凝土墙体的交接处,宜验算水平施工缝截面的受剪承载力。

思考题

1. 什么是地震？
2. 地震分为哪几种类型？
3. 地震的震害有哪些？
4. 地震的震级和烈度分别是什么？
5. 我国目前的抗震设防目标是什么？
6. 简述“两阶段设计”的要求。

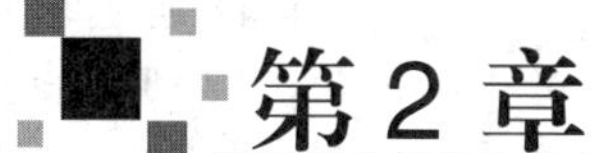

第2章 场地、地基和基础处理

2.1 建筑场地划分

建筑场地是指建筑物所在地,具有相似的反应谱特征。其范围大体相当于厂区、居民小区和自然村或不小于1.0 km^2 的平面面积。地震是由基岩传到场地,再由场地传到建筑物,场地对地震波具有放大和滤波作用。场地条件不同对地震波的放大和滤波作用就不同,因此,建造在不同场地上的建筑物在同一次强地震作用下的破坏程度也不同。这已经被国内外的震害资料证明。为了能够在宏观上指导设计人员合理地选择建筑场地,《建筑抗震设计规范(2016年版)》(GB 50011—2010)将建筑场地按照对建筑抗震有利、一般、不利和危险划分为四种地段。场地条件对地震的影响主要是岩土的物理力学性质和覆盖层厚度。为了具体反映场地条件对地震动的影响,《建筑抗震设计规范(2016年版)》(GB 50011—2010)根据建筑物所在地岩土的物理力学性质和覆盖层厚度的不同,将建筑场地划分为岩石、坚硬土或软质岩石、中硬石、中软土、软弱土五种场地土类型。

2.1.1 建筑地段的划分和选择

1.建筑地段的划分

在《建筑抗震设计规范(2016年版)》(GB 50011—2010)中,将建筑地段划分为对建筑抗震有利、一般、不利和危险的地段。具体划分标准见表2-1。

表2-1 有利、一般、不利和危险地段的划分

地段类别	地质、地形、地貌
有利地段	稳定基岩,坚硬土,开阔、密实、均匀的中硬土等
一般地段	不属于有利、不利和危险的地段
不利地段	软弱土,液化土,条状突出的山嘴,高耸孤立的山丘,陡坡,陡坎,河岸和边坡的边缘,平面分布上成因、岩性、状态明显不均匀的土层(含故河道、疏松的断层破碎带、暗埋的塘浜沟谷和半填半挖地基),高含水量的可塑黄土,地表存在结构性裂缝等
危险地段	地震时可能发生滑坡、崩塌、地陷、地裂、泥石流等及发震断裂带上可能发生地表位错的部位

2. 建筑地段的选择

在选择建筑地段时,应选择对抗震有利的地段,避开不利地段。当无法避开时,应采取适当的抗震措施,不应在危险地段建造建筑物。

由于发震断裂带在地震时可能发生地表的错动和出露,使建在断裂带附近的建筑物发生严重的破坏,因此,对建筑场地内有发震的断裂带应做出认真的研究和评价。断裂带的错动和出露,与地震震级、覆盖层厚度和地貌有关。地震震级越高,断层错位就越大,断层长度就越大;覆盖层越薄,出露于地表的错动和断层长度就越大;发生在平原、丘陵地区的地震,其出露于地表的断层长度和水平错位相对于山区小。因此,我国《建筑抗震设计规范(2016年版)》(GB 50011—2010)规定:当抗震设防烈度小于8度,或抗震设防烈度为8度、9度,隐伏断裂带的土层覆盖厚度分别大于60 m和90 m时,均可以不考虑发震断裂错动对地面建筑的影响。地震烈度大且土层覆盖层厚度又较薄,隐伏断裂带将在地震时重新错动并直通地表。因此,对于这种危险地段,选择建筑场地时应予以避开。

大量震害资料表明,建在局部孤突地形(条状突出的山嘴、高耸孤立的山丘、非岩石和强风化岩石的陡坡、河岸和边坡的边缘)上的地段建筑物,其震害一般均较平地上同类建筑物严重。因此,在建筑物选址时应尽可能避开上述地段,如不能避开,规范规定在这类地段上建造丙类及丙类以上建筑时,除保证其在地震作用下的稳定性外,还应估计不利地段对设计地震参数可能产生的放大作用,其水平地震影响系数最大值应乘以增大系数,其值可根据不利地段的具体情况确定,系数取1.1~1.6。

2.1.2 建筑场地类别划分

国内外大量震害资料表明,由于场地对地震波的放大和滤波作用,不同场地上的建筑震害差异是十分明显的。一般认为,在坚硬场地上的自振周期短的刚性建筑震害较严重,在如软弱场地上的自振周期长的柔软建筑震害较严重。场地条件对建筑震害的主要影响因素是场地土的刚度(即坚硬或密实程度)大小和场地覆盖层厚度。

1. 场地土类型划分

为了能够反映场地土刚度对地震效应的影响,《建筑抗震设计规范(2016年版)》(GB 50011—2010)根据场地土的剪切波速将建筑场地土分为五类。当没有剪切波速资料时,也可以根据土的名称和形状来划分,具体划分方法见表2-2。

表2-2 土的类型划分和剪切波速范围

土的类型	岩土名称和性状	土层剪切波速范围/($m\cdot s^{-1}$)
岩石	坚硬、较硬且完整的岩石	$v_s>800$
坚硬土或较软岩石	破碎和较破碎的岩石或软和较软的岩石,密实的碎石土	$500\geqslant v_s>800$
中硬土	中密、稍密的碎石土,密实、中密的砾、粗、中砂,$f_{ak}>150$的黏性土和粉土,坚硬黄土	$250\geqslant v_s>500$
中软土	稍密的砾、粗、中砂,除松散外的细、粉砂,$f_{ak}\leqslant150$的黏性土和粉土,$f_{ak}>130$的填土,流塑黄土	$150\geqslant v_s>250$

续表

土的类型	岩土名称和性状	土层剪切波速范围/($m\cdot s^{-1}$)
软弱土	淤泥和淤泥质土，松散的砂，新近沉积的黏性土和粉土，$f_{ak}\leqslant 130$ 的填土，流塑黄土	$v_s\leqslant 150$
注：f_{ak} 为荷载试验等方法得到的地基承载力特征值(kPa)；v_s 为岩土剪切波速		

2. 场地覆盖层厚度

场地覆盖层厚度越薄对地震动短周期分量的放大作用就越大；场地覆盖层厚度越厚对地震动中长周期分量的放大作用就越小。

在工程设计中，一般不以实际基岩面计算场地覆盖层厚度。对于比较复杂的场地条件，按下列要求确定场地的覆盖层厚度。

(1)一般情况下，应按地面至剪切波速大于 500 m/s 且其下卧各层岩土的剪切波速均不小于 500 m/s 的土层顶面的距离确定。

(2)当地面 5 m 以下存在剪切波速大于其上部各土层剪切波速 2.5 倍的土层，且该层及其下卧各层岩土的剪切波速均不小于 400 m/s 时，可按地面至该土层顶面的距离确定。

(3)剪切波速大于 500 m/s 的孤石、透镜体，应视同周围土层。

(4)土层中的火山岩硬夹层，应视为刚体，其厚度应从覆盖土层中扣除。

3. 土层等效剪切波速

场地土的组成是非常复杂的。对于成层场地土层可以用等效剪切波速反映各土层的综合刚度，其值可根据地震波通过计算深度范围内各土层的总时间等于该波通过同一计算深度的单一土层折算所需的时间求得。

设场地土计算深度 d_0 范围内有 n 种性质不同的土层，地震波通过它们的波速分别为 $v_{s1},v_{s2},\cdots,v_{sn}$，各土层的厚度分别为 $d_1,d_2,\cdots,d_n$，则地震波通过各土层所需的时间为

$$t=\sum_{i=1}^{n}(d_i/v_{si}) \tag{2-1}$$

将各土层折算为厚度为 d_0 的单一土层，则土层等效剪切波速为

$$v_{se}=d_0/t \tag{2-2}$$

式中　d_i——计算深度范围内第 i 土层的厚度(m)；

v_{si}——计算深度范围内第 i 土层的剪切波速(m/s)；

n——计算深度范围内土层的分层数。

v_{se}——土层等效剪切波速(m/s)；

d_0——土层计算深度(m)，取覆盖层厚度和 20 m 两者的较小值。

t——剪切波在地面至计算深度之间的传播时间(s)；

4. 建筑场地类别

根据土层等效剪切波速和场地覆盖层厚度两个影响因素，将建筑场地划分为 I_0、I_1、Ⅱ、Ⅲ、Ⅳ五种类别，见表 2-3。

表 2-3　各类建筑场地的覆盖层厚度

m

岩石的剪切波速或土的等效剪切波速/(m·s^{-1})	场地类别				
	I_0	I_1	Ⅱ	Ⅲ	Ⅳ
$v_s>800$	0		–	–	–
$800\geqslant v_s>500$		0			
$500\geqslant v_{se}>250$		<5	≥5	–	–
$250\geqslant v_{se}>150$		<3	3～50	>50	–
$v_{se}\leqslant 150$		<3	3～15	>15～80	>80
注:v_s 是岩石的剪切波速					

划分建筑场地类别的目的是在地震作用计算中定量考虑场地条件对设计参数的影响，确定不同场地上的设计反应谱,以便采取合理的设计参数和有关的抗震构造措施。

【例 2-1】已知某建筑场地的钻孔地质资料见表 2-4,试确定该场地的类别。

表 2-4　钻孔地质资料

土层底部深度/m	土层厚度/m	岩土名称	土层剪切波速/(m·s^{-1})
2.00	2.00	杂填土	200
6.00	4.00	粉土	320
9.50	3.50	中砂	400
12.50	3.00	碎石土	550

【解】因为距地面 12.50 m 以下土层的剪切波速 $v_s=550\ \mathrm{m/s}>500\ \mathrm{m/s}$,故场地覆盖层厚度 $d_0=9.50\ \mathrm{m}$,又 $d_0<20\ \mathrm{m}$,所以土层计算深度 $d_0=9.0\ \mathrm{m}$。按式(2-1)、式(2-2),有

$$t=\sum_{i=1}^{n}(d_i/v_{si})=\frac{2.0}{200}+\frac{4.0}{320}+\frac{3.0}{400}=0.03(\mathrm{s})$$

$$v_{se}=d_0/t=9.5/0.03=317(\mathrm{m/s})$$

查表 2-2,v_{se} 位于 250～500 m/s 之间,且 $d_0>5\ \mathrm{m}$,因此,该场地的类别为Ⅱ类。

2.2　地基抗震验算和地基土液化及其防治措施

2.2.1　一般原则

我国多次强烈地震的震害经验表明,从遭受破坏的建筑来看,只有少数房屋是因为地基的失效而导致破坏的,这类地基大多数是液化地基、易产生震陷的软土地基和严重不均匀地基。大量的一般性地基具有较好的抗震性能,极少因地基承载力不足而导致震害。基于这种情况,为了简化和减少抗震设计的工作量,《建筑抗震设计规范(2016 年版)》(GB 50011—2010)规定,相当一部分建筑物可不进行天然地基与基础的抗震承载能力验算,而对于容易产生地基基础震害的液化地基、软土地基和严重不均匀地基,则规定了相应的抗震措施,以避免或减轻震害。具体规定如下:

下述建筑可不进行天然地基与基础的抗震承载力验算：

(1)《建筑抗震设计规范(2016 年版)》(GB 50011—2010)规定可不进行上部结构抗震验算的建筑。

(2)地基主要受力层范围内不存在软弱黏性土层的下列建筑：

①一般的单层厂房和单层空旷房屋；

②砌体房屋；

③不超过 8 层且高度在 24 m 以下的一般民用框架和框架-抗震墙房屋；

④基础荷载与第③项相当的多层框架厂房和多层混凝土抗震墙房屋。

注：软弱黏性土层是指抗震设防烈度为 7 度、8 度和 9 度时，地基承载力特征值分别小于 80 kPa、100 kPa 和 120 kPa 的土层。

当地基主要受力层范围内存在软弱黏性土层与湿陷性黄土时，应结合具体情况综合考虑。采用桩基、地基加固处理(如置换、加密、强夯等)或加强基础和上部结构处理等各项措施，也可根据软土震陷量的估计，采取相应措施。对于可液化地基，应采取本章 2.3 节中的相应措施。

2.2.2　天然地基的抗震验算

研究表明，一般土的动力强度皆比静力强度高，同时考虑到地震作用的偶然性和短暂性以及工程经济等因素，地基在地震作用下的可靠性应比静力作用下的可靠性有所降低。因此，《建筑抗震设计规范(2016 年版)》(GB 50010—2010)规定，地基抗震承载力的计算采用地基静承载力特征值乘以抗震承载力调整系数 ζ_a (≥1)的方法来确定。地基抗震承载力按下式计算：

$$f_{aE}=\zeta_a f_a \tag{2-3}$$

式中 f_{aE}——调整后的地基抗震承载力；

ζ_a——地基抗震承载力调整系数，按表 2-5 采用；

f_a——深宽修正后的地基承载力特征值，按《建筑地基基础设计规范》(GB 50007—2011)采用。

表 2-5　地基抗震承载力调整系数

岩土名称和性状	ζ_a
岩石，密实的碎石土，密实的砾、粗、中砂，f_{ak}≥300 kPa 的黏性土和粉土	1.5
中密、稍密的碎石土，中密和稍密的砾、粗、中砂，密实和中密的细、粉砂，150 kPa≤f_{ak}<300 kPa 的黏性土和粉土，坚硬黄土	1.3
稍密的细、粉砂，100 kPa≤f_{ak}<150 kPa 的黏性土和粉土，可塑黄土	1.1
淤泥，淤泥质土，松散的砂，杂填土，新近堆积黄土及流塑黄土	1.0

2.2.3　天然地基抗震承载力验算

天然地基抗震承载力验算，采用“拟静力法”，即假定地震作用如同静力作用，然后验算地基的承载力和稳定性。《建筑抗震设计规范(2016 年版)》(GB 50011—2010)规定，验算天然地基地震作用下的竖向承载力时，按地震作用效应标准组合的基础底面平均压力和边缘最大压力应符合下列各式要求：

$$p \leqslant f_{aE} \tag{2-4}$$

$$p_{max} \leqslant 1.2f_{aE} \tag{2-5}$$

式中 p——地震作用效应标准组合的基础底面平均压力；

p_{max}——地震作用效应标准组合的基础边压力。

高宽比大于4的高层建筑，在地震作用下基础底面不宜出现零应力区；其他建筑，基础底面与地基土之间零应力区面积不应超过基础底面面积的15%，对于矩形底面基础，则 $b' \geqslant 0.85b$（图2-1）。

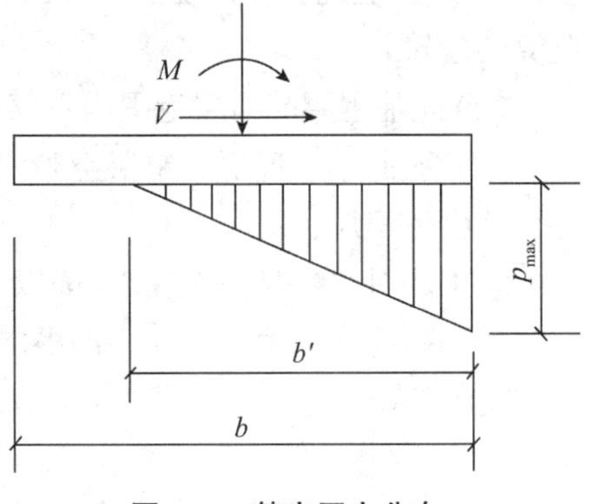

图2-1 基底压力分布

2.3 液化土地基判别和处理

2.3.1 液化的概念

地基土液化是指饱水的粉细砂或粉土在地震力的作用下瞬时失去强度，由固态变成液态的力学过程。砂土液化主要是在静力或动力作用下，砂土中孔隙水压力上升，抗剪强度或剪切刚度降低并趋于消失引起的。地震地质灾害类型主要有地基土液化、软土震陷、崩塌、滑坡、地裂缝和泥石流。由于地下水位以下的饱和砂土或粉土的颗粒在强烈地震下发生相对位移，使土的颗粒结构趋于密实，如土体本身的渗透系数较小，则孔隙水在短时间内排泄不走而受到挤压，孔隙水压力将急剧增加，这种急剧上升的孔隙水压力不能及时消散，使有效应力减少。当孔隙水压力增加到与剪切面上的法向压应力接近或相等时，砂土或粉土受到的有效压应力完全消失，砂土颗粒局部或全部将处于悬浮状态，土体的抗剪强度等于零，形成了犹如“液体”的现象，即为地基土的“液化”。只有饱和砂土或粉土才会出现液化，因此有时也称“砂土液化”。

液化时，由于下部土层的水头压力比较高，所以水向上涌，把土颗粒带到地面上，即人们经常在地震区见到喷水冒砂的现象。地基土的液化可引起地面喷水冒砂、地基不均匀沉陷、地裂或土体滑移，从而造成建筑物的倾斜、开裂甚至倒塌。

震害调查表明，影响地基土液化的因素很多，主要有以下几个：

(1)土层的地质年代。地质年代的新老表示土层沉积时间的长短，地质年代越古老的土层，其固结度、密实度和结构性就越好，抵抗液化能力就越强。

(2)土的组成。一般说来，细砂较粗砂容易液化，颗粒均匀单一的较颗粒级配良好的容易液化。细砂容易液化的主要原因是其透水性差，地震时易产生孔隙水超压作用。

(3)相对密度。松砂较密砂容易液化；对于粉土，其黏性颗粒含量决定了这类土壤的性质，黏性颗粒少的比黏性颗粒多的容易液化。

(4)土层的埋深。砂土层埋深距离越大，其上有效覆盖压力越大，土的侧限压力也越大，则越不容易液化。

(5)地下水位。地下水位浅时比地下水位深时容易发生液化。对于砂土,一般地下水位小于 4 m 时易液化,超过此深度后几乎不发生液化。

(6)地震烈度和地震持续时间。地震烈度越高和地震持续时间越长,越容易发生液化。一般液化主要发生在地震烈度为 7 度及以上地区,而地震烈度为 6 度以下的地区,很少看到液化现象。

2.3.2 液化的判别

通常,场地土液化容易造成严重震害,因此,引起国内外地震工作者的广泛关注和重视。我国学者在总结国内外大量震害资料的基础上,经过长期研究和验证,提出了较为系统而实用的液化两步判别法,即初判和再判。

(1)初判:定性判别不液化土,从而排除一大批不需要详判的场地,节省勘察工作量。

《建筑抗震设计规范(2016 年版)》(GB 50011—2010)规定,对于饱和砂土或粉土(不含黄土),当抗震设防烈度为 6 度时,一般情况下可不进行判别和处理;抗震设防烈度为 6 度以上的,应进行液化判别和处理。饱和的砂土或粉土(不含黄土),当符合下列条件之一时,可初步判别为不液化或可不考虑液化的影响:

①地质年代为第四纪晚更新世(Q_3)及其以前且设防烈度为 7 度、8 度时。

②粉土的黏粒(粒径小于 0.005 mm 的颗粒)含量百分率,当抗震设防烈度为 7 度、8 度、9 度时分别不小于 10%、13% 和 16%。

③天然地基的建筑,当上覆非液化土层厚度和地下水位深度符合下列条件之一时:

$$d_u > d_0 + d_b - 2 \tag{2-6}$$

$$d_w > d_0 + d_b - 3 \tag{2-7}$$

$$d_u + d_w > 1.5d_0 + 2d_b - 4.5 \tag{2-8}$$

式中 d_w——地下水位深度(m),按设计基准期内年平均最高水位采用,也可按近期内年最高水位采用;

d_u——上覆盖非液化土层厚度(m),计算时宜将淤泥和淤泥质土层扣除;

d_0——液化土特征深度(m),按表 2-6 采用;

d_b——基础埋置深度(m),小于 2 m 时应采用 2 m。

表 2-6 液化土特征深度 m

饱和土类别	烈度		
	7 度	8 度	9 度
粉土	6	7	8
砂土	7	8	9
注:当区域的地下水位处于变动状态时,应按不利的情况考虑。			

(2)再判——标准贯入试验判别法。

当上述所有条件均不满足时,地基土存在液化的可能。此时,应采用标准贯入试验法进一步判别是否液化。

标准贯入试验设备如图 2-4 所示。它是由标准贯入器、触探杆和重 63.5 kg 的穿心锤三部分组成的。试验时,先用钻具钻至试验土层标高以上 15 cm 处,再将贯入器打至标高位置,然后在锤的落距为 76 cm 的条件下,将贯入器打入土层 30 cm,记录锤击数为 $N_{63.5}$。

一般情况下,应判别地面下 20 m 深度范围内的液化。当饱和状态的砂土或粉土的实测标准贯入锤击数 $N_{63.5}$(未经杆长修正)小于液化判别标准贯入锤击数临界值 N_{cr},即 $N_{63.5}<N_{cr}$ 时,则应判为液化土。N_{cr} 按下式计算:

$$N_{cr} = N_0\beta[\ln(0.6d_s + 1.5) - 0.1d_w]\sqrt{3/\rho_c} \tag{2-9}$$

式中 N_{cr}——液化判别标准贯入锤击数临界值;

N_0——液化判别标准贯入锤击数基准值,按表 2-7 采用;

d_s——饱和土标准贯入点深度(m);

ρ_c——黏粒含量百分率,当小于 3 或为砂土时,应采用 3;

β——调整系数,设计地震第一组取 0.80,第二组取 0.95,第三组取 1.05。

表 2-7 液化判别标准贯入锤击数基准值 N_0

设计基本地震加速度	0.10g	0.15g	0.20g	0.30g	0.40g
液化判别标准贯入锤击数基准值 N_0	7	10	12	16	19

2.3.3 液化地基的评价

当经过“再判”判别土层为液化土后,应作进一步定量分析,评价液化土可能造成的危害程度,以便进一步采取相应的抗液化措施。这项工作通常是通过计算地基液化指数来实现的。

地基土的液化指数可按下式确定:

$$I_{lE} = \sum_{i=1}^{n}\left[1 - \frac{N_i}{N_{cri}}\right]d_iW_i \tag{2-10}$$

式中 I_{lE}——液化指数;

n——在判别深度范围内每一个钻孔标准贯入试验点的总数;

N_i、N_{cri}——分别为 i 点标准贯入锤击数的实测值和临界值,当实测值大于临界值时应取临界值的数值;

d_i——i 点所代表的土层厚度(m),可采用与该标准贯入试验点相邻的上、下两标准贯入试验点深度的一半,但上界不高于地下水位深度,下界不深于液化深度;

W_i——i 土层单位土层厚度的层位影响权函数值(m^{-1})。当该层中点深度不大于 5 m 时应采用 10;等于 20 m 时应采用零值;5～20 m 时应按线内插法取值。

根据液化指数的大小,可将液化地基划分为 3 个等级,见表 2-8。不同液化等级可能造成的震害情况列于表 2-9 中。

表 2-8 液化等级

液化等级	轻微	中等	严重
液化指数 I_{lE}	$0<I_{lE}\leq 6$	$6<I_{lE}\leq 18$	$I_{lE}>18$

表 2-9　不同液化等级的可能震害

液化等级	地面喷水冒砂情况	对建筑物的危害情况
轻微	地面无喷水冒砂,或仅在洼地、河边有零星的喷水冒砂点	危害性小,一般不致引起明显的震害
中等	喷水冒砂可能性大,从轻微到严重均有,多数属中等	危害性较大,可造成不均匀沉陷和开裂,有时不均匀沉陷可能达到 200 mm
严重	一般喷水冒砂都很严重,地面变形很明显	危害性大,不均匀沉陷可能大于 200 mm,高重心结构可能产生不容许的倾斜

饱和砂土和饱和粉土(不含黄土)的液化判别与地基处理,抗震设防烈度为 6 度时,一般情况下可不进行判别和处理,但对液化沉陷敏感的乙类建筑可按抗震设防烈度为 7 度的要求进行判别和处理;抗震设防烈度为 7 ~9 度时,乙类建筑可按本地区抗震设防烈度的要求进行判别和处理。

2.3.4　地基抗液化措施

对于液化地基,要根据建筑物的重要性、地基液化等级的大小,针对不同情况采取不同层次的抗液化措施。当液化砂土层、粉土层比较平坦且均匀时,可依据表 2-10 选用适当的地基抗液化措施。一般情况下,不宜将未经处理的液化土层作为天然地基的持力层。

表 2-10　地基抗液化措施

建筑类别	液化等级		
	轻　微	中　等	严　重
乙类	部分消除液化沉陷,或对基础和上部结构进行处理	全部消除液化沉陷,或部分消除液化沉陷且对基础和上部结构进行处理	全部消除液化沉陷
丙类	对基础和上部结构进行处理,亦可不采取措施	对基础和上部结构进行处理,或采用更高要求的措施	全部消除液化沉陷,或部分消除液化沉陷且对基础和上部结构进行处理
丁类	可不采取措施	可不采取措施	对基础和上部结构进行处理,或采用其他经济的措施

全部消除地基液化沉陷、部分消除地基液化沉陷、进行基础和上部结构处理等措施的具体要求如下:

(1)全部消除地基液化沉陷的措施。可采用桩基、深基础、土层加密法或用非液化土替换全部液化土层等措施。

①采用桩基时,桩端伸入液化深度以下稳定土层中的长度(不包括桩尖部分)应按计算确定,且对碎石土,砾、粗、中砂,坚硬黏性土和密实粉土不应小于 0.8 m,对其他非岩石土尚不宜小于 1.5 m。

②采用深基础时,基础底面应埋入液化深度以下的稳定土层中,其深度不应小于 0.5 m。

③采用加密法(如振冲、振动加密、挤密碎石桩、强夯等)对可液化地基进行加固时,应处理至液化深度下界;振冲或挤密碎石桩加固后,桩间土的标准贯入锤击数实测值不宜小于按式(2-9)计算的标准贯入锤击数临界值。

④当直接位于基底下的可液化土层较薄时,可采用非液化土替换全部液化土层,或增加上覆非液化土层的厚度。

⑤在采用加密法或换土法处理时,在基础边缘以外的处理宽度,应超过基础底面下处理深度的1/2且不小于基础宽度的1/5。

(2)部分消除地基液化沉陷的措施。

①处理深度应使处理后的地基液化指数减少,其值不宜大于5。

②在处理深度范围内,应使处理后液化土层的标准贯入锤击数不小于《建筑抗震设计规范(2016年版)》(GB 50011—2010)规定的液化判别标准贯入锤击数的临界值。

③基础边缘以外的处理宽度,应符合上述全部消除地基液化沉陷的措施第⑤条要求。

④采取减小液化震陷的其他方法,如增厚上覆非液化土层的厚度和改善周边的排水条件等。

(3)减轻液化影响的基础和上部结构处理,可综合采用下列各项措施。

①选择合适的基础埋置深度。

②调整基础底。面积,减少基础偏心。

③加强基础的整体性和刚度,如采用箱基、筏基或钢筋混凝土交叉条形基础,加设基础圈梁等。

④减轻荷载,增强上部结构的整体刚度和均匀对称性,合理设置沉降缝,避免采用对不均匀沉降敏感的结构形式等。

⑤管道穿过建筑处应预留足够尺寸或采用柔性接头等。

思考题

1. 什么是建筑场地?
2. 如何划分建筑场地?
3. 地基土液化及其防治措施是什么?

第3章 结构地震反应分析与结构抗震计算

3.1 结构地震概述

由地震动引起的结构上的反应,包括结构的内力变形、加速度、速度、位移,称为结构地震反应。结构抗震设计,首先要求已知地震作用的大小,然后求得在地震作用下的结构地震反应。地震时,地面运动使原来处于静止的结构受到动力作用,产生强迫振动,强迫振动在结构上产生的惯性力称为结构的地震作用。结构的地震作用效应是指在地震作用下在结构中产生的弯矩、剪力、轴向力和位移等。将地震作用效应与其他荷载效应按照规定进行组合,并对结构进行验算,使其满足抗震设计要求即结构抗震设计。结构的地震作用计算和抗震验算是建筑抗震设计的重要内容。

由于地震作用是地面的强迫振动在结构上产生的惯性力,所以地震作用与一般荷载不同。它不仅与外来强迫干扰作用的大小及其随时间的变化规律有关,还与结构的动力特性,如结构自振频率、阻尼等有密切的关系。又由于地震时地面运动是一种随机过程,运动极不规则,且工程结构物一般是由各种构件组成的空间体系,其动力特性十分复杂,所以确定地震作用要比确定一般荷载复杂得多,需要采用专门的理论来进行分析。目前,广泛采用的是反应谱理论和动力理论两种方法。

反应谱理论将多个实测的地面振动波分别代入单自由度反应方程,计算出各自最大弹性地震反应(加速度、速度、位移),从而得出结构最大地震反应与该结构自振周期的关系曲线,这条关系曲线就称为反应谱。在工程中应用比较广泛的是加速度反应谱。由反应谱可计算出最大地震作用,然后按静分析法计算结构地震反应,该方法仍属于等效静力法。由于反应谱理论较真实地考虑了结构振动的特点,计算简单实用,因此,目前反应谱理论是各国建筑抗震设计规范中给出的主要抗震分析方法。

动力理论是直接通过动力方程采用逐步积分法求解出结构地震反应与时间的关系曲线,这条曲线称为时程曲线,因此,其该方法又称为时程分析法。时程分析法能更真实地反映结构地震响应随时间变化的全过程,并可处理强震下结构的弹塑性变形,因此,已成为抗震分析的一种重要方法。但由于时程分析法只能使用特定的地震波,而且计算分析量大,因此,目前我国规范仍主要采用反应谱理论进行抗震分析;对于特别不规则的建筑、甲类建筑以及某些高层建筑,采用时程分析法进行补充计算。

3.2 单自由度弹性体系的地震反应

进行结构地震反应分析时,为了使问题简化,常常把具体的结构体系抽象为质点体系。工程上某些简单的建筑结构可抽象为单质点体系,如图 3-1 所示的等高单层厂房。

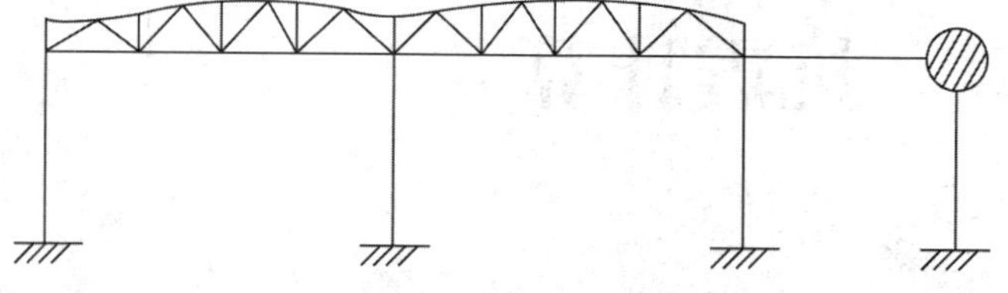

图 3-1 单质点体系——等高单层厂房

因该结构的质量绝大部分集中于屋盖,故可将该结构中参与振动的质量折算至屋盖标高处,而将柱视作一个无质量的弹性直杆,这样就形成了一个单质点弹性体系。若忽略杆的轴向变形,当体系只做水平单向振动时,质点只有单向水平位移,故为一个单自由度弹性体系。

如图 3-2 所示,针对单自由度弹性体系,设其集中质量为 m,弹性直杆的刚度系数为 k。设地震时地面水平运动的位移为 $x_0(t)$,质点相对地面的水平位移为 $x(t)$,它们皆为时间 t 的函数,则质点的绝对位移为 $x_0(t)+x(t)$,而相对加速度为 $\ddot{x}_0(t)+\ddot{x}(t)$。

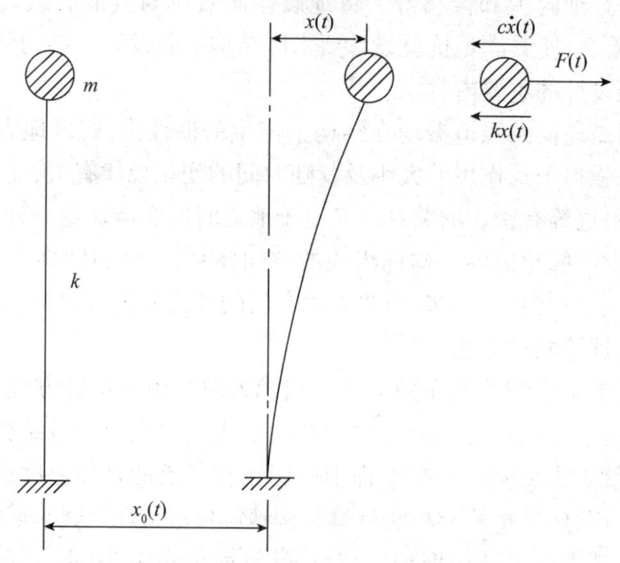

图 3-2 地震作用下单自由度体系的振动

将质点取为隔离体,由动力学原理可知,作用在质点上的力有三种,即弹性恢复力 S、阻尼力 D 和惯性力 F。

弹性恢复力是使质点从振动位置恢复到平衡位置的一种力,它由支承杆的弹性变形引起,其大小与质点的相对位移 $x(t)$ 成正比,而方向相反,可以表示为

$$S(t)=-kx(t) \tag{3-1}$$

式中 k——弹性直杆的侧移刚度系数。

阻尼力 D 是使结构振动逐渐衰减的力。它是由造成系统能量耗散的各种因素(如材料内摩擦、节点连接件摩擦、地基土的内摩擦以及周围介质等)引起的对振动的阻力。阻尼力的计算有几种不同的理论,目前在工程计算中通常采用的是黏滞阻尼理论,即假定阻尼力与质点的相对速度 $\dot{x}(t)$ 成正比,而方向相反,即

$$D(t)=-c\dot{x}(t) \tag{3-2}$$

式中 c——阻尼系数。

惯性力 F 的大小与质点运动的绝对加速度成正比,而方向相反,于是有

$$F(t)=-m[\ddot{x}_0(t)+\ddot{x}(t)] \tag{3-3}$$

根据达朗贝尔原理,在质点运动的任一瞬时,作用在质点上的外力和惯性力互相平衡,故

$$S(t)+D(t)+F(t)=0 \tag{3-4}$$

将式(3-1)~式(3-3)代入式(3-4),得

$$-kx(t)-c\dot{x}(t)-m[\ddot{x}_0(t)+\ddot{x}(t)]=0 \tag{3-5}$$

或

$$m\ddot{x}(t)+c\dot{x}(t)+kx(t)=-m\ddot{x}_0(t) \tag{3-6}$$

上式是单自由度弹性体系在水平地震作用 $-m\ddot{x}_0(t)$ 下的运动方程。

为便于运动方程的求解,式(3-6)可简化为

$$\ddot{x}(t)+2\zeta\omega\dot{x}(t)+\omega^2x(t)=-\ddot{x}_0(t) \tag{3-7}$$

式中 ω——结构的振动圆频率,$\omega=\sqrt{\dfrac{k}{m}}$;

ζ——结构的阻尼比,$\zeta=\dfrac{c}{2m\omega}$。

式(3-7)为一常系数二阶非齐次线性微分方程,其通解由两部分组成:一是齐次解;二是特解。前者代表体系的自由振动,后者代表体系在地震作用下的强迫振动。在式(3-7)中令右端项为零可求得体系的自由振动运动方程如下:

$$\ddot{x}(t)+2\zeta\omega\dot{x}(t)+\omega^2x(t)=0 \tag{3-8}$$

由结构动力学的计算结果可知单自由度弹性体系自由振动反应为

$$x_0(t)=e^{-\zeta\omega t}\left[x(0)\cos\omega' t+\frac{\dot{x}(0)+\zeta\omega x(0)}{\omega'}\sin\omega' t\right] \tag{3-9}$$

式中 $x(0)$、$\dot{x}(0)$——$t=0$ 时的初位移和初速度;

ω'——有阻尼体系的自由振动频率,$\omega'=\omega\sqrt{1-\zeta^2}$。

式(3-7)中的 $\ddot{x}_0(t)$ 为地面水平地震动加速度,在工程设计中一般取自实测地震波记录。由于地震动的随机性,对强迫振动反应不可能求得解析表达式,只能借助数值积分的方法求出数值解。在结构动力学中,式(3-7)的强迫振动反应由杜哈梅(Duhamel)积分确定:

$$x(t)=-\frac{1}{\omega'}\int_0^t \ddot{x}_0(\tau)\,e^{-\zeta\omega(t-\tau)}\sin\omega'(t-\tau)\,d\tau \tag{3-10}$$

当体系初始处于静止状态时,即初位移和初速度均为0,则由式(3-9)知,体系自由振动反应 $x_0(t)=0$。另外,即使初位移和初速度不为0,由式(3-9)给出的自由振动反应也会由于阻尼的存在而迅速衰减,因此在地震反应分析时可不考虑其影响。对于一般工程结构,阻尼比 $\zeta\leqslant 1$,为0.01~0.10,此时 $\omega'\approx\omega$。因此,弹性体系的地震反应可以表示为

$$x(t)=-\frac{1}{\omega}\int_0^t \ddot{x}_0(\tau)\,e^{-\zeta\omega(t-\tau)}\sin\omega(t-\tau)\,d\tau \tag{3-11}$$

3.3 单自由度弹性体系地震作用计算的反应谱法

结构反应谱是指单自由度体系最大地震反应与体系自振周期的关系曲线,根据反应量的不同,又可分为位移反应谱、速度反应谱和加速度反应谱。由于结构所受的地震作用(质点上的惯性力)与质点运动的加速度直接相关,因此,在工程抗震领域中,常采用加速度反应谱计算结构的地震作用。本节主要介绍抗震设计加速度反应谱理论。

3.3.1 单自由度弹性体系的水平地震作用

地震作用是地震时结构质点上受到的惯性力,根据式(3-5),可求得作用于单自由度弹性质点上的惯性力为

$$F(t)=-m[\ddot{x}_0(t)+\ddot{x}(t)]=kx(t)+c\dot{x}(t) \tag{3-12}$$

通常,阻尼力 $c\dot{x}(t)$ 远远小于弹性恢复力 $kx(t)$。为了简化计算,在求地震作用时可略去阻尼力。因此,单自由度体系的地震作用可表示为

$$F(t)\approx kx(t)=m\omega^2x(t) \tag{3-13}$$

将式(3-11)代入上式,得

$$F(t)=-m\omega\int_0^t \ddot{x}_0(\tau)\,e^{-\zeta\omega(t-\tau)}\sin\omega(t-\tau)\,d\tau \tag{3-14}$$

式(3-14)为结构地震作用随时间变化的表达式,可通过数值积分计算各个时刻的值。在结构抗震设计中,只需求出地震作用的最大绝对值,将其用 F 表示,则

$$F=m\omega\left|\int_0^t \ddot{x}_0(\tau)\,e^{-\zeta\omega(t-\tau)}\sin\omega(t-\tau)\,d\tau\right|_{\max}=mS_\alpha \tag{3-15}$$

式中 S_α——质点振动加速度最大绝对值,即

$$S_\alpha=\omega\left|\int_0^t \ddot{x}_0(\tau)\,e^{-\zeta\omega(t-\tau)}\sin\omega(t-\tau)\,d\tau\right|_{\max} \tag{3-16}$$

3.3.2 地震系数、动力系数

为了便于工程应用,将式(3-15)作如下变换:

$$F=mS_\alpha=mg\frac{|\ddot{x}_0(t)|_{\max}}{g}\cdot\frac{S_\alpha}{|\ddot{x}_0(t)|_{\max}}=Gk\beta \tag{3-17}$$

式中 $|\ddot{x}_0(t)|_{\max}$——地面运动加速度绝对最大值;

g——重力加速度；

G——质点的重力荷载代表值，$G=mg$；

k——地震系数，$k=\dfrac{|\ddot{x}_0(t)|_{\max}}{g}$；

β——动力系数，$\beta=\dfrac{S_\alpha}{|\ddot{x}_0(t)|_{\max}}$。

1. 地震系数

地震系数 k 是地面运动加速度最大绝对值与重力加速度的比值，反映了地震动振幅对地震作用的影响。一般说来，地面运动加速度峰值越大，地震烈度越高，即地震系数与地震烈度之间有一定的对应关系。统计分析表明，烈度每增加一度，k 大致增加一倍。我国在《建筑抗震设计规范(2016 年版)》(GB 50011-2010)中采用的地震系数与地震烈度的对应关系见表 3-1。

表 3-1 地震系数与地震烈度的对应关系

基本烈度	6	7	8	9
地震系数 k	0.05	0.10(0.15)	0.20(0.30)	0.40
注：括号中数值对应于设计基本地震加速度为 0.15g 和 0.30g 的地区				

2. 动力系数

动力系数 β 是单自由度弹性体系在地震作用下加速度反应最大绝对值与地面加速度最大绝对值之比，即质点最大加速度比地面最大加速度放大的倍数。

β 为无量纲量，其值与地震烈度无关，因为当 $|\ddot{x}_0(t)|_{\max}$ 增大或减小时，S_α 也相应增大或减小。这样可以利用各种不同烈度的地震记录进行计算和统计，得出 β 的变化规律。

将 S_α 的表达式(3-16)和 $\omega=\dfrac{2\pi}{T}$ 代入 β 的表达式中，得

$$\beta=\frac{2\pi}{T}\cdot\frac{1}{|\ddot{x}_0(t)|_{\max}}\left|\int_0^t \ddot{x}_0(\tau)\,e^{-\zeta\frac{2\pi}{T}(t-\tau)}\sin\frac{2\pi}{T}(t-\tau)\,d\tau\right|_{\max}=|\beta(t)|_{\max} \tag{3-18}$$

式中

$$\beta(t)=\frac{2\pi}{T}\cdot\frac{1}{|\ddot{x}_0(t)|_{\max}}\int_0^t \ddot{x}_0(\tau)\,e^{-\zeta\frac{2\pi}{T}(t-\tau)}\sin\frac{2\pi}{T}(t-\tau)\,d\tau \tag{3-19}$$

由式(3-18)可知，影响 β 的因素主要有①地面运动加速度 $\ddot{x}_0(t)$ 的特征；②结构的自振周期 T；③阻尼比 ζ。当给定地面运动加速度 $\ddot{x}_0(t)$ 和阻尼比 ζ 时，动力系数 β 仅与结构体系的自振周期 T 有关。对一给定的自振周期 T，通过式(3-19)可计算出在该周期下的一条 $\beta(t)$ 时程曲线，则该曲线中最大峰值点的绝对值即由式(3-18)确定的 β。对每一个给定的周期 T_i，都可按上述方法求得与之相应的一个 β_i，从而得到 β 与 T 一一对应的函数关系。若以 β 为纵坐标，以 T 为横坐标，则可得到一条 β 与 T 的关系曲线。对于不同的 ζ，可得到不同的这种曲线。这类曲线称为动力系数反应谱曲线，或称 β 谱曲线。由于对给定的地震记录，$|\ddot{x}_0(t)|_{\max}$ 是个定值，所以 β 谱曲线实质上是加速度反应谱曲线。

图 3-3 所示是根据 1940 年美国 El-Centro 地震地面加速度记录绘出的 β 谱曲线。由图

可知β谱曲线具有如下特点：

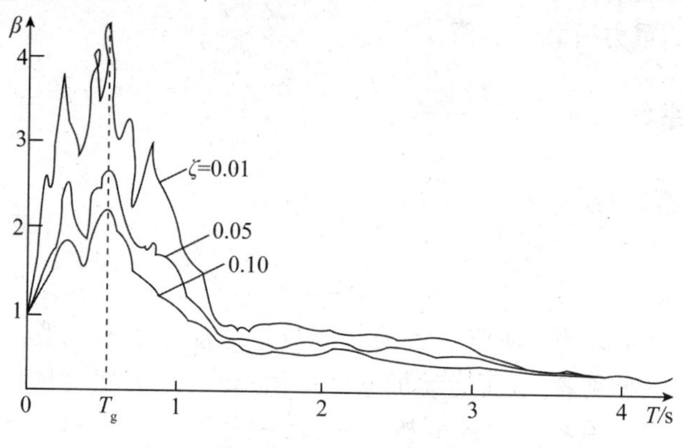

图 3-3 El-Centro 地震的β谱曲线

(1) β谱曲线为多峰点曲线，这是由地面运动的不规则造成的。

(2) 各条β谱曲线均在T_g附近达到峰值点，T_g为场地的卓越周期或特征周期。

(3) β谱曲线的变化规律是：当$T<T_g$时，β随着周期的增大而急剧增长；在$T=T_g$附近达到峰值；过峰值点($T>T_g$)后，β随着周期的增大而逐渐衰减，并逐渐趋于平缓。

(4) 阻尼比ζ对β谱曲线影响较大，ζ小则β谱曲线幅值大、峰点多；ζ大则β谱曲线幅值小、峰点少。

3.3.3 地震影响系数和抗震设计反应谱

根据式(3-17)，令$\alpha = k\beta$，则单自由度弹性体系的水平地震作用表示为

$$F = \alpha G \tag{3-20}$$

式中 α——地震影响系数，α可以表示为

$$\alpha = k\beta = S_\alpha / g \tag{3-21}$$

地震影响系数α是单质点弹性体系在地震时以重力加速度为单位的质点最大加速度反应。另外，由式(3-21)可知，地震影响系数又可理解为作用于单质点弹性体系上的水平地震作用与质点重力荷载代表值之比。

由表 3-1 可知，在不同抗震设防烈度下，地震系数k为具体数值。因此，α曲线的形状由β谱决定。这样，通过地震系数k与动力系数β的乘积，即可得到抗震设计反应谱$\alpha - T$曲线。

从上面的分析中可以看出，每一条加速度记录都可以算得不同的反应谱曲线。由于地震的随机性，即使在同一地点、同一抗震设防烈度，每次地震的地面运动加速度记录$\ddot{x}_0(t)$也很不一样，所以用同一地点、同一抗震设防烈度记录的加速度所计算得到的反应谱虽然具有某些共同特点，但是仍存在着很多差别。因此，为了满足一般房屋结构抗震设计的需要，应根据大量强震地面运动加速度记录算出对应于每一条记录的反应谱曲线，按照影响反应谱曲线形状的因素进行分类，然后按每种分类进行统计分析，求出最有代表性的平均曲线作为设计依据，这种曲线称为标准反应谱。采用的抗震设计反应谱$\alpha - T$曲线即根据上述方法得到的标准反应谱的曲线，如图 3-4 所示。

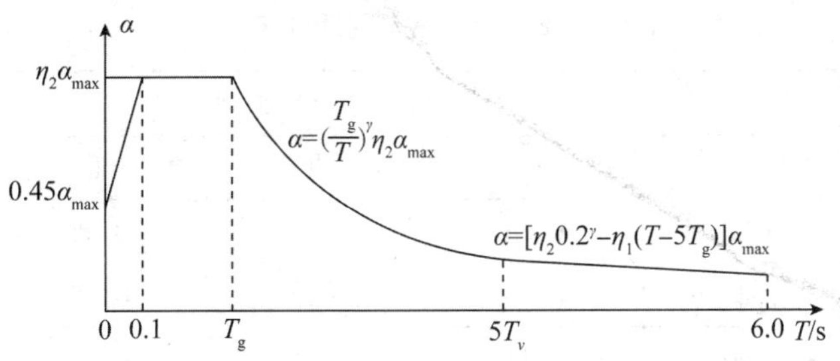

图 3-4　地震影响系数曲线

在图 3-4 中，α 为地震影响系数；T 为结构自振周期(s)；α_{max} 为地震影响系数最大值，按表 3-2 确定；T_g 为特征周期，与场地条件和设计地震分组有关，按表 3-3 确定；η_2 为阻尼调整系数，按下式计算：

$$\eta_2 = 1 + \frac{0.05 - \zeta}{0.08 + 1.6\zeta} \tag{3-22}$$

当 η_2 小于 0.55 时，应取 0.55。

式中　ζ——阻尼比，一般情况下，对于钢筋混凝土结构，取 $\zeta=0.05$；对于钢结构，取 $\zeta=0.02$。

γ 为曲线下降段的衰减指数，按下式计算：

$$\gamma = 0.9 + \frac{0.05 - \zeta}{0.3 + 6\zeta} \tag{3-23}$$

η_1 为直线下降段的下降斜率调整系数，按下式计算，小于 0 时取 0：

$$\eta_1 = 0.02 + \frac{0.05 - \zeta}{4 + 32\zeta} \tag{3-24}$$

表 3-2　地震影响系数最大值 α_{max}

地震影响	抗震设防烈度			
	6 度	7 度	8 度	9 度
多遇地震	0.40	0.08(0.12)	0.16(0.24)	0.32
罕遇地震	0.28	0.50(0.72)	0.90(1.20)	1.40
注：括号中数值分别用于设计基本地震加速度为 0.15g 和 0.30g 的地区				

(1)水平地震影响系数最大值 α_{max} 的确定。表 3-2 中给出的水平地震影响系数最大值 α_{max} 是根据结构阻尼比 $\zeta=0.05$ 制定的。根据式(3-21)，$\alpha_{max}=k\beta_{max}$。统计分析表明，在相同阻尼比情况下，动力系数最大值 β_{max} 的离散性不是很大。为了简化计算，取 $\beta_{max}=2.25$(对应的阻尼比 $\zeta=0.05$)。根据三水准设防目标、二阶段设计原则，第一阶段的多遇地震烈度比基本烈度约低 1.55 度，其对应的 k 约为相应基本烈度 k(表 3-1)的 1/3。第二阶段的罕遇地震烈度比基本烈度高 1 度左右(在不同的烈度区有所差别)，其 k 相当于表 3-1 基本烈度 k 的 1.5～2.2 倍(烈度高，k 的放大倍数小)。将相应的 k 与 β_{max} 求乘积，即得表 3-2 中的 α_{max}。

表 3-3　特征周期值 T_g　　s

设计地震分组	场地类别				
	I_0	I_1	Ⅱ	Ⅲ	Ⅳ
第一组	0.20	0.25	0.35	0.45	0.65
第二组	0.25	0.30	0.40	0.55	0.75
第三组	0.30	0.35	0.45	0.65	0.90
注:当计算抗震防烈度为 8 度、9 度的罕遇地震作用时,特征周期应增加 0.05 s					

(2)特征周期 T_g 的确定。特征周期 T_g 是反应谱峰值拐点处的周期,强震时与场地的特征周期相符。特征周期所在的反应谱峰值区,反映了当结构自振周期与场地自振周期相等或接近时,由于共振作用使反应放大。因此,不同的特征周期对各类建筑物的震害影响是不同的。根据图 3-3 和图 3-4,特征周期对应的反应谱的峰值位置与场地类别和震中距直接相关,规范中采用设计地震分组来考虑由于震中距远近不同对各类建筑物造成的影响。根据《建筑抗震设计规范(2016 年版)》(GB 50011—2010)规定,受地震的近、中、远震影响不同,将设计地震分为第一组、第二组、第三组,见表 3-3。

3.3.4　建筑物的重力荷载代表值

在按式(3-20)计算地震水平作用时,建筑物的重力荷载代表值 G 应取结构、构件自重标准值和各可变荷载组合值之和。可变荷载的组合值系数按表 3-4 采用。由于重力荷载代表值是按标准值确定的,所以按式(3-20)计算得到的地震作用也是标准值。

表 3-4　可变荷载的组合值系数

可变荷载种类		组合值系数
雪荷载		0.5
屋面积灰荷载		0.5
屋面活荷载		不计入
按实际情况计算的楼面活荷载		1.0
按等效均布荷载计算的楼面活荷载	藏书库、档案库	0.8
	其他民用建筑	0.5
起重机悬吊物重力	硬钩起重机	0.3
	软钩起重机	不计入
注:硬钩起重机的吊重较大时,组合值系数应按实际情况采用		

3.3.5　利用反应谱确定地震作用

由抗震设计反应谱确定结构所受的地震作用的基本步骤如下:

(1)根据计算简图确定结构的重力荷载代表值 G 和自振周期 T。

(2)根据结构所在地区的设防烈度、场地条件和设计地震分组,按表 3-2 和表 3-3 确定反应谱的最大地震影响系数 α_{max} 和特征周期 T_g。

(3)根据结构的自振周期,按图 3-4 确定地震影响系数 α 。

(4)按式(3-20)计算出地震作用 F。

【**例 3-1**】如图 3-5(a)所示,单跨单层厂房,屋盖刚度无穷大,屋盖自重标准值为 1 000 kN,屋面雪荷载标准值为 300 kN,忽略柱自重,柱抗侧移刚度系数 $k_1=k_2=5.2\times10^3$ kN/m,结构阻尼比 $\zeta=0.05$,Ⅱ类建筑场地,设计地震分组为第一组,抗震设防烈度为7 度。求厂房在多遇地震时水平地震作用。

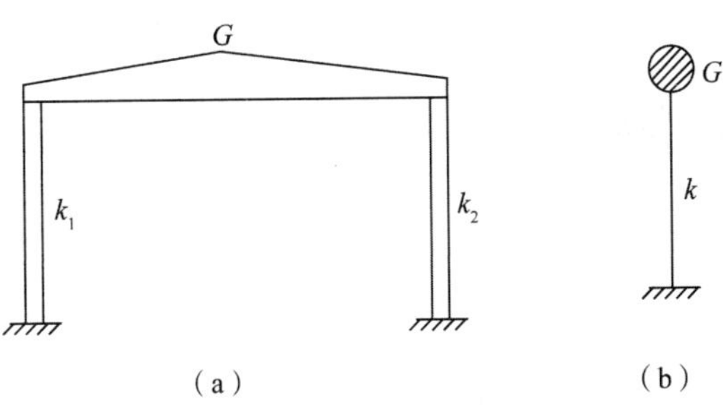

图 3-5　例 3.1 图

(a)单层厂房;(b)计算简图

【**解**】因质量集中于屋盖,所以结构计算时可简化为图 3-5(b)所示的单质点体系。

(1)确定重力荷载代表值 G 和自振周期 T。

由表 3-4 可知,雪荷载组合值系数为 0.5,则

$$G=1\ 000+300\times0.5=1\ 150(\text{kN})$$

质点集中质量

$$m=\frac{G}{g}=\frac{1\ 150}{9.8}=117.3\times10^3(\text{kg})$$

柱抗侧移刚度为两柱抗侧移刚度之和,得

$$k=k_1+k_2=10.4\times10^6(\text{N/m})$$

于是得结构自振周期为

$$T=2\pi\sqrt{\frac{m}{k}}=2\pi\sqrt{\frac{117.3\times10^3}{10.4\times10^6}}=0.667(\text{s})$$

(2)确定地震影响系数最大值 α_{max} 和特征周期 T_g。

根据抗震设防烈度为 7 度,查表 3-2:在多遇地震时, $\alpha_{max}=0.08$。

由表 3-3 查得,在Ⅱ类场地、设计地震第一组时,$T_g=0.35$ s。

(3)计算地震影响系数 α 。

因为 $T_g=0.35\ \text{s}<T=0.667\ \text{s}<5T_g=1.75$ s,所以 α 处于曲线下降段, α 的计算公式为

$$\alpha=\left(\frac{T_g}{T}\right)^{\gamma}\eta_2\alpha_{max}$$

当阻尼比 $\zeta=0.05$ 时,由式(3-22)和式(3-23)可得 $\eta_2=1.0$,$\gamma=0.9$,则

$$\alpha=\left[\frac{T_g}{T}\right]^{\gamma}\alpha_{max}=\left[\frac{0.35}{0.667}\right]^{0.9}\times0.08=0.045$$

(4)计算水平地震作用。

由式(3-20)得

$$F=\alpha G=0.045\times 1\ 150=51.75(\mathrm{kN})$$

3.4 多自由度弹性体系的水平地震反应

在实际工程中,除了少数质量比较集中的结构可以简化为单质点体系外,大多数建筑结构(如多、高层房屋,多跨不等高厂房等),质量比较分散,则应简化为多质点体系来分析。

3.4.1 多自由度弹性体系的运动方程

在地震激励下,多自由度弹性体系的水平振动状态,如图 3-6 所示,其运动方程式可表示为

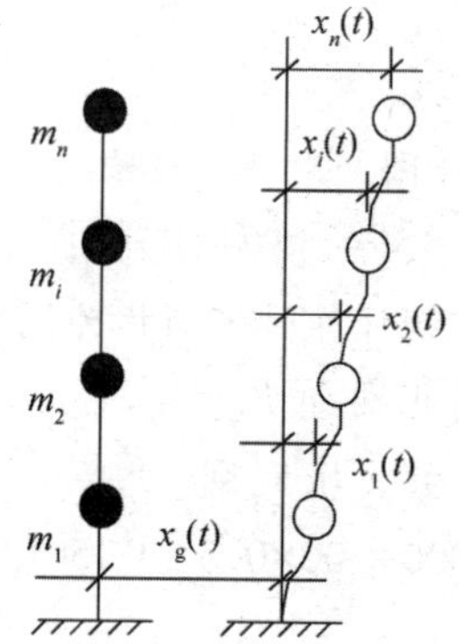

图 3-6 多质点体系的水平振动

$$[\boldsymbol{M}]\{\ddot{x}\}+[\boldsymbol{C}]\{\dot{x}\}+[\boldsymbol{K}]\{x\}=-[\boldsymbol{M}]\{\boldsymbol{I}\}\ddot{x}_0(t) \tag{3-25}$$

式中 $[\boldsymbol{M}]$——质量矩阵;

$[\boldsymbol{C}]$——阻尼矩阵;

$[\boldsymbol{K}]$——刚度矩阵;

$\{\boldsymbol{I}\}$——单位列向量;

$\ddot{x}_0(t)$ ——地面水平振动加速度;

$\{x\}$、$\{\dot{x}\}$、$\{\ddot{x}\}$ ——质点运动的位移向量、速度向量和加速度向量:

$$\{x\}=\begin{Bmatrix}x_1(t)\\x_2(t)\\\vdots\\x_n(t)\end{Bmatrix},\quad \{\dot{x}\}=\begin{Bmatrix}\dot{x}_1(t)\\\dot{x}_2(t)\\\vdots\\\dot{x}_n(t)\end{Bmatrix},\quad \{\ddot{x}\}=\begin{Bmatrix}\ddot{x}_1(t)\\\ddot{x}_2(t)\\\vdots\\\ddot{x}_{n(t)}\end{Bmatrix} \tag{3-26}$$

当体系简化为集中质量模型时,质量矩阵$[\boldsymbol{M}]$为对角矩阵,即

$$[\boldsymbol{M}]=\begin{bmatrix}\boldsymbol{M}_1 & & & 0\\ & \boldsymbol{M}_2 & & \\ & & \ddots & \\ 0 & & & \boldsymbol{M}_n\end{bmatrix} \tag{3-27}$$

刚度矩阵$[\boldsymbol{K}]$为对称矩阵,其表达式为

$$[\boldsymbol{K}_{ij}]=\begin{bmatrix}\boldsymbol{K}_{11} & \boldsymbol{K}_{12} & \cdots & \boldsymbol{K}_{1n}\\ \boldsymbol{K}_{21} & \boldsymbol{K}_{22} & \cdots & \boldsymbol{K}_{2n}\\ \vdots & \vdots & \vdots & \vdots\\ \boldsymbol{K}_{n1} & \boldsymbol{K}_{n2} & \cdots & \boldsymbol{K}_{nn}\end{bmatrix} \tag{3-28}$$

式中 $\boldsymbol{K}_{ij}$——刚度系数,$\boldsymbol{K}_{ij}=\boldsymbol{K}_{ji}$,$\boldsymbol{K}_{ji}$ 具有如下的物理含义:它表示当j自由度产生单位位移,其余自由度不动时,在i自由度上需要施加的力。

阻尼矩阵$[\boldsymbol{C}]$可写为如下形式:

$$[\boldsymbol{C}]=\begin{bmatrix}\boldsymbol{C}_{ij} & \boldsymbol{C}_{12} & \cdots & \boldsymbol{C}_{1n}\\ \boldsymbol{C}_{21} & \boldsymbol{C}_{22} & \cdots & \boldsymbol{C}_{2n}\\ \vdots & \vdots & & \vdots\\ \boldsymbol{C}_{n1} & \boldsymbol{C}_{n2} & \cdots & \boldsymbol{C}_{nn}\end{bmatrix} \tag{3-29}$$

式中 $\boldsymbol{C}_{ij}$——阻尼系数,其物理含义为:当j自由度产生单位速度,其余自由度不动时,在i自由度上产生的阻尼力。

3.4.2 多自由度弹性体系的自振频率与振型分析

多自由度弹性体系的自振频率和振型由体系的自由振动分析得到,由式(3-25)得无阻尼自由振动方程为

$$[\boldsymbol{M}]\{\ddot{x}\}+[\boldsymbol{K}]\{x\}=0 \tag{3-30}$$

设解的形式为

$$\{x\}=\{\boldsymbol{X}\}\sin(\omega t+\varphi) \tag{3-31}$$

式中 $\{X\}$——振幅向量,$\{X\}=\{X_1,X_2,\cdots,X_n\}^T$;

ω——自振频率;

φ——相位角。

将式(3-31)对时间t微分二次,得

$$\{\ddot{x}\}=-\omega^2\{X\}\sin(\omega t+\varphi) \tag{3-32}$$

将式(3-31)、式(3-32)代入式(3-30),得

$$([\boldsymbol{K}]-\omega^2[\boldsymbol{M}])\{X\}=0 \tag{3-33}$$

因在振动过程中$\{X\}\neq0$,所以式(3-33)的系数矩阵行列式必须为零,即

$$|[\boldsymbol{K}]-\omega^2[\boldsymbol{M}]|=0 \tag{3-34}$$

式(3-34)称为体系的频率方程或特征方程,可进一步写为

$$\begin{vmatrix} \boldsymbol{K}_{11}-\omega^2 m_1 & \boldsymbol{K}_{12} & \cdots & \boldsymbol{K}_{1n} \\ \boldsymbol{K}_{21} & \boldsymbol{K}_{22}-\omega^2 m_2 & \cdots & \boldsymbol{K}_{2n} \\ \vdots & \vdots & & \vdots \\ \boldsymbol{K}_{n1} & \boldsymbol{K}_{n2} & \cdots & \boldsymbol{K}_{nn}-\omega^2 m_n \end{vmatrix} = 0 \tag{3-35}$$

将行列式展开,可得关于 ω^2 的 n 次代数方程,n 为体系自由度数。求解代数方程可得 ω^2 的 n 个根,将其从小到大排列得体系的 n 个自振圆频率为 $\omega_1,\omega_2,\cdots,\omega_n$。其中,体系的最小频率 ω_1 称为第一频率或基本频率。将解得的频率值逐一代入振幅方程式(3-34),便可得到对应于每一个自振频率下各质点的相对振幅比值,由此形成的曲线形式,就是该频率下的主振型,与 ω_1 相应的振型称为第一振型或基本振型。对 n 个自由度体系,有 n 个主振型存在。

主振型可用振型向量表示,对应于频率 ω_j 的振型向量为

$$\{X\}_{ji} = \begin{Bmatrix} X_{j1} \\ X_{j2} \\ \vdots \\ X_{jn} \end{Bmatrix} \tag{3-36}$$

式中 $\{X\}_{ji}$——当体系按频率 ω_j 振动时,质点 i 的相对位移幅值。

由于主振型只取决于各质点振幅之间的相对比值,为了简单起见,常将振型进行标准化处理。在工程领域,最常用的办法是规定体系中某一质点的振幅值在每个振型中均取为 1。

【例 3-2】二层框架结构,横梁刚度无限大。集中于楼面和屋面的质量分别为 $m_1=100$ t,$m_2=50$ t,各楼层层间剪切刚度为 $k_1=4\times10^4$ kN/m,$k_2=2\times10^4$ kN/m。求结构的自振频率和振型。

【解】将结构简化为图 3-7(b)所示的两自由度弹性体系。

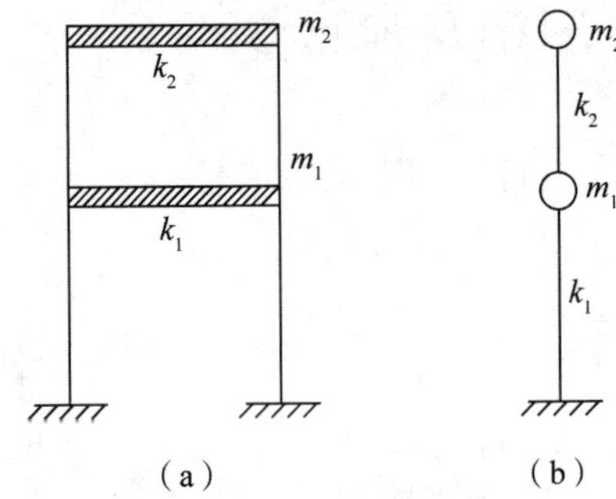

图 3-7　例 3-2 图

(a)二层框架;(b)计算简图

结构的质量矩阵为

$$[\boldsymbol{M}] = \begin{bmatrix} \boldsymbol{M}_1 & 0 \\ 0 & \boldsymbol{M}_2 \end{bmatrix} = \begin{bmatrix} 100 & 0 \\ 0 & 50 \end{bmatrix} (\mathrm{t})$$

$$\boldsymbol{K}_{11} = k\boldsymbol{K}_1 + \boldsymbol{K}_2 = 6\times10^4 \text{ kN/m}$$

$$\boldsymbol{K}_{12} = \boldsymbol{K}_{21} = \boldsymbol{K}_2 = 2\times10^4 \text{ kN/m}$$

$$K_{22}=K_2=2\times10^4\ \mathrm{kN/m}$$

于是,刚度矩阵为

$$[K]=\begin{bmatrix}K_{11} & K_{12}\\ K_{21} & K_{22}\end{bmatrix}=\begin{bmatrix}6 & -2\\ -2 & 2\end{bmatrix}\times10^4(\mathrm{kN/m})$$

由式(3-34)得频率方程为

$$\begin{vmatrix}6\times10^4-100\omega^2 & -2\times10^4\\ -2\times10^4 & 2\times10^4-50\omega^2\end{vmatrix}=0$$

将上式展开得

$$\omega^4-1\ 000\omega^2+16\times10^4=0$$

解上列方程式得

$$\omega_1^2=200\ ,\quad \omega_2^2=800$$

体系自振圆频率为

$$\omega_1=14.14\ \mathrm{rad/s}\ ,\quad \omega_2=28.28\mathrm{rad/s}$$

相对于第一阶频率 ω_1,由式(3-34)可得

$$([K]-\omega_1^2[M])\{X\}_1=0$$

即

$$\begin{bmatrix}K_{11}-M_1\omega_1^2 & K_{12}\\ K_{21} & K_{22}-m_2\omega_1^2\end{bmatrix}\begin{Bmatrix}X_{11}\\ X_{12}\end{Bmatrix}=0$$

由上式得第一振型幅值的相对比值为

$$\frac{X_{12}}{X_{11}}=\frac{M_1\omega_1^2-K_{11}}{K_{12}}=\frac{100\times200-6\times10^4}{-2\times10^4}=\frac{2}{1}$$

同理,第二振型幅值的相对比值为

$$\frac{X_{22}}{X_{21}}=\frac{M_1\omega_2^2-K_{11}}{K_{12}}=\frac{100\times800-6\times10^4}{-2\times10^4}=\frac{-1}{1}$$

因此,第一振型为 $\{X\}_1=\begin{Bmatrix}X_{11}\\ X_{12}\end{Bmatrix}=\begin{Bmatrix}1\\ 2\end{Bmatrix}$;第二振型为 $\{X\}_2=\begin{Bmatrix}X_{21}\\ X_{22}\end{Bmatrix}=\begin{Bmatrix}1\\ -1\end{Bmatrix}$。振型图如图3-8所示。

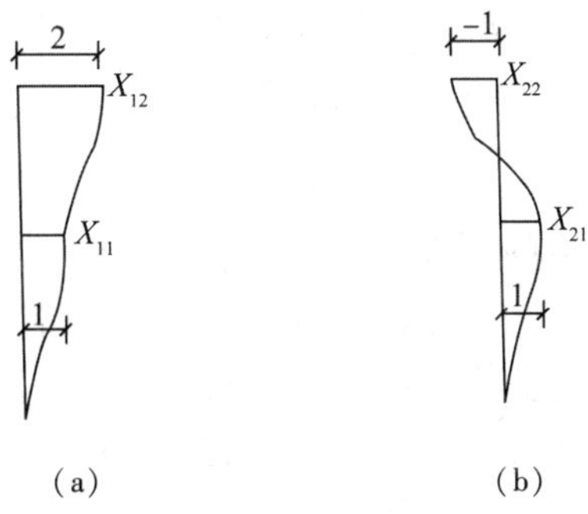

图3-8　例3-2图

(a)第一振型;(b)第二振型

上述算例为两个自由度情况,对多自由度体系,采用手算方法较为困难,因此,通常利用计算机进行分析。

3.4.3 频率、振型特点

1. 频率

由频率方程式(3-34)可知,频率 ω 只与结构固有参数$[\boldsymbol{M}]$、$[\boldsymbol{K}]$有关,与外荷载无关,因此,ω 称为结构的固有频率。一旦结构形式给定,ω 即有其确定值,不会因荷载作用形式改变。

2. 振型

由上面的分析可知,振型$\{X\}_j$ 只表示在频率 ω_j 下的振动形状。各质点的振型值并非代表其绝对位移值,而只反映各质点振幅之间的相对比值关系。同一振型下,各点的振幅比值不变。因此,各点幅值可按相同比例放大或缩小,而保持振动形状不变。

3. 惯性力

根据式(3-13)可知,第 j 振型第 i 质点的惯性力可表示为 $\omega_j^2 m_i X_{ji}$ 。

4. 主振型正交性

主振型的正交性表现在以下两个方面:

(1)主振型关于质量矩阵是正交的,即

$$\{\boldsymbol{X}\}_j^{\mathrm{T}}[\boldsymbol{M}]\{\boldsymbol{X}\}_k=\begin{cases}0 & (j\neq k)\\ M_j & (j=k)\end{cases} \tag{3-37}$$

(2)主振型关于刚度矩阵也是正交的,即

$$\{\boldsymbol{X}\}_j^{\mathrm{T}}[\boldsymbol{K}]\{\boldsymbol{X}\}_k=\begin{cases}0 & (j\neq k)\\ K_j & (j=k)\end{cases} \tag{3-38}$$

证明如下:

将式(3-36)改写为

$$[\boldsymbol{K}]\{\boldsymbol{X}\}=\omega^2[\boldsymbol{M}]\{\boldsymbol{X}\} \tag{3-39}$$

上式对体系任意第 j 阶和第 k 阶频率和振型均成立,即

$$[\boldsymbol{K}]\{\boldsymbol{X}\}_j=\omega_j^2[\boldsymbol{M}]\{\boldsymbol{X}\}_j \tag{3-40}$$

$$[\boldsymbol{K}]\{\boldsymbol{X}\}_k=\omega_k^2[\boldsymbol{M}]\{\boldsymbol{X}\}_k \tag{3-41}$$

将式(3-40)两边均左乘 $\{\boldsymbol{X}\}_k^{\mathrm{T}}$,式(3-41)两边均左乘 $\{\boldsymbol{X}\}_j^{\mathrm{T}}$, 得

$$\{\boldsymbol{X}\}_k^{\mathrm{T}}[\boldsymbol{K}]\{\boldsymbol{X}\}_j=\omega_j^2\{\boldsymbol{X}\}_k^{\mathrm{T}}[\boldsymbol{M}]\{\boldsymbol{X}\}_j \tag{3-42}$$

$$\{\boldsymbol{X}\}_j^{\mathrm{T}}[\boldsymbol{K}]\{\boldsymbol{X}\}_k=\omega_k^2\{\boldsymbol{X}\}_j^{\mathrm{T}}[m]\{\boldsymbol{X}\}_k \tag{3-43}$$

将式(3-42)两边转置,并注意到刚度矩阵和质量矩阵的对称性,得

$$\{\boldsymbol{X}\}_j^{\mathrm{T}}[\boldsymbol{K}]\{\boldsymbol{X}\}_k=\omega_j^2\{\boldsymbol{X}\}_j^{\mathrm{T}}[m]\{\boldsymbol{X}\}_k \tag{3-44}$$

将式(3-44)与式(3-43)相减得

$$(\omega_j^2-\omega_k^2)\{\boldsymbol{X}\}_j^{\mathrm{T}}[\boldsymbol{M}]\{\boldsymbol{X}\}_k=0 \tag{3-45}$$

若 $j\neq k$,则 $\omega_j\neq\omega_k$,于是必有如下正交性成立:

$$\{X\}_j^{\mathrm{T}}[M]\{X\}_k=0 \qquad (j\neq k) \tag{3-46}$$

将式(3-46)代入式(3-43)得到关于刚度矩阵的正交性,得

$$\{X\}_j^{\mathrm{T}}[K]\{X\}_k=0 \qquad (j\neq k) \tag{3-47}$$

3.4.4 地震反应分析的振型分解法

振型分解法是求解多自由度弹性体系动力响应的一种重要方法。多自由度弹性体系在水平地震作用下的运动方程为一组相互耦联的微分方程,联立求解有一定困难。振型分解法的思路是:利用振型的正交性,将原来耦联的多自由度微分方程组分解为若干彼此独立的单自由度微分方程,由单自由体系结果分别得出各个独立方程的解,然后将各个独立解进行组合叠加,得出总的反应。

一般情况,主振型关于阻尼矩阵不具有正交关系。为了能利用振型分解法,假定阻尼矩阵也满足正交关系,即

$$\{X\}_j^{\mathrm{T}}[C]\{X\}_k=\begin{cases}0 & (j\neq k)\\ C_j & (j=k)\end{cases} \tag{3-48}$$

在分析中,通常采用瑞利(Rayleigh)阻尼矩阵式,将阻尼矩阵表示为质量矩阵与刚度矩阵的线性组合,即

$$[C]=a[M]+b[K] \tag{3-49}$$

式中 a、b——比例常数。

将式(3-49)代入式(3-48)可得

$$\{X\}_j^{\mathrm{T}}[C]\ [X]_k=\begin{cases}0 & (j\neq k)\\ aM_j+bK_j & (j=k)\end{cases} \tag{3-50}$$

有了上述正交性后,就可推导振型分解法。根据线性代数理论,n 维向量$\{x\}$可表示为 n 个独立向量的线性组合。引入广义坐标向量$\{Q\}$:

$$\{Q\}=\begin{Bmatrix}Q_1(t)\\ Q_2(t)\\ \vdots\\ Q_n(t)\end{Bmatrix} \tag{3-51}$$

将位移向量$\{X\}$用振型的线性组合表示:

$$\{X\}=[X]\{Q\} \tag{3-52}$$

式中 $[X]$——振型矩阵,是由 n 个彼此正交的主振型向量组成的方阵,即

$$[X]=\begin{bmatrix}\{X\}_1 & \{X\}_2 & \cdots & \{X\}_n\end{bmatrix}=\begin{bmatrix}X_{11} & X_{21} & \cdots & X_{n1}\\ X_{12} & X_{22} & \cdots & X_{n2}\\ \vdots & \vdots & \vdots & \vdots\\ X_{1n} & X_{2n} & \cdots & X_{nn}\end{bmatrix} \tag{3-53}$$

矩阵$[X]$的元素 X_{ji} 中,j 表示振型序号,i 表示自由度序号。$\{X\}$也可按主振型分解形

式写为

$$\{X\}=\{X\}_1Q_1(t)+\{X\}_2Q_2(t)+\cdots+\{X\}_nQ_n(t) \tag{3-54}$$

将式(3-52)代入式(3-25)得

$$[M][X]\{\ddot{Q}\}+[C][X]\{\dot{Q}\}+[K][X]\{Q\}=-[M]\{\ddot{X}_0(t)\} \tag{3-55}$$

对上式的每一项均左乘 $\{X\}_j^{\mathrm{T}}$，得

$$\{X\}_j^{\mathrm{T}}[M][X]\{\ddot{Q}\}+\{X\}_j^{\mathrm{T}}[C][X]\{\dot{Q}\}+\{X\}_j^{\mathrm{T}}[K][X]\{Q\}=-\{X\}_j^{\mathrm{T}}[M]\{\ddot{X}_0(t)\} \tag{3-56}$$

根据振型的正交性，上式各项展开相乘后，除第 j 项外，其他各项均为零。因此，方程化为如下独立形式：

$$M_j\ddot{q}_j(t)+C_j\dot{q}_j(t)+K_jq_j(t)=-\ddot{x}_0(t)\sum_{i=1}^{n}m_iX_{ji} \tag{3-57}$$

或写为

$$\ddot{q}_j(t)+2\zeta_j\omega_j\dot{q}_j(t)+\omega_j^2q_j(t)=-\gamma_j\ddot{x}_0(t) \tag{3-58}$$

式中 M_j——第 j 振型广义质量：

$$M_j=\{X\}_j^{\mathrm{T}}[M]\{X\}_j=\sum_{i=1}^{n}m_iX_{ji}^2 \tag{3-59}$$

K_j——第 j 振型广义刚度：

$$K_j=\{X\}_j^{\mathrm{T}}[K]\{X\}_j=\omega_j^2M_j \tag{3-60}$$

C_j——第 j 振型广义阻尼系数：

$$C_j=\{X\}_j^{\mathrm{T}}[c]\{X\}_j=2\zeta_j\omega_jM_j \tag{3-61}$$

γ_j——第 j 振型参与系数：

$$\gamma_j=\frac{\sum_{i=1}^{n}m_iX_{ji}}{\sum_{i=1}^{n}m_iX_{ji}^2} \tag{3-62}$$

ζ_j——第 j 振型阻尼比，若取瑞利阻尼，得

$$aM_j+bK_j=2\zeta_j\omega_jM_j \tag{3-63}$$

于是有

$$\zeta_j=\frac{1}{2}\left(\frac{a}{\omega_j}+b\omega_j\right) \tag{3-64}$$

式中系数 a、b 通常由试验根据第一、二阶振型的频率和阻尼比，按下式确定：

$$a=\frac{2\omega_1\omega_2(\zeta_1\omega_2-\zeta_2\omega_1)}{\omega_2^2-\omega_1^2} \tag{3-65}$$

$$b=\frac{2(\zeta_2\omega_2-\zeta_1\omega_1)}{\omega_2^2-\omega_1^2} \tag{3-66}$$

式(3-58)相当于单自由度体系运动方程。取 $j=1,2,\cdots,n$，可得 n 个彼此独立的关于广义坐标 $q_j(t)$ 的运动方程。第 j 方程的振动频率和阻尼比即原多自由度体系的第 j 阶频率和第 j 阶阻尼比。通过上述步骤，即实现了将原来多自由体系的耦联方程分解为若干彼此独立的单

自由度方程的目的。对每一方程进行独立求解,可分别解出 $q_1(t),q_2(t),\cdots,q_n(t)$。

将式(3-58)与单自由度体系在地震作用下的运动式(3-7)对比可以发现,两个方程在形式上基本相似,只是方程式(3-58)的等号右边多了一个系数 γ_j 。因此,式(3-58)的解可以比照式(3-7)的解,按式(3-11)写出:

$$q_j(t)=-\frac{\gamma_j}{\omega_j}\int_0^t \ddot{x}_0(\tau)\,\mathrm{e}^{-\zeta_j\omega_j(t-\tau)}\,\sin\omega_j(t-\tau)\,\mathrm{d}\tau=\gamma_j\Delta_j(t) \tag{3-67}$$

$$\Delta_j(t)=-\frac{1}{\omega_k}\int_0^t \ddot{x}_0(\tau)\,\mathrm{e}^{-\zeta_j\omega_j(t-\tau)}\,\sin\omega_j(t-\tau)\,\mathrm{d}\tau \tag{3-68}$$

式(3-68)相当于自振频率为 ω_j 、阻尼比为 ζ_j 的单自由度弹性体系在地震作用下的位移反应,这个单自由度体系称作与振型 j 相应的振子。

求出广义坐标 $\{q\}=\{q_1(t),q_2(t),\cdots,q_n(t)\}^{\mathrm{T}}$ 后,即可按式(3-52)或式(3-53)进行组合,求得以原坐标表示的质点位移。其中,第 i 质点的位移 $x_i(t)$ 为

$$x_i(t)=X_{1i}q_1(t)+X_{2i}q_2(t)+\cdots+X_{ji}q_j(t)+\cdots+X_{ni}q_n(t)$$

$$x_i(t)=\sum_{j=1}^{n}q_j(t)X_{ji}=\sum_{j=1}^{n}\gamma_j\Delta_j(t)X_{ji} \tag{3-69}$$

在按振型分解法求解结构地震反应时,通常不需要计算全部振型。理论分析表明,前几阶振型对结构反应贡献最大,高阶振型对反应的贡献很小。对于一般多层房屋,通常只需考虑前三阶振型即可满足工程精度要求,这样使计算大为简化。

3.5 振型分解反应谱法

振型分解反应谱法是用来计算多自由度体系地震作用的一种方法。振型分解反应谱法是将振型分解法和反应谱法结合起来的一种计算多自由度体系地震作用的方法,这种方法的主要思想是:利用振型分解法的概念,将多自由度体系分解成若干个单自由度系统的组合,然后引用单自由度体系的反应谱理论来计算各振型的地震作用,再按照一定的方法将各振型的地震作用组合到一起,进而得到多自由度体系的地震作用。这种方法较振型分解法更为简便实用,是规范中给出的计算多自由度体系地震作用的一种基本方法。它是利用单自由度体系的加速度设计反应谱和振型分解的原理,求解各阶振型对应的等效地震作用,然后按照一定的组合原则对各阶振型的地震作用效应进行组合,从而得到多自由度体系的地震作用效应。振型分解反应谱法一般可考虑为计算两种类型的地震作用:不考虑扭转影响的水平地震作用和考虑平扭耦联效应的地震作用。

3.5.1 多自由度体系的水平地震作用

由式(3-13)单自由度体系的地震作用为

$$F(t)=m\omega^2x(t)$$

按照反应谱理论,单自由度体系的最大水平地震作用由式(3-20)确定,即

$$F=\alpha G$$

对多自由度体系,第 j 振型第 i 质点的地震作用可表示为

$$F_{ji}(t)=m_i\omega_j^2 x_{ji}(t) \tag{3-70}$$

由振型分解法可知

$$x_{ji}(t)=X_{ji}q_j(t)=X_{ji}\gamma_j\Delta_j(t) \tag{3-71}$$

将式(3-71)代入式(3-70),则有

$$F_{ji}(t)=\gamma_j X_{ji}m_i\omega_j^2\Delta_j(t) \tag{3-72}$$

由式(3-71)可知,式中的 $\Delta_j(t)$ 为第 j 振型的单自由度振子,因此,式(3-71)的后 3 项相当于单自由度体系式(3-13)。利用单自由度反应谱的概念,得第 j 振型第 i 质点的最大地震作用为

$$F_{ji}=\gamma_j X_{ji}\alpha_j G_i=\alpha_j\gamma_j X_{ji}G_i\ (i,j=1,2,\cdots,n) \tag{3-73}$$

式中 F_{ji}——j 振型 i 质点的水平地震作用;

α_j——与第 j 振型自振周期 T_j 相应的地震影响系数,按图 3-4 确定;

G_i——集中于质点 i 的重力荷载代表值,按本章 3.4 节相关内容确定;

X_{ji}——j 振型 i 质点的水平相对位移;

γ_j——j 振型的参与系数,按式(3-62)计算。

式(3-73)即按振型分解反应谱法计算多自由度体系地震作用的一般表达式,由此可求得各阶振型下各个质点上的最大水平地震作用。图 3-9 给出了某三质点体系各振型下的地震作用示意图。

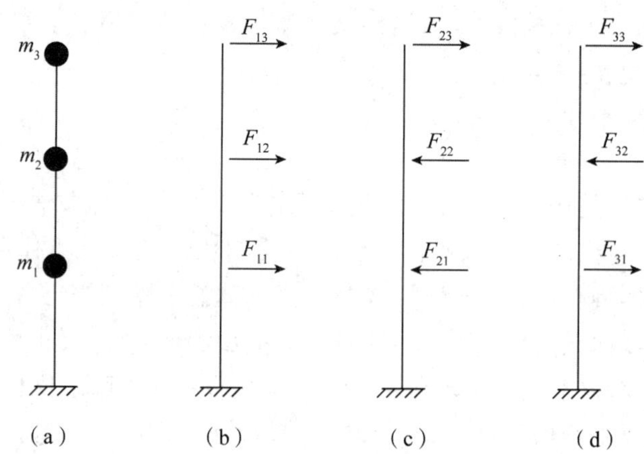

图 3-9 某三质点体系各振型下的地震作用示意图

(a)体系简图;(b)第一振型 F_{1i};(c)第二振型 F_{2i};(d)第三振型 F_{3i}

3.5.2 地震作用效应的组合

按上述方法求出相应于各振型 j 各质点 i 的水平地震作用 F_{ji} 后,即可用一般结构力学方法计算相应于各振型时结构的弯矩、剪力、轴向力和变形,这些统称为地震作用效应,用 S_j 表示第 j 振型的作用效应。由于相应于各振型的地震作用 F_{ji} 均为最大值,所以相应各振型的地震作用效应 S_j 也为最大值,但结构振动时,相应于各振型的最大地震作用效应一般不会同时发生,因此,在求结构总的地震效应时不应是各振型效应 S_j 的简单代数和,由此产生了地震作用效应如何组合的问题,或称振型组合问题。

根据随机振动理论得出的计算结构地震作用效应的"平方和开方"公式(SRSS 法),即

$$S_{Ek} = \sqrt{\sum S_j^2} \tag{3-74}$$

式中 S_{Ek}——水平地震作用标准值的效应；

S_j——j 振型水平地震作用标准值的效应，可只取前 2 ~ 3 个振型，当基本周期大于 1.5 s 或房屋高宽比大于 5 时，振型个数应适当增加。

规则结构不进行扭转耦联计算时，平行于地震作用方向的两个边榀各构件，其地震作用效应应乘以增大系数。在一般情况下，短边可按 1.15 采用，长边可按 1.05 采用；当扭转刚度较小时，周边各构件宜按不小于 1.3 采用。角部构件宜同时乘以两个方向各自的增大系数。

【例 3-3】某钢筋混凝土三层框架结构经质量集中后，计算简图如图 3-10 所示。各层高均为 5 m，集中于各楼层的重力荷载代表值分别为：$G_1 = 750$ kN，$G_2 = 750$ kN，$G_3 = 500$ kN。$\omega_1 = 10.22$ rad/s，$\omega_2 = 27.94$ rad/s，$\omega_3 = 38.37$ rad/s。结构阻尼比 $\zeta = 0.05$，I 类建筑场地，设计地震分组为第一组，抗震设防烈度为 7 度（设计基本地震加速度为 0.10g）。试按振型分解反应谱法确定该结构在多遇地震时的地震作用效应，并绘出层间地震剪力图。

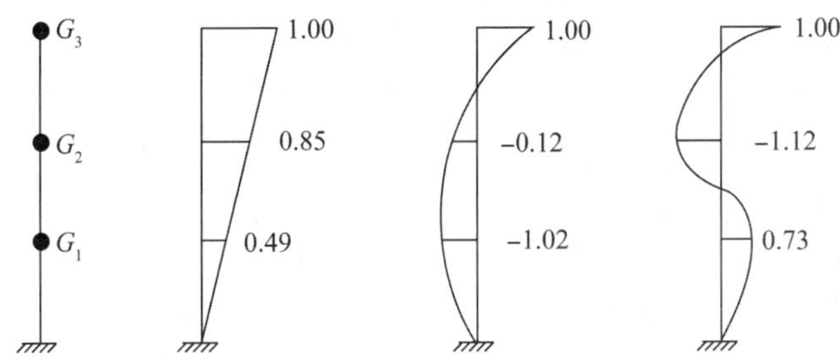

图 3-10 某钢筋混凝土三层框架结构计算简图

【解】(1) 计算地震影响系数 α_j。

由表 3-3 查得，I 类建筑场地，设计地震分组为第一组，$T_g = 0.25$ s。

由表 3-2 查得，抗震设防烈度为 7 度，设计基本地震加速度为 0.10g，在多遇地震时，$\alpha_{max} = 0.08$。

当阻尼比 $\zeta = 0.05$ 时，由式(3-22)和式(3-23)得 $\eta_2 = 1.0$，$\gamma = 0.9$。

(2) 根据已知的自振频率，可求得自振周期为

$$T_1 = \frac{2\pi}{\omega_1} = \frac{2\pi}{10.22} = 0.614(\text{s})$$

$$T_2 = \frac{2\pi}{\omega_2} = \frac{2\pi}{27.94} = 0.225(\text{s})$$

$$T_3 = \frac{2\pi}{\omega_3} = \frac{2\pi}{38.37} = 0.164(\text{s})$$

因为 $T_g < T_1 < 5T_g$，所以 $\alpha_1 = \left(\frac{T_g}{T_1}\right)^{\gamma} \eta_2 \alpha_{max} = \left(\frac{0.25}{0.614}\right)^{0.9} \times 1.0 \times 0.08 = 0.036$。

因为 $0.1 < T_2, T_3 < T_g$，所以 $\alpha_2 = \alpha_3 = \eta_2 \alpha_{max} = 0.08$。

$$\gamma_1 = \frac{\sum_{i=1}^{n} X_{1i} G_i}{\sum_{i=1}^{n} X_{1i}^2 G_i} = \frac{0.49 \times 750 + 0.85 \times 750 + 1 \times 500}{0.49^2 \times 750 + 0.85^2 \times 750 + 1^2 \times 500} = 1.232$$

$$\gamma_2=\frac{\sum_{i=1}^{n}X_{2i}G_i}{\sum_{i=1}^{n}X_{2i}^2G_i}=\frac{-1.02\times750-0.12\times750+1\times500}{(-1.02)^2\times750+(-0.12)^2\times750+1^2\times500}=-0.275$$

$$\gamma_3=\frac{\sum_{i=1}^{n}X_{3i}G_i}{\sum_{i=1}^{n}X_{3i}^2G_i}=\frac{0.73\times750-1.12\times750+1\times500}{0.73^2\times750+(-1.12)^2\times750+1^2\times500}=0.113$$

(3)计算水平地震作用标准值 F_{ji}。

①第一振型时各质点地震作用 F_{1i}:

$F_{11}=\alpha_1\gamma_1X_{11}G_1=0.0356\times1.232\times0.49\times750=16.11$(kN)

$F_{12}=\alpha_1\gamma_1X_{12}G_2=0.0356\times1.232\times0.85\times750=27.96$(kN)

$F_{13}=\alpha_1\gamma_1X_{13}G_3=0.0356\times1.232\times1.00\times500=21.93$(kN)

②第二振型时各质点地震作用 F_{2i}:

$F_{21}=\alpha_2\gamma_2X_{21}G_1=0.08\times(-0.275)\times(-1.02)\times750=16.83$(kN)

$F_{22}=\alpha_2\gamma_2X_{22}G_2=0.08\times(-0.275)\times(-0.12)\times750=1.98$(kN)

$F_{23}=\alpha_2\gamma_2X_{23}G_3=0.08\times(-0.275)\times1.00\times500=-11.00$(kN)

③第三振型时各质点地震作用 F_{3i}:

$F_{31}=\alpha_3\gamma_3X_{31}G_1=0.08\times0.113\times0.73\times750=4.95$(kN)

$F_{32}=\alpha_3\gamma_3X_{32}G_2=0.08\times0.113\times(-1.12)\times750=-7.59$(kN)

$F_{33}=\alpha_3\gamma_3X_{33}G_3=0.08\times0.113\times1.00\times500=4.52$(kN)

(4)计算各振型下的地震作用效应 S_{ji}。将楼层的层间剪看作要求的地震作用效应,根据隔离体平衡条件,所求层的层间剪力即该层以上各地震作用之和。

(5)计算结构地震作用效应 S_{Ek}。

$$S_{\mathrm{Ek1}}=\sqrt{(21.93+27.96+16.11)^2+(-11.00+1.98+18.83)^2+(4.52-7.59+4.95)^2}=66.75(\mathrm{kN})$$

$$S_{\mathrm{Ek2}}=\sqrt{(27.96+16.11)^2+(1.98+18.83)^2+(-7.59+4.95)^2}=48.81(\mathrm{kN})$$

$$S_{\mathrm{Ek3}}=\sqrt{(16.11)^2+(18.83)^2+(4.95)^2}=25.27(\mathrm{kN})$$

层间剪力计算结果见图 3-11。

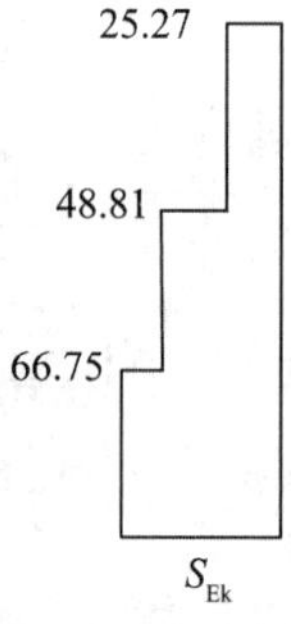

图 3-11　层间剪力计算结果(KN)

3.6　底部剪力法

底部剪力法的主要思路:先计算出作用于结构底部的总水平地震作用,然后将总水平地震作用按照一定的规律分配到各个质点上,从而得到各个质点的水平地震作用。

3.6.1　底部剪力法的基本公式

底部剪力法属一种近似方法,是针对某些建筑结构的振动特点提出的简化方法。因此,底部剪力法具有一定的适用范围。对于以下建筑结构可采用底部剪力法进行抗震计算。

(1)高度不超过 40 m、建筑结构的质量和刚度沿高度分布比较均匀。建筑结构在地震运动作用下的变形以剪切变形为主。

(2)近似于单质点体系的结构。建筑结构在地震运动作用下的扭转效应可忽略不计。

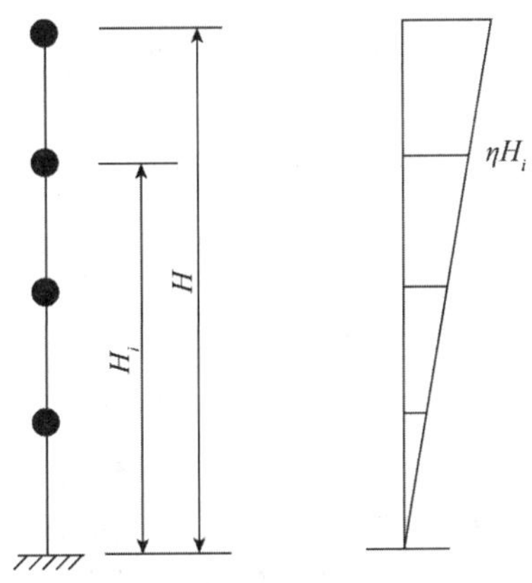

图 3-12　底部剪力法计算简图

上述结构在振动过程中具有如下特点:

(1)地震位移反应以基本振型为主。

(2)基本振型接近于倒三角形分布。

根据以上特点,假定只考虑第一振型的贡献,忽略高阶振型的影响,并将第一振型处理为倒三角形直线分布,如图 3-12 所示。因此,体系振动时质点 i 处的振幅与该质点距地面的高度成正比,即

$$X_{1i} = \eta H_i \tag{3-75}$$

式中　η——比例常数。

将式(3-75)代入式(3-73),得

$$F_i = \alpha_1 \gamma_1 \eta H_i G_i \tag{3-76}$$

结构总水平地震作用标准值(底部剪力)为

$$F_{\mathrm{Ek}} = \sum_{i=1}^{n} F_i = \alpha_1 \gamma_1 \eta \sum_{i=1}^{n} G_i H_i \tag{3-77}$$

由上式得

$$\alpha_1 \gamma_1 \eta = \frac{F_{\mathrm{Ek}}}{\sum_{i=1}^{n} G_i H_i} \tag{3-78}$$

将式(3-78)代入式(3-76),得出计算 F_i 的表达式

$$F_i = \frac{G_i H_i}{\sum_{j=1}^{n} G_j H_j} F_{\mathrm{Ek}} \tag{3-79}$$

式中　F_{Ek}——结构总水平地震作用标准值(底部剪力);

F_i——质点 i 的水平地震作用标准值;

G_i、G_j——集中于质点 i、j 的重力荷载代表值,按本章 3.4 节相关内容确定;

H_i、H_j——质点 i、j 计算高度。

从上面的分析中可以看出,如果已知 F_{Ek},则可方便地计算 F_i。因此,问题的关键是 F_{Ek} 等于多少。为简化计算,我们可根据底剪力相等的原则,将多质点体系等效为一个与其基本周期相同的单质点体系,这样就可方便地用单自由度体式(3-20)计算底部总剪力 F_{Ek},即

$$F_{Ek}=\alpha_1 G_{eq} \tag{3-80}$$

式中 α_1——相对于结构基本自振周期的水平地震影响系数,按图 3-4 确定,对多层砌体房屋、底部框架和多层内框架砖房,宜取水平地震影响系数最大值;

G_{eq}——结构等效总重力荷载,即

$$G_{eq}=\beta\sum_{i=1}^{n}G_i \tag{3-81}$$

β——等效系数。对单质点体系,取 $\beta=1$;对多质点体系,取 $\beta=0.85$。

3.6.2 底部剪力法的修正

1. 高振型影响

由式(3-81)表达的计算地震作用的公式仅考虑了第一振型影响,并将其假定为直线倒三角形分布。当结构基本周期较长时,高阶振型对地震作用的影响不可忽略。计算分析表明,对于周期较长的多层结构,按式(3-81)计算会过小地估计结构顶部的地震剪力。为此,需对式(3-81)进行修正。《建筑抗震设计规范(2016 年版)》(GB 50011—2010)规定,$T_1>1.4T_g$ 的周期结构,给出了如下的修正原则:

(1)在顶部质点增加一个附加地震作用 ΔF_n。

(2)保持结构总底部剪力不变。

如图 3-13 所示,计算水平地震作用的公式为

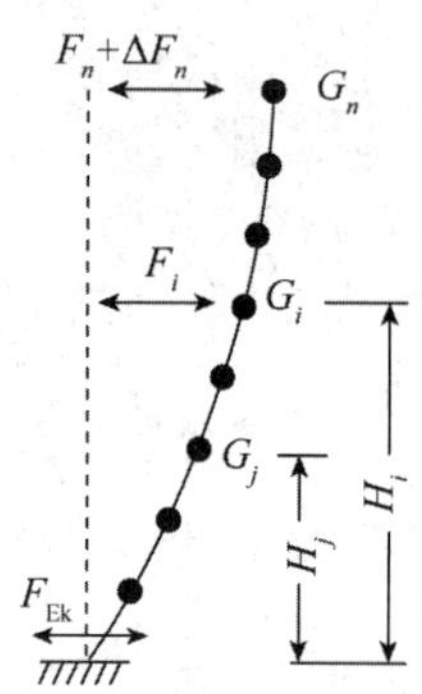

图 3-13 结构水平地震作用计算简图

$$\left.\begin{aligned}F_{Ek}&=\alpha_1 G_{eq}\\ F_i&=\frac{G_iH_i}{\sum_{j=1}^{n}G_jH_j}F_{Ek}\qquad(i=1,2,\cdots,n)\end{aligned}\right\}$$

$$\Delta F_n=\delta_n F_{Ek} \tag{3-82}$$

式中 δ_n——顶部附加地震作用系数,对于多层钢筋混凝土房屋和钢结构房屋,按表 3-5 采

用；对于多层内框架砖房可取 $\delta_n=0.2$，其他房屋可取 $\delta_n=0.0$；

ΔF_n——顶部附加水平地震作用。

表 3-5 顶部附加地震作用系数 δ_n

T_g/s	$T_1>1.4T_g$	$T_1\leqslant 1.4T_g$
$T_g\leqslant 0.35$	$0.08T_1+0.07$	0.0
$0.35<T_g\leqslant 0.55$	$0.08T_1+0.01$	
$T_g>0.55$	$0.08T_1-0.02$	

2. 鞭端效应

大量震害表明，突出屋面的屋顶间、女儿墙、烟囱等附属结构往往破坏较为严重。根据理论分析，突出屋面部分的质量、刚度与下层相比越小，则端部振动越严重。这种由于顶层质量和刚度比下层小许多而使顶部振幅急剧加大的现象称为鞭端效应。针对鞭端效应的影响，当按底部剪力法对具有突出屋面的屋顶间、女儿间、烟囱等多层结构进行抗震计算时，宜按以下原则进行修正：

(1) 将顶层局部突出结构的地震作用效应放大 3 倍（即 $3F_n$）设计顶层构件，以上地震作用效应的增大部分（即 $2F_n$）不往下传递。

(2) 当结构基本周期 $T_1>1.4T_g$ 时，还应考虑高振型的影响，此时附加地震作用 ΔF_n 应置于主体结构的顶层（即质点 $n-1$ 处），而不应置于局部突出部分的质点处，见图 3-14。

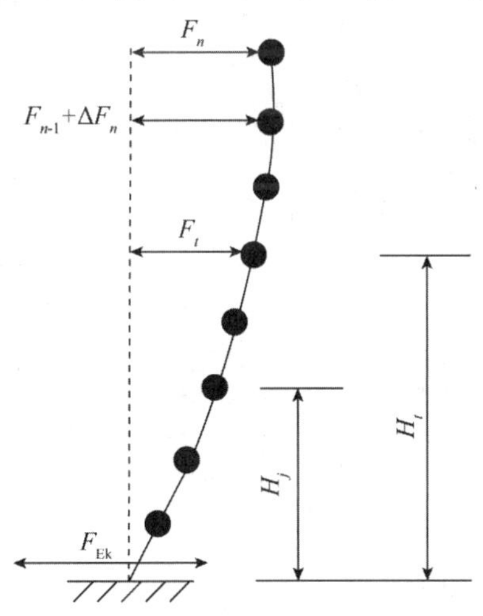

图 3-14 考虑鞭端效应结构的水平地震作用计算简图

【例 3-4】 钢筋混凝土四层框架结构，各层高均为 5 m，集中于各楼层的重力荷载代表值分别为 $G_1=750$ kN，$G_2=750$ kN，$G_3=500$ kN，$G_4=350$ kN。结构基本自振周期 $T_1=0.55$ s，结构阻尼比 $\zeta=0.05$，Ⅱ类建筑场地，设计地震分组为第一组，抗震设防烈度为 8 度（设计基本地震加速度为 0.20g）。试按底部剪力法计算结构在多遇地震时的水平地震作用及地震剪力。

【解】 ①计算地震影响系数 α_1。

由表 3-3 查得,在Ⅱ类建筑场地、设计地震第一组时 $T_g=0.35$ s。

由表 3-2 可知,当设计基本地震加速度为 0.20g 时,$\alpha_{max}=0.16$,当阻尼比 $\zeta=0.05$ 时,$\eta_2=1.0\gamma=0.9$。结构基本自振周期 $T_1=0.38$ s,因 $T_g<T_1<5T_g$,所以

$$\alpha_1=\left(\frac{T_g}{T_1}\right)^{\gamma}\eta_2\alpha_{max}=\left(\frac{0.35}{0.55}\right)^{0.9}\times 1.0\times 0.16=0.107$$

②计算结构等效总重力荷载 G_{eq}。

$$G_{eq}=\beta\sum_{i=1}^{n}G_1=0.85\times(750+750+500+350)=1\ 997.5(\text{kN})$$

③计算底部剪力 F_{Ek}。

$$F_{Ek}=\alpha_1 G_{eq}=0.107\times 1\ 997.5=213.73(\text{kN})$$

④计算各质点的水平地震作用 F_i。

因为 $T_1=0.55$ s$>1.4T_g=0.49$ s,所以需考虑顶部附加地震作用,按式(3-82)进行计算。

由表 3-5 可知

$$\delta_n=0.08T_1+0.07=0.11$$

$$\Delta F_n=\delta_n F_{Ek}=0.11\times 213.73=23.51(\text{kN})$$

$$(1-\delta_n)F_{Ek}=(1-0.11)\times 213.73=190.22(\text{kN})$$

计算结果见表 3-6,层间剪力图见图 3-15。

表 3-6　例 3-4 计算结果

层数	G_i/kN	H_j/m	G_iH_j/(kN·m)	$\sum G_iH_j$/(kN·m)	F_i/kN	ΔF_n/kN	V_i/kN
4	350	20	7 000	25 750	51.71	23.51	75.22
3	500	15	7 500		55.40		130.62
2	750	10	7 500		55.40		186.02
1	750	5	3 750		27.71		213.73

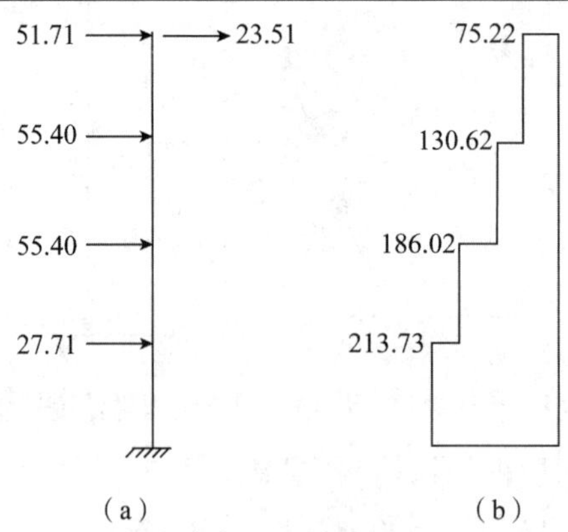

图 3-15　层间剪力图

(a)地震作用;(b)层间剪力

3.7　结构基本周期的近似计算

按底部剪力法计算结构地震作用的最大优点是不需进行烦琐的频率和振型分析，但此时仍需知道结构的基本周期值。本节介绍两种常用的计算结构基本周期的近似方法：能量法和顶点位移法。

3.7.1　能量法

能量法又称瑞利法，是一种根据能量守恒原理确定结构基本周期的近似方法。即一个无阻尼的弹性体系做自由运动，其总能量（变形能与动量之和）在任何时刻均保持不变。设一 n 质点弹性体系（图 3-16），质点 i 的质量为 m_i，相应的重力荷载为 $G_i=m_ig$，g 为重力加速度。用能量法计算基本周期的准确程度取决于假定的第一振型与真实振型相似程度，沿振动方向施加等于体系荷重的静力作用，由此产生的变形曲线作为体系的第一振型可得到满意的结果。如图 3-16 所示，假设各质点的重力荷载 G_i 水平作用于相应质点 m_i 上所产生的弹性变形曲线为基本振型，图中 Δ_i 为质点 i 的水平位移。于是，在振动过程中，质点 i 的瞬间水平位移为

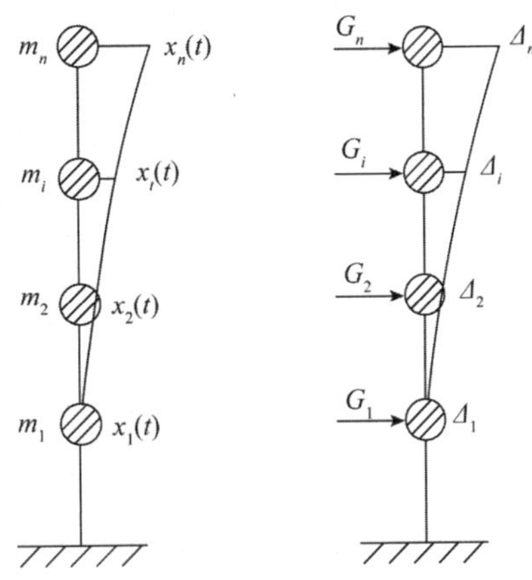

图 3-16　按能量法计算基本周期的计算简图

$$x_i(t)=\Delta_i\sin(\omega_1 t+\varphi_1) \tag{3-83}$$

其瞬时速度为

$$\dot{x}_i(t)=\omega_1\Delta_1\cos(\omega_1 t+\varphi_1) \tag{3-84}$$

当体系在振动过程中各质点位移同时达到最大时，动能为零，而变形位能达到最大值 $U_{\max}$，即

$$U_{\max}=\frac{1}{2}\sum_{i=1}^{n}G_i\Delta_i \tag{3-85}$$

当体系经过静平衡位置时，变形位能为零，体系动能达到最大值 $T_{\max}$，即

$$T_{\max}=\frac{1}{2}\sum_{i=1}^{n}m_i(\omega_1\Delta_i)^2=\frac{\omega_1^2}{2g}\sum_{i=1}^{n}G_i\Delta_i^2 \tag{3-86}$$

若忽略阻尼力影响，则体系没有能量损耗，总能量保持不变。根据能量守恒原理，令 $U_{\max}=T_{\max}$，则得体系基本频率的近似计算公式为

$$\omega_1=\sqrt{\frac{g\sum_{i=1}^{n}G_i\Delta_i}{\sum_{i=1}^{n}G_i\Delta_i^2}} \tag{3-87}$$

体系的基本周期为

$$T_1 = \frac{2\pi}{\omega_1} = 2\pi\sqrt{\frac{\sum_{i=1}^{n} G_i\Delta_i^2}{g\sum_{i=1}^{n} G_i\Delta_i}} \approx 2\sqrt{\frac{\sum_{i=1}^{n} G_i\Delta_i^2}{\sum_{i=1}^{n} G_i\Delta_i}} \tag{3-88}$$

式中 G_i——质点 i 的重力荷载；

Δ_i——在各假想水平荷载 G_i 共同作用下，质点 i 处的水平弹性位移(m)。

3.7.2 顶点位移法

顶点位移法是常用的一种求结构体系基本周期的近似方法，其基本思路是将体系的基本周期用在重力荷载水平作用下的顶点位移来表示。

某质量均匀的悬臂直杆[图 3-17(a)]，杆单位长度的质量为 $\bar{m}$，相应重力荷载为 $q=\bar{m}g$。

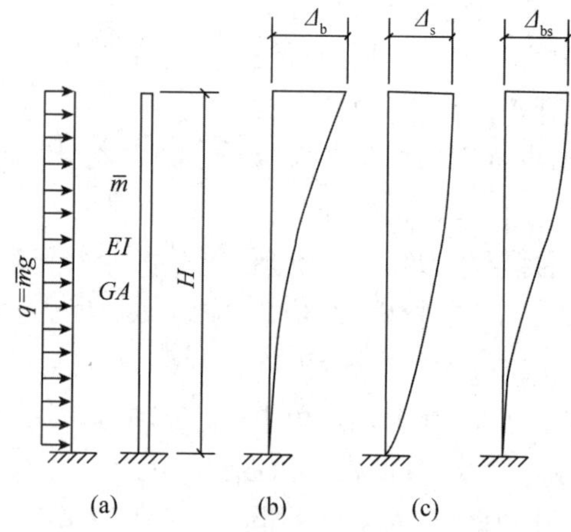

图 3-17 顶点位移法计算基本周期

(a)悬臂直杆简图；(b)弯曲位移；(c)剪切位移；(d)弯曲剪切位移

均布质量的悬臂杆弯曲振动时的基本频率由结构力学得到，为

$$\omega = \frac{\pi^2}{H^2}\sqrt{\frac{EI}{\bar{m}}} \tag{3-89}$$

当杆为弯曲振动时，基本周期可按下式计算：

$$T_b = \frac{2\pi}{\omega} = 1.79H^2\sqrt{\frac{\bar{m}}{EI}} \tag{3-90}$$

当杆为剪切振动时，基本周期可按下式计算：

$$T_s = 4H\sqrt{\frac{\zeta\bar{m}}{GA}} \tag{3-91}$$

式中 EI——杆的弯曲刚度；

GA——杆的剪切刚度；

ζ——剪应力分布不均匀系数。

悬臂直杆在均布重力荷载 q 水平作用下[图 3-17(b)]，弯曲变形时的顶点位移为

$$\Delta_b = \frac{qH^4}{8EI} = \frac{\bar{m}gH^4}{8EI} \tag{3-92}$$

悬臂杆在均布重力荷载 q 作用下[图 3-17(c)],剪切变形时的顶点位移为

$$\Delta_s = \frac{\zeta qH^2}{2GA} = \frac{\zeta \bar{m}gH^2}{2GA} \tag{3-93}$$

杆按弯曲振动时用顶点位移表示的基本周期计算公式:

$$T_b = 1.6\sqrt{\Delta_b} \tag{3-94}$$

杆按剪切振动时的基本周期公式:

$$T_s = 1.8\sqrt{\Delta_s} \tag{3-95}$$

若杆按弯曲剪切振动,顶点位移为 Δ_{bs},则基本周期可按下式计算:

$$T = 1.7\sqrt{\Delta_{bs}} \tag{3-96}$$

上述各公式中,顶点位移的单位为 m,周期的单位为 s。对于一般多层框架结构,只要求得框架在集中楼(屋)盖的重力荷载水平作用时的顶点位移,即可求出其基本周期值。

3.7.3 基本周期的修正

在按能量法和顶点位移法求解基本周期时,一般只考虑承重构件的刚度(如框架梁柱、抗震墙),并未考虑非承重构件(如填充墙)对刚度的影响,这将使理论计算的周期偏长。当用反应谱理论计算地震作用时,会使地震作用偏小而趋于不安全。因此,为使计算结果更接近实际情况,应对理论计算结果给予折减,得

$$T = 1.7\psi_T\sqrt{\Delta} \tag{3-97}$$

式中 ψ_T ——考虑填充墙影响的周期折减系数,取值如下:

框架结构:$\psi_T = 0.6 \sim 0.7$;

框架-抗震墙结构:$\psi_T = 0.7 \sim 0.8$;

抗震墙结构:$\psi_T = 1.0$;

3.8 平动扭转耦联振动时结构的地震反应

前面讨论的水平地震作用的计算方法适用于结构平面布置规则、质量和刚度分布均匀的结构体系。这时,结构可简化为质点系,即每一楼层简化了一个自由度的质点。当结构布置不满足均匀、规则、对称的要求时,结构的振动除了平移振动外,还会伴随着扭转振动。大量震害调查表明,扭转将产生对结构不利的影响,加重建筑结构的地震震害。因此,我国《建筑抗震设计规范(2016 年版)》(GB 50011—2010)规定:对于质量和刚度分布明显不对称的结构,应通过计算计入水平地震作用的扭转影响。

综合分析,产生扭转的原因可分为外因和内因两个方面。

(1)外因方面。地震动是一种多维随机运动,地面运动存在着转动分量或地面各点的运动存在相位差,导致即使是对称结构也难免发生扭转。

(2)内因方面。结构自身不对称,结构平面质量中心与刚度中心不重合,存在偏心,导致

水平地震下结构的扭转振动。另外，对于多层房屋，即使每层的质心与刚心重合，但各楼层的质心不在同一竖轴上时，同时也会引起整个结构的扭转振动。

对于上述原因的第一条，由于目前缺乏地震扭转分量的强震记录，因而由该原因引起的扭转效应还难以确定。采用如下规定考虑其影响：规则结构不进行扭转耦联计算时，平行于地震作用方向的两个边榀，其地震作用效应应乘以增大系数。一般情况下，短边可按 1.15 采用，长边可按 1.05 采用；当扭转刚度较小时，宜按不小于 1.3 采用。

对于上述原因的第二条，按扭转耦联振型分解法计算地震作用及其效应。假设楼盖平面内刚度为无限大，将质量分别就近集中到各层楼板平面上，则扭转耦联振动时结构的计算简图可简化为图 3-18 所示的串联刚片系，而不是仅考虑平移振动时的串联质点系。每层刚片有 3 个自由度，即 x、y 两个方向的平移和平面内的转角 φ。当结构为 n 层时，则结构共有 $3n$ 个自由度。

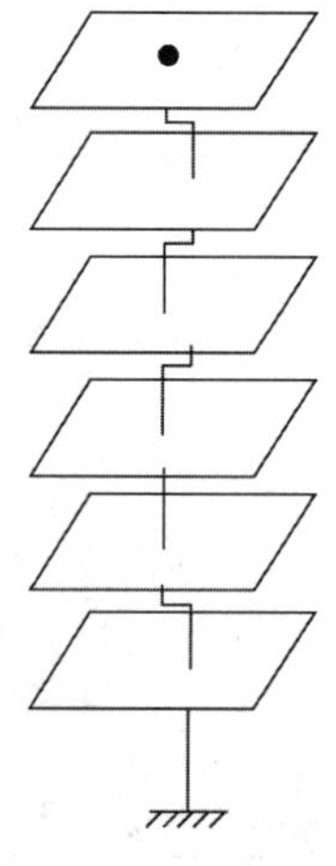

图 3-18　平动扭转耦联振动时的串联刚片模型

在自由振动条件下，任一振型 j 在任意层 i 具有 3 个振型位移，即两个正交的水平位移 X_{ji}、Y_{ji} 和一个转角位移 φ_{ji}。按扭转耦联振型分解法计算时，j 振型第 i 层的水平地震作用标准值按下列公式确定：

$$\left.\begin{aligned} F_{xji} &= \alpha_j \gamma_{tj} X_{ji} G_i \\ F_{yji} &= \alpha_j \gamma_{tj} Y_{ji} G_i \\ F_{tji} &= \alpha_j \gamma_{tj} r_i^2 \varphi_{ji} G_i \end{aligned}\right\} \begin{aligned} &(i = 1,2,\cdots,n; \\ &j = 1,2,\cdots,n) \end{aligned} \tag{3-98}$$

式中　F_{xji}、F_{yji}、F_{tji}——j 振型，下 i 层的 x 方向、y 方向和转角方向的地震作用标准值；

X_{ji}、X_{ji}——j 振型下，i 层质心在 x、y 方向的水平相对位移；

φ_{ji} ——j 振型下，i 层的相对转角；

α_j ——与 j 振型自振周期 T_j 相应的地震影响系数；

γ_i ——i 层转动半径，按下式计算：

$$\gamma_i = \sqrt{J_i / m_i} \tag{3-99}$$

J_i——第 i 层绕质心的转动惯量；

m_i——第 i 层的质量；

γ_{tj} ——计入扭转的 j 振型参与系数，按下列公式确定：

当仅取 x 方向地震作用时，即

$$\gamma_{tj} = \gamma_{xj} = \frac{\sum_{i=1}^{n} X_{ji} G_i}{\sum_{i=1}^{n} (X_{ji}^2 + Y_{ji}^2 + \varphi_{ji}^2 \gamma_i^2) G_i} \tag{3-100}$$

当仅取 y 方向地震作用时，即

$$\gamma_{tj} = \gamma_{yj} = \frac{\sum_{i=1}^{n} Y_{ji} G_i}{\sum_{i=1}^{n} (X_{ji}^2 + Y_{ji}^2 + \varphi_{ji}^2 \gamma_i^2) G_i} \tag{3-101}$$

当取与 x 方向斜交的地震作用时,即

$$\gamma_{tj} = \gamma_{xj}\cos\theta + \gamma_{yj}\sin\theta \tag{3-102}$$

θ——地震作用方向与 x 方向的夹角。

按式(3-98)可分别求得对应于每一振型的最大地震作用,这时仍需进行振型组合求结构总的地震反应。与结构单向平移水平地震反应计算相比,考虑平扭耦合效应进行振型组合时,需注意由于平扭耦合体系有 x 向、y 向和扭转 3 个主振方向,若取 $3r$ 个振型组合则只相当于不考虑平扭耦合影响时只取 r 个振型组合的情况,故平扭耦合影响,一些振型的频率间隔可能很小,振型组合时,需考虑不同振型地震反应间的相关性。为此,可采用完全二次振型组合法(CQC 法),按下式计算地震作用效应,即

$$S_{\mathrm{Ek}} = \sqrt{\sum_{j=1}^{m}\sum_{k=1}^{m}\rho_{jk}S_jS_k} \tag{3-103}$$

$$\rho_{jk} = \frac{8\zeta_j\zeta_k(1+\lambda_T)\lambda_T^{1.5}}{(1-\lambda_{\mathrm{T}}^2)^2 + 4\zeta_j\zeta_k(1+\lambda_{\mathrm{T}})^2\lambda_{\mathrm{T}}} \tag{3-104}$$

式中 S_{Ek}——地震作用标准值的扭效应;

m——所取振型数,一般取前 9 ~ 15 个振型;

S_j、S_k——j、k 振型地震作用标准值的效应;

ζ_j、ζ_k——j、k 振型的阻尼比;

ρ_{jk}——j 振型与 k 振型的耦联系数;

λ_{T}——k 振型与 j 振型的自振周期比。

表 3-7 给出了阻尼比 $\zeta = 0.05$ 时 ρ_{jk} 与 λ_{T} 的数值关系,从表中可看出,ρ_{jk} 随 λ_{T} 的减小而迅速衰减。当 $\lambda_{\mathrm{T}} > 0.8$ 时,不同振型之间相关性的影响可能较大。这说明当各振型的频率相近时,有必要考虑耦连系数 ρ_{jk} 的影响。当 $\lambda_{\mathrm{T}} < 0.7$ 时,两个振型间的相关性很小,可忽略不计。

表 3-7 ρ_{jk} 与 λ_{T} 的数值关系($\zeta = 0.05$)

λ_{T}	0.4	0.5	0.6	0.7	0.8	0.9	0.95	1.0
ρ_{jk}	0.010	0.018	0.035	0.071	0.165	0.472	0.791	1.000

按式(3-98)可分别求出 x 向水平地震动和 y 向水平地震动产生的各阶水平地震作用,再按式(3-103)进行振型组合,分别求得由 x 向水平地震动和由 y 向水平地震动产生的某一特定地震作用效应(如楼层位移、构件内力等),分别计为 S_x 和 S_y。由于 S_x 和 S_y 不一定在同一时刻发生,可采用平方和开方的方式估计由双向水平地震产生的作用效应。根据强震观测记录的统计分析,两个方向水平地震加速度的最大值不相等,二者之比约为 1 ∶0.85,因此规范提出按下面两式的较大值确定双向水平地震作用效应:

$$S_{\mathrm{Ek}} = \sqrt{S_x^2 + (0.85S_y)^2} \tag{3-105}$$

或

$$S_{\mathrm{Ek}} = \sqrt{S_y^2 + (0.85S_x)^2} \tag{3-106}$$

式中 S_x、S_y——x 向、y 向单向水平地震作用按式(3-106)计算的扭转效应。

在进行平动扭转耦联的计算中,需要求出各楼层的转动惯量。对于任意形状的楼盖,取

任意坐标轴,质心 C_i 的坐标 x_i、y_i 可用下式求得:

$$x_i = \frac{\iint_{A_i} \overline{m}_i x \mathrm{d}x\mathrm{d}y}{\iint_{A_i} \overline{m}_i \mathrm{d}x\mathrm{d}y}, \quad y_i = \frac{\iint_{A_i} \overline{m}_i y \mathrm{d}x\mathrm{d}y}{\iint_{A_i} \overline{m}_i \mathrm{d}x\mathrm{d}y} \tag{3-107}$$

式中 $\overline{m}_i$ ——i 层任意点处单位面积的质量;

A_i——i 层楼盖水平面积。

绕任意竖轴 o 的转动惯量为

$$J_{io} = \iint_{A_i} \overline{m}_i (x^2 + y^2) \mathrm{d}x\mathrm{d}y \tag{3-108}$$

绕质心 C_i 的转动惯量为

$$J_i = \iint_{A_i} \overline{m}_i [(x - x_i)^2 + (y - y_1)^2] \mathrm{d}x\mathrm{d}y \tag{3-109}$$

3.9 竖向地震作用

地震时,地面运动的竖向分量引起建筑物产生竖向振动。震害调查表明,在高烈度区,竖向地震的影响十分明显。对于高层建筑和高耸结构,由于重力荷载产生的压应力沿高度逐渐减小,可能使结构的上部在竖向地震作用下因上下振动而出现拉应力,加重上部结构的地震震害。对于大跨度结构、长悬臂结构,竖向地震使结构产生上下振动的惯性力,相当于增加了结构的上下荷载作用。因此,《建筑抗震设计规范(2016 年版)》(GB 50011—2010)规定:抗震设防烈度为 8 度和 9 度区的大跨度结构、长悬臂结构,以及抗震设防烈度为 9 度区的高层建筑,应计算竖向地震作用。

3.9.1 高层建筑的竖向地震作用计算

要进行竖向地震作用计算,首先应掌握竖向反应谱。根据大量强震记录及其统计分析,竖向地震具有如下特点:

(1)竖向地震动为系数 β 谱曲线与水平地震动为系数 β 谱曲线的变化规律大致相同,两者的最大动力系数 β_{max} 的数值接近,反应谱的形状相差不大。

(2)竖向地震动加速度峰值为水平地震动加速度峰值的 1/2 ~ 2/3,此数值实际上决定了两者地震系数 k 之间的比值。

根据上述特点,在竖向地震作用的计算中,可近似采用水平反应谱,而竖向地震影响系数的最大值近似取为水平地震影响系数最大值的 65% 。

通过对大量高层建筑的分析,其主要振动规律可概括为:

(1)竖向基本振型接近于一条直线,按倒三角形分布。

(2)竖向地震反应以基本振型为主。

(3)高层建筑竖向基本周期很短,一般为 0.1 ~ 0.2 s。

由上述规律的前两条可知,高层建筑竖向地震作用计算可采用类似于水平地震作用的底部剪力法，即先确定结构底部总竖向地震作用，然后由总竖向地震作用计算结构各个质点上的地震作用，计算简图见图 3-19。由上述规律的第三条可知，高层建筑的竖向基本周期处于地震影响系数曲线的水平段，因此竖向地震影响系数可均取最大值 $\alpha_{v\max}$，不必再计算竖向基本周期。

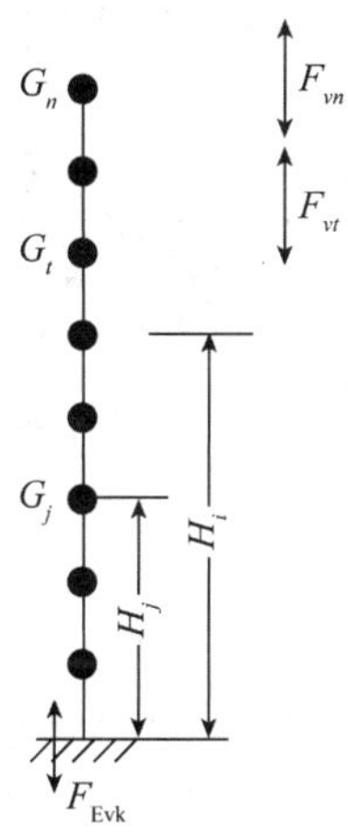

图 3-19 竖向地震作用计算简图

根据上述分析，高层建筑竖向地震作用计算的基本公式为

$$F_{Evk} = \alpha_{v\max} G_{eq} \tag{3-110}$$

$$F_{vi} = \frac{G_i H_i}{\sum_{j=1}^{n} G_j H_j} F_{Evk} \tag{3-111}$$

式中 F_{Evk}——结构总竖向地震作用标准值；

F_{vi}——质点 i 的竖向地震作用标准值；

$\alpha_{v\max}$——竖向地震影响系数最大值，取水平地震影响系数最大值的 65%，即 $\alpha_{v\max} = 0.65\alpha_{\max}$；

G_{eq}——结构等效总重力荷载，按式(3-81)确定，对竖向地震作用计算，取等效系数 $\beta = 0.75$。

由式(3-111)求出各楼层质点的竖向地震作用后，可进一步确定楼层的竖向地震作用效应，按各构件承受的重力荷载代表值的比例分配，并宜乘以 1.5 的增大系数。

3.9.2 大跨度结构的竖向地震作用计算

大量分析表明，对平板型网架、大跨度屋盖、长悬臂结构等大跨度结构的各主要构件，竖向地震作用内力与重力荷载的内力比值彼此相差一般不大，因而可认为竖向地震作用的分布与重力荷载的分布相同。《建筑抗震设计规范(2016 年版)》(GB 50011—2010)规定，对于平板型网架屋盖、跨度大于 24 m 的屋架、长悬臂结构和其他大跨度结构，其竖向地震作用标准值的计算可采用静力法，取其重力荷载代表值和竖向地震作用系数的乘积，即

$$F_{vi} = \zeta_v G_i \tag{3-112}$$

式中 F_{vi}——结构或构件的竖向地震作用标准值；

G_i——结构或构件的重力荷载代表值;

ζ_v——竖向地震作用系数,对于平板型网架和跨度大于24 m的屋架,按表3-8采用。对于长悬臂和其他大跨度结构,抗震设防烈度为8度时,取$\zeta_v=0.10$;抗震设防烈度为9度时,取$\zeta_v=0.20$;当设计基本地震速度为$0.30g$时,取$\zeta_v=0.15$。

表3-8 竖向地震作用系数ζ_v

结构类型	烈度	场地类型		
		Ⅰ	Ⅱ	Ⅲ、Ⅳ
平板型网架、钢屋架	8	可不计算(0.10)	0.08(0.12)	0.10(0.15)
	9	0.15	0.15	0.20
钢筋混凝土屋架	8	0.10(0.15)	0.13(0.19)	0.13(0.19)
	9	0.20	0.25	0.25
注:括号中数值用于设计基本地震加速度为$0.30g$的地区				

3.10 结构抗震验算

为了实现“小震不坏,中震不修,大震不倒”的三水准设防目标,《建筑抗震设计规范(2016年版)》(GB 50011—2010)提出了两阶段设计方法来完成三个烈度水准的抗震设防要求。

(1)第一阶段设计。按多遇地震作用效应和其他荷载效应的基本组合验算构件截面抗震承载力,以及在多遇地震作用下验算结构的弹性变形。

(2)第二阶段设计。在罕遇地震下验算结构的弹塑性变形。

3.10.1 结构抗震验算的一般原则

各类建筑结构的抗震验算,应遵循下列原则:

(1)一般情况下,应至少在建筑结构的两个主轴方向分别计算水平地震作用并进行抗震验算,各方向的水平地震作用应由该方向抗侧力构件承担。

(2)有斜交抗侧力构件的结构,当相交角度大于15°时,应分别计算各抗侧力构件方向的水平地震作用。

(3)质量和刚度分布明显不对称的结构,应计入双向水平地震作用下的扭转影响;其他情况,可采用调整地震作用效应的方法计入扭转影响。

(4)抗震设防烈度8度和9度时的大跨度和长悬臂结构及抗震设防烈度9度时的高层建筑,应计算竖向地震作用。

(5)一般情况下,当满足本章3.6节规定的条件时,可采用底部剪力法进行结构的抗震计算,否则宜采用振型分解反应谱法。对特别不规则的建筑、甲类建筑和表3-9所列高度范围内的高层建筑,应采用时程分析法进行多遇地震下的补充计算,可取多条时程曲线计算结果的平均值与振型分解反应谱法计算结果的较大值。

表 3-9 采用时程分析的房屋高度范围

抗震设计烈度、场地类别	房屋高度范围/m
8 度Ⅰ、Ⅱ类场地和 7 度	>100
8 度Ⅲ、Ⅳ类场地	>80
9 度	>60

(6)为保证结构的基本安全性,抗震验算时,结构任一楼屋的水平地震剪力应符合下式的最低要求:

$$V_{\mathrm{E}ki} > \lambda \sum_{j=i}^{n} G_j \tag{3-113}$$

式中 $V_{\mathrm{E}ki}$——第 i 层对应于水平地震作用标准值的楼层剪力;

λ——剪力系数,不应小于表 3-10 规定的楼层最小地震剪力系数值,对竖向不规则结构的薄弱层,还应乘以 1.15 的增大系数;

G_j——第 j 层的重力荷载代表值。

表 3-10 楼层最小地震剪力系数值 λ

类别	7 度	8 度	9 度
扭转效应明显或基本周期小于 3.5 s 的结构	0.016(0.024)	0.032(0.048)	0.064
基本周期大于 5.0 s 的结构	0.012(0.016)	0.024(0.036)	0.048
注:1. 基本周期为 3.5 ~5.0 s 的结构,可插入取值; 2. 括号内数值分别用于设计基本地震加速度为 0.15g 和 0.30g 的地区			

使用功能或其他方面有专门要求的建筑,当采用抗震性能化设计时,具有更具体或更高的抗震设防目标。

当建筑结构采用抗震性能化设计时,应根据其抗震设防类别、抗震设防烈度、场地条件、结构类型和不规则性,建筑使用功能和附属设施功能的要求、投资大小、震后损失和修复难易程度等,对选定的抗震性能目标提出技术和经济可行性综合分析与论证。

建筑结构的抗震性能化设计,应根据实际需要和可能,具有针对性:可分别选定针对整个结构、结构的局部部位或关键部位、结构的关键部件、重要构件、次要构件以及建筑构件和机电设备支座的性能目标。

3.10.2 截面抗震验算

结构构件的地震作用效应和其他荷载效应的基本组合,应按下式计算:

$$S = \gamma_{\mathrm{G}} S_{\mathrm{GE}} + \gamma_{\mathrm{Eh}} S_{\mathrm{Ehk}} + \gamma_{\mathrm{E}v} S_{\mathrm{E}v\mathrm{k}} + \psi_{\mathrm{w}} \gamma_{\mathrm{w}} S_{\mathrm{wk}} \tag{3-114}$$

式中 S——结构构件内力组合的设计值,包括组合的弯矩、轴向力和剪力设计值;

γ_{G}——重力荷载分项系数,一般情况应取 1.2,当重力荷载效应对构件承载能力有利时,不应大于 1.0;

γ_{Eh}、$\gamma_{\mathrm{E}v}$——水平、竖向地震作用分项系数,按表 3-11 采用;

γ_{w}——风荷载分项系数,应取 1.4;

S_{GE}——重力荷载代表值的效应;

S_{Ehk}——水平地震作用标准值的效应；

S_{Evk}——竖向地震作用标准值的效应；

S_{wk}——风荷载标准值的效应；

ψ_w——风荷载组合值系数，一般结构取0.0，风荷载起控制作用的高层建筑应采用0.2。

表 3-11 地震作用分项系数

地震作用	γ_{Eh}	γ_{Ev}
仅计算水平地震作用	1.3	0.0
仅计算竖向地震作用	0.0	1.3
同时计算水平与竖向地震作用(水平地震为主)	1.3	0.5
同时计算水平与竖向地震作用(竖向地震为主)	0.5	1.3

结构构件的截面抗震验算，应采用下列设计表达式：

$$S \leqslant \frac{R}{\gamma_{RE}} \tag{3-115}$$

式中 γ_{RE}——承载力抗震调整系数，按表3-12采用，当仅计算竖向地震作用时，各类结构构件均宜采用1.0；

R——结构构件承载力设计值，按相关设计规范计算。

表 3-12 承载力抗震调整系数

材料	结构构件	受力状态	γ_{RE}
钢	柱、梁、支撑、节点板件、螺栓、焊缝 柱，支撑	强度 稳定	0.75 0.80
砌体	两端均有构造柱、芯柱的抗震墙 其他抗震墙	受剪 受剪	0.9 1.0
混凝土	梁 轴压比小于0.15的柱 轴压比不小于0.15的柱 抗震墙 各类构件	受弯 偏压 偏压 偏压 受剪、偏拉	0.75 0.75 0.80 0.85 0.85

应注意：对于一般结构的非抗震计算，其结构构件承载力设计表达式为 $\gamma_0 S \leqslant R$ 与式(3-115)比较，两种表达式存在如下区别：

(1)结构构件的内力组合设计值 S 在两种表达式中根据是否考虑抗震而具有不同的组合形式。

(2)在抗震设计表达式(3-112)中，未考虑结构重要性系数 γ_0。其主要原因是：在《建筑抗震设计规范(2016 年版)》(GB 50011—2010)中，通过采用构造措施和不同的计算要求来考虑重要性的不同，不再引入 γ_0。

(3)在抗震设计表达式(3-112)中，引进了承载力抗震调整系数 γ_{RE}，主要考虑了如下两个因素：动力荷载下材料强度比静力荷载下材料强度高；地震是偶然作用，结构的抗震可靠度要求可比承受其他荷载的要求低。

3.10.3　多遇地震作用下结构的弹性变形验算

在多遇地震作用下，满足抗震承载力要求的结构一般保持在弹性工作阶段不受损坏，但如果弹性变形过大，将会导致非结构构件或部件（如围护墙、隔墙及各类装修等）出现过重破坏。因此，《建筑抗震设计规范（2016 年版）》（GB 5001—2010）规定，对表 3-13 所列各类结构应进行多遇地震作用下的抗震变形验算，其楼层内最大的弹性层间位移应符合下式要求：

$$\Delta u_e \leqslant [\theta_e] h \tag{3-116}$$

式中　$[\theta_e]$——弹性层间位移角限值，按表 3-13 采用；

h——计算楼层层高；

Δu_e——多遇地震作用标准值产生的楼层内最大的弹性层间位移。计算时，除以弯曲变形为主的高层建筑外，可不扣除结构整体弯曲变形；应计入扭转变形，各作用分项系数均应采用 1.0；钢筋混凝土结构构件的截面刚度可采用弹性刚度。

表 3-13　弹性层间位移角限值

结构类型	$[\theta_e]$
钢筋混凝土框架	1/550
钢筋混凝土框架-抗震墙、板柱-抗震墙、框架-核心筒	1/800
钢筋混凝土抗震墙、筒中筒	1/1 000
钢筋混凝土框支层	1/1 000
多层、高层钢结构	1/250

3.10.4　罕遇地震作用下结构的弹塑性变形验算

在罕遇地震作用下，地面运动的加速度峰值一般是多遇地震下的 4.6 倍左右。在多遇地震烈度下处于弹性阶段的结构，在罕遇地震烈度下将进入弹塑性阶段，即结构达到屈服。这时，结构已无强度储备，为抵抗持续的地震作用，要求结构有较好的延性，通过发展塑性变形来消耗地震输入的能量。若结构的变形能力不足，势必会由于薄弱层（部位）弹塑性变形过大而发生倒塌。因此，为满足“大震不倒”的要求，需进行罕遇地震作用下结构的弹塑性变形验算。

1. 验算范围

经过第一阶段设计后，构件已具备必要的延性，大多数结构可以满足“大震不倒”的要求，但对某些处于特殊条件的结构，还需验算其在强震作用下的弹塑性变形，即进行第二阶段设计。

（1）根据震害实况和设计经验，下列结构应进行罕遇地震作用下薄弱层的弹塑性变形验算。

①抗震设防烈度为 8 度Ⅲ、Ⅳ类场地和抗震设防烈度为 9 度时，高大的单层钢筋混凝土柱厂房的横向排架。

②抗震设防烈度为7～9度时楼层屈服强度系数小于0.5的钢筋混凝土框架结构。

③高度大于150 m的钢结构。

④甲类建筑和抗震设防烈度为9度时乙类建筑中的钢筋混凝土结构和钢结构。

⑤采用隔震和消能减震设计的结构。

(2)对下列结构也宜进行弹塑性变形验算。

①表3-10所列高度范围且属于表1-3所列竖向不规则类型的高层建筑结构。

②抗震设防烈度为7度Ⅲ、Ⅳ类场地和抗震设防烈度为8度时乙类建筑中的钢筋混凝土结构钢结构。

③板柱-抗震墙结构和底部框架砌体房屋。

④高度不大于150 m的其他高层钢结构。

⑤不规则的地下建筑结构与地下空间综合体。

2. 验算方法

结构薄弱层(部位)的弹塑性层间位移应符合下式要求:

$$\Delta u_p \leqslant [\theta_p]h \tag{3-117}$$

式中 Δu_p——弹塑性层间位移;

h——薄弱层楼层高度或单层厂房上柱高度;

$[\theta_p]$——弹塑性层间位移角限值,按表3-14采用。对于钢筋混凝土框架结构,当轴压比小于0.40时,可提高10%;当柱子全高的箍筋构造比规定的最小配箍特征值大30%时,可提高20%,但累计不超过25%。

表3-14 弹塑性层间位移角限值

结构类型	$[\theta_p]$
单层钢筋混凝土柱排架	1/30
钢筋混凝土框架	1/50
底部框架砌体房屋中的框架-抗震墙	1/100
钢筋混凝土框架-抗震墙、板柱-抗震墙、框架-核心筒	1/100
钢筋混凝土抗震墙、筒中墙	1/120
多层、高层钢结构	1/50

弹塑性层间位移Δu_p的计算可采用非弹性地震反应分析的时程分析法或静力弹塑性分析方法,但按上述方法计算较为复杂。因此,《建筑抗震设计规范(2016年版)》(GB 50011—2010)规定,对不超过12层且刚度无突变的钢筋混凝土框架结构、单层钢筋混凝土柱厂房可采用下述简化计算法计算,主要计算步骤如下:

(1)计算楼层屈服强度系数。大量震害分析表明,大震作用下一般存在"塑性变形集中"的薄弱层。这是因为结构构件强度是按小震作用计算的,各截面实际配筋与计算往往不一致,同时各部位在大震下其效应增大的比例也不同,从而使有些层可能率先屈服,形成塑性变形集中，这种抗震薄弱层的变形能力的好坏将直接影响整个结构的倒塌性能。

引入楼层屈服强度系数来定量判别薄弱层的位置，其表达式为

$$j_y(i)=\frac{V_y(i)}{V_e(i)} \tag{3-118}$$

式中　$j_y(i)$——结构第 i 层的楼层屈服强度系数；

$V_y(i)$——按构件实际配筋和材料强度标准值计算的第 i 楼层实际抗剪承载力；

$V_e(i)$——按罕遇地震作用下的弹性分析所获得的第 i 楼层的地震剪力。

(2)确定结构薄弱层的位置。楼层屈服强度系数反映了结构中楼层的实际承载力与该楼层所受弹性地震剪力的相对比值关系。当各楼层的屈服强度系数均大于0.5时，该结构不存在塑性变形明显集中而导致倒塌的薄弱层，故无须再进行罕遇地震作用下抗震变形验算。而当各楼层屈服强度系数并不都大于0.5时，则楼层屈服强度系数最小或相对较小的楼层往往率先屈服并出现较大的层间弹塑性位移，且楼层屈服强度系数越小，层间弹塑性位移越大，故可根据楼层屈服强度系数来确定结构薄弱层的位置。

对于结构薄弱层(部位)的位置，应按下列原则确定：

①楼层屈服强度系数沿高度分布均匀的结构，可取底层。

②楼层屈服强度系数沿高度分布不均匀的结构，可取该系数最小的楼层(部位)和相对较小的楼层，一般不超过2~3处。

③单层厂房，可取上柱。

(3)薄弱层弹塑性层间位移的计算：

薄弱层弹塑性层间位移可按下式计算：

$$\Delta u_p=\eta_p\Delta u_e \tag{3-119}$$

或

$$\Delta u_p=\mu\Delta u_y=\frac{\eta_p}{\zeta_y}\Delta u_y \tag{3-120}$$

式中　Δu_e——罕遇地震作用下按弹性分析的层间位移；

Δu_y——层间屈服位移；

μ——楼层延性系数；

η_p——弹性层间位移增大系数。当薄弱层(部位)的屈服强度系数不小于相邻层(部位)该系数平均值的0.8时，可按表3-16采用；当不大于该平均值的0.5时，可按表内相应数值的1.5倍采用；其他情况可采用内插法取值。

由表3-15可以看出，弹塑性位移增大系数 η_p 随框架层数和楼层屈服强度系数 ζ_y 而变化，ζ_y 减小时 η_p 增大较多，因此，在设计中应尽量避免产生 ζ_y 过低的薄弱层。

表 3-15　弹塑性层间位移增大系数

结构类型	总层数 n 或部位	ζ_y		
		0.5	0.4	0.3
多层均匀框架结构	2～4	1.30	1.40	1.60
	5～7	1.50	1.65	1.80
	8～12	1.80	2.00	2.20
单层厂房	上柱	1.50	1.60	2.00

思考题

1. 通常计算地震作用有哪些方法?
2. 简述底部剪力法及其适用条件。
3. 简述振型分解反应谱法。
4. 简述计算结构自振周期的方法。
5. 在什么情况下考虑地震的竖向作用?

第4章 多层和高层钢筋混凝土结构抗震设计

4.1 钢筋混凝土结构抗震设计概述

多层和高层钢筋混凝土建筑的主要震害分为结构布置不合理引起的震害和防震缝宽度不足产生的震害两类。结构布置不合理引起的震害,如结构平面不对称造成的震害。结构平面不对称有两种情况:一种是结构平面形状的不对称,如L形、Z形平面等;另一种是结构的平面形状对称但结构的刚度分布不对称,这往往是由楼梯间或抗震墙布置不对称造成的。防震缝宽度不足产生的震害,如一些高层建筑预留的防震缝宽度不足,出现了房屋相互碰撞而引起损坏的现象。框架结构的震害主要是由于强度和延性不足引起的,一般规律是柱的震害重于梁,角柱的震害重于下端。框架中嵌砌砖填充墙,容易发生墙面斜裂缝,并沿柱周边开裂。端墙、窗间墙和门窗洞口边角部位破坏更加严重,烈度较高时墙体容易倒塌。由于框架变形属剪切型,下部层间位移大,填充墙震害呈现"下重上轻"的现象。抗震墙的主要震害是连梁和墙肢底层的破坏。在开洞抗震墙中,由于洞口应力集中,连梁端部在约束弯矩下容易形成垂直的弯曲裂缝;若连梁跨高比较小,梁腹还容易出现斜裂缝;若连梁抗剪强度不足,可能发生剪切破坏,使墙肢间失去联系,抗震墙承载力降低。剪切破坏是脆性破坏,而弯曲破坏延性较好。在强震作用下,抗震墙的震害主要表现为墙肢之间连梁的剪切破坏。这主要是由于连梁的跨度较小、高度大形成深梁,在反复荷载作用下形成X形剪切裂缝,这种破坏为剪切型脆性破坏,尤其是在房屋1/3高度处的连梁破坏更为明显。

通过对钢筋混凝土房屋结构的震害分析,指出了钢筋混凝土房屋结构的抗震分析方法,对概念设计、结构计算与结构构造措施等方面的研究分析,应掌握多层和高层钢筋混凝土房屋抗震设计,满足抗震的设计原则。

多层和高层钢筋混凝土结构体系有框架、抗震墙、框架—抗震墙、筒体、板柱—抗震墙等。对于(外)框架—(内)筒体、异形柱框架和短肢抗震墙结构体系,在工程上也有应用。

框架结构体系是由梁柱构成的。构件截面小,因此,框架结构的承载力和刚度都较低,在地震中容易产生震害。框架结构平面布置灵活,易于满足建筑物设置大房间、改变平面使用功能的要求,在工业与民用建筑中应用十分广泛。由于框架结构抗侧向刚度小,在房屋高度增加的情况下其内力和侧移增长很快,容易产生二阶效应。为使房屋柱截面不致过大影响使用,往往在房屋结构的适当部位布置一定数量的钢筋混凝土墙,以增加房屋结构的抗侧向刚度,这样便形成了框架—抗震墙结构体系。

抗震墙结构体系,也称剪力墙结构体系,是由钢筋混凝土纵横墙组成的,抗侧向刚度较大。与框架结构体系相比,抗震墙结构体系的耗能能力约为同高度框架结构体系的 20 倍。另外,抗震墙还有在罕遇地震时裂而不倒和事后易于修复的优点。近年来,抗震墙结构体系应用较广泛,但抗震墙结构体系平面布置不灵活,纯抗震墙结构体系多用于住宅、旅馆和办公楼建筑。

筒体结构体系可以由钢筋剪力墙组成,也可以由密柱框筒组成。筒体结构体系一般有筒中筒结构、成束筒结构、支撑筒结构、组合筒体结构等。近年来,框筒结构应用也较普遍。由于筒体结构具有造型美观、适用灵活、受力合理,以及整体性能强等优点,适用于较高的高层建筑。因此,目前全世界较高的一百幢高层建筑约有三分之二采用筒体结构,我国百米以上的高层建筑约有一半采用钢筋混凝土筒体结构。

我国地震区的工业与民用建筑中,大多数采用多层框架、框架—剪力墙以及剪力墙结构体系。历次地震(特别是海城地震、唐山地震)经验表明,钢筋混凝土结构房屋一般具有较好的抗震性能。在结构设计过程中,一般经过合理的抗震计算并采取可靠的抗震构造措施,在一般烈度震区建造多层和高层钢筋混凝土结构房屋是可以保证安全的。我国大量建造的板式小高层住宅中,采用剪力墙结构体系,在结构抗震计算上有较高的安全度。

4.2 钢筋混凝土结构抗震设计特点与概念设计

建筑结构的一阶计算分析时,同时作用有重力和水平荷载。其内力和位移可考虑为各自内力和位移之和,重力和水平荷载之间的相互作用是不考虑的。事实上,当水平荷载在建筑物上产生侧移时,引起重力荷载对墙体和柱轴的偏心,会对结构产生附加外弯矩而进一步产生侧移。附加外位移引起的附加内弯矩可去平衡重力荷载弯矩。重力荷载 P 对水平位移 Δ 的效应称作 P-Δ 效应。

二阶 P-Δ 附加位移与弯矩在一般高层建筑中是比较小的,大约是一阶计算值的 5%,但当结构特别柔时,在构件设计中需要考虑附加力和附加位移使得总位移加大而超过其允许值。在极端情况下,当结构柔度大,且重力荷载很大时,由 P-Δ 效应产生的附加力可使一些构件受力超过其承载力,并可能引起倒塌。P-Δ 效应的附加外弯矩超过结构承受的弯矩使外移加大,此时结构可能将由于失稳而倒塌。因而结构抗震设计时应考虑 P-Δ 效应。

4.2.1 单柱的 P-Δ 曲线

对于单独悬臂柱,当柱上端作用水平剪力 P 时,柱端产生水平侧移 Δ,如图 4-1(a)所示。试验的 P-Δ 曲线可以用图 4-1(b)表示。如进一步简化,P-Δ 曲线尚可用图 4-1(c)中的 OAB 折线表示,A 点对应于柱根开始屈服,其荷载值为 P_y,A 点对应的水平侧移为 Δy;OAB 为柱根的屈服过程,B 点对应于柱根的破坏,其水平侧移为 Δ,OAB 折线所覆盖的面积表示所吸收的变形能,所吸收的变形能的大小与 Δu 有关,工程上常用无量纲的位移延性系

数 μ_{Δ} 表示,$\mu_{\Delta}=\Delta u/\Delta y$,$\mu_{\Delta}$ 大表示结构吸收的变形能大,可以降低地震效应。

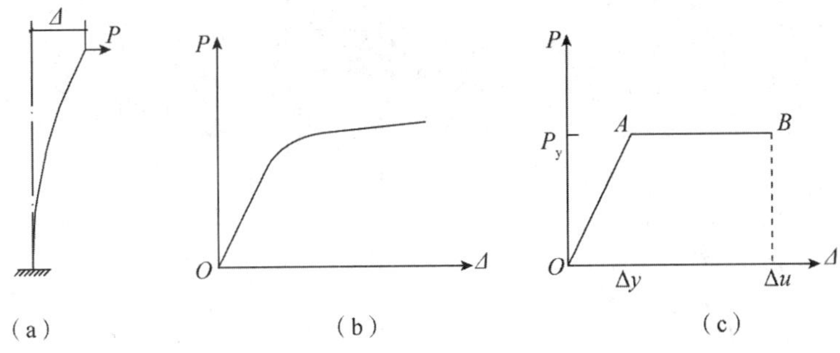

图 4-1　单悬臂柱的 P-Δ 曲线

(a)悬臂柱;(b)P-Δ 曲线;(c)简化的 P-Δ 曲线

图 4-2(a)所示一两端嵌固柱受层间剪力作用,柱简化的 P-Δ 曲线如图 4-2(b)所示。其中,A 点表示某一柱端开始屈服,但另一端尚未屈服,这时整个柱子不算完全屈服,荷载仍能沿 AB 上升,直到 B 点,另一端也开始屈服,整个柱子完全屈服,并沿 BC 发展侧移,到 C 点整个柱子彻底破坏。

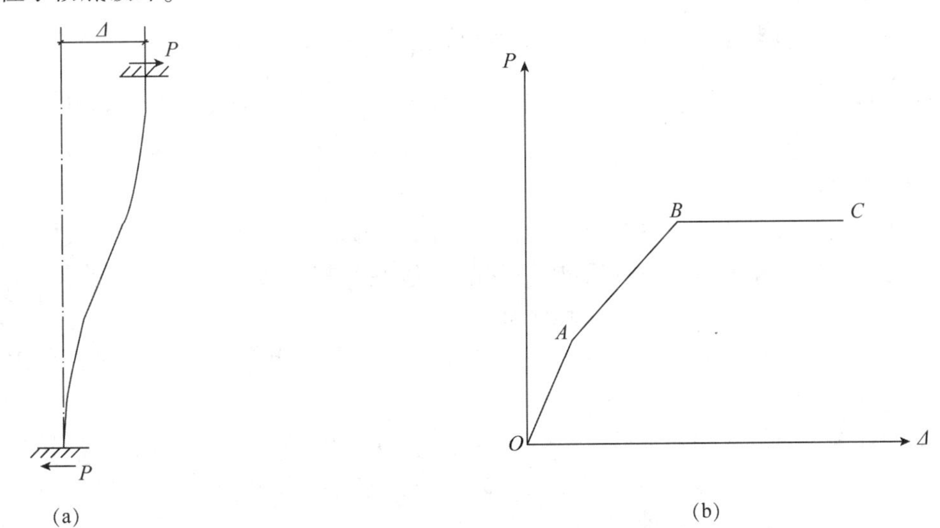

图 4-2　两端嵌固柱的 P-Δ 曲线

(a)两端嵌固柱;(b)简化的 P-Δ 曲线

4.2.2　柱群的 P-Δ 曲线

对于一楼层,楼层中有若干个柱构成了柱群,在受楼层层间剪力 P 作用时,如图 4-3(a)所示。其 P-Δ 曲线将如图 4-3(b)所示,当楼层中某柱的某一端首先达到塑性时,即为 A 坐标点,相应的楼层侧移为 Δy,而后,随着各个柱端的逐个屈服,P-Δ 曲线将沿 AB 多边折线发展,直到 B 点,全部柱端屈服,形成机构,楼层沿 BC 发展塑性变形,直到 C 点整个楼层破坏,相应的楼层侧移为 Δu。由此,整个楼层 P-Δ 关系可以分为三个范围[图 4-3(b)],范围 1 为弹性未屈服范围,范围 2 为有约束屈服范围,范围 3 为无约束屈服范围。

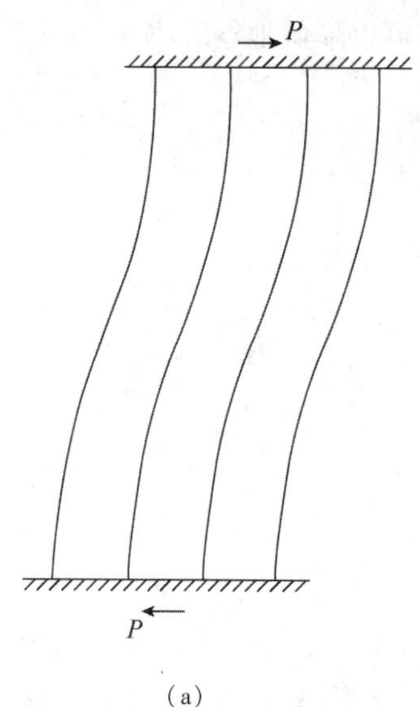

(a)

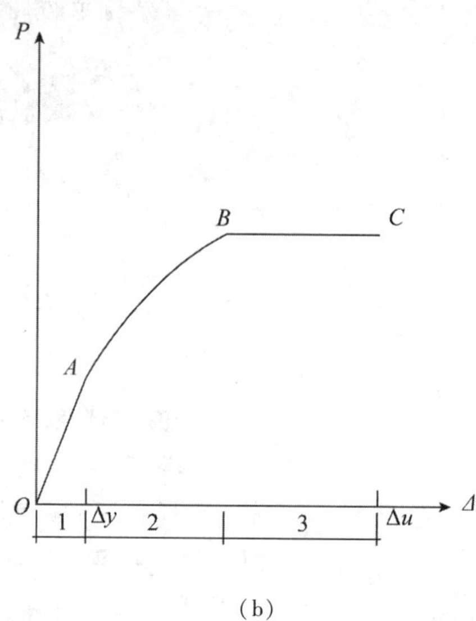

(b)

图 4-3　柱群 P-Δ 曲线

4.2.3　钢筋混凝土结构的抗震设计特点

根据理论分析及实际工作情况,钢筋混凝土结构在使用阶段或是在多遇烈度地震作用时,结构是处在范围 1 的工作阶段,结构可以用弹性理论分析内力。当作用消失后,变形也就自然地做弹性恢复。

在基本烈度地震作用时,根据分析,结构已进入范围 2 的弹塑性阶段工作,实际上已无强度安全储备可言,而是依靠结构的弹塑性变形能力抵抗地震作用,结构抗震设计就是把结构的工作状态限制在范围 2 内,保证“坏而可修”。

在罕遇烈度地震作用时,设计上仍保证限制结构在范围 2 内工作,与基本烈度地震作用时相比,只是程度上不同,保证“坏而不倒”。

若墙或柱施工有垂直误差,则作用在各垂直段上的重力荷载由于 P-Δ 作用使构件产生位移及弯矩。在允许安装偏差内的一般垂直偏差影响可以忽略不计,并且一层中所有柱或各层柱在同一方向的最大偏差都为最大值的概率很小,更进一步降低了这个问题的重要性。为慎重起见,当一般的 P-Δ 效应较小时,要检查垂直偏差的 P-Δ 效应是否大些,如果它大且大得比较多,则在结构设计中应考虑垂直偏差的 P-Δ 效应。

一般当结构在地震作用下的重力附加弯矩大于初始弯矩的 10% 时,应计入重力二阶(P-Δ)效应的不利影响(重力附加弯矩是指任意楼层以上全部重力荷载与该楼层地震层间位移的乘积;初始弯矩是指该楼层地震剪力与楼层层高的乘积。)。对于高层建筑结构在水平力作用下,当高层建筑结构满足下列规定时,可不考虑二阶 P-Δ 效应的不利影响。

对于剪力墙结构、框架—剪力墙结构、筒体结构:

$$EJ_d \geqslant 2.7H^2 \sum_{i=1}^{n} G_i \tag{4-1}$$

对于框架结构:

$$D_i \geqslant 20 \sum_{j=1}^{n} G_j/h_i \quad (i=1,2,\cdots,n) \tag{4-2}$$

式中 EJ_d——结构一个主轴方向的弹性等效侧向刚度,可按倒三角形分布荷载作用下结构顶点位移相等的原则,将结构的侧向刚度折算为竖向悬臂受弯构件的等效侧向刚度;

H——房屋高度;

G_i、G_j——第 i、j 层楼层重力荷载设计值;

h_i——第 i 层楼层层高;

D_i——第 i 层楼层的弹性等效侧向刚度,可取楼层剪力与层间位移的比值;

n——结构计算总层数。

4.2.4 钢筋混凝土结构抗震的概念设计

钢筋混凝土结构抗震的概念设计内容包括:结构方案应避免采用严重不规则的设计方案;结构体系应能具有明确的计算简图和合理的地震作用传递途径;应避免因部分结构或构件破坏而导致整个结构丧失抗震能力或对重力荷载的承载能力;对出现的薄弱部位能采取可靠的措施提高抗震能力。一般包含以下几个方面:

(1)设置多道抗震防线,即当体系中主要抗震结构受地震破坏后,其辅助的抗震结构仍能承受一定的地震作用。

(2)合理控制结构的弹塑性区部位,即合理的刚度和承载力分布,使:

①结构有较好的塑性内力重分布能力;

②结构有较宽的约束屈服范围及极限变形的能力;

③局部破坏不致导致整个结构失效与具有易于修复的可能性。

(3)加强结构的整体性和构件的连接。

(4)抗侧力构件的刚度、强度、延性应有适当的对应关系。

(5)结构在两个主轴方向上的动力特性宜相近。

(6)上部结构应与地基条件适应。

4.3 多层和高层钢筋混凝土房屋抗震设计的一般规定

4.3.1 《建筑抗震设计规范》适用范围内的房屋高度

房屋高度是影响房屋耐震性的一个参数。《建筑抗震设计规范(2016 年版)》(GB 50011—2010)在工程经验与震害调查基础上,提出了丙类现浇钢筋混凝土结构适用的最大高度,见表 4-1。对不规则结构,有框支层抗震墙结构或Ⅳ类场地上的结构,适用的最大高度应适当降低。

表 4-1　现浇钢筋混凝土结构适用的最大高度　m

结构类型	抗震设防烈度				
	6	7	8(0.2g)	8(0.3g)	9
框架	60	50	40	35	24
框架—抗震墙	130	120	100	80	50
抗震墙	140	120	100	80	60
部分框支抗震墙	120	100	80	50	不应采用
框架—核心筒	150	130	100	90	70
筒中筒	180	150	120	100	80
板柱—抗震墙	80	70	55	40	不应采用

注:1. 房屋高度是指室外地面主要屋面板板顶的高度(不包括局部突出屋顶部分);
2. 框架—核心筒结构是指周边稀柱框架与核心筒组成的结构;
3. 部分框支抗震墙结构是指首层或底部两层为框支抗震墙结构,不包括仅个别框支墙的情况;
4. 超过表内高度的房屋,应进行专门研究和论证,采取有效的加强措施

4.3.2　房屋的平立面布置与防震缝

建筑物的平立面布置宜力求规则,当建筑功能要求而不可避免时可设置防震缝,将建筑物分成若干个规则的独立单元。结构承载力和刚度宜自下而上逐渐减小,变化宜均匀、连续,不要突变。建筑物应力求避免基础标高不同、楼层平面错位、结构各部分质量差异较大、结构各部分有较大错层、建筑各单元的结构材料不同,否则宜用防震缝分成体型规则、变化均匀的结构单元。

防震缝应在地面以上沿全高设置,当不作为沉降缝时,基础可以不设防震缝。但在防震缝处基础应加强构造。房屋必须设置防震缝时,其最小宽度应符合下列规定:

对于框架结构,当房屋高度在 15 m 以下时为 70 mm,房屋高度超过 15m 时,抗震设防烈度为 6 度、7 度、8 度和 9 度相应每增 5 m、4 m、3 m、2 m,加宽 20 mm。

对于框架—抗震墙结构,防震缝宽度可取上述规定的 70%;对于抗震墙结构,防震缝宽度可取上述规定的 50%;且均不宜小于 70 mm。防震缝两侧结构类型不同时,宜按需要较宽防震缝的结构类型和较低房屋高度确定缝宽。

因建筑上的需要或当防震缝的设置将减弱建筑物的抗震能力(特别是抗倒塌能力)以及防震缝的设置可能产生其他不利情况时可免设防震缝。但应对复杂体型的建筑进行较细致的结构抗震分析,估计其局部的应力和应变集中以及扭转效应的影响,判明建筑物的易损部位,采取补强措施。

高层建筑结构的高宽比 H/B 不宜过大,一般应满足表 4-2 的要求。如高层建筑结构的高宽比满足表 4-2 的要求,可以不进行整体稳定验算和倾覆验算。

表 4-2 钢筋混凝土高层建筑结构适用的最大高宽比

<table>
<tr><th rowspan="2">结构体系</th><th rowspan="2">非抗震设计</th><th colspan="3">抗震设防烈度</th></tr>
<tr><th>6 度、7 度</th><th>8 度</th><th>9 度</th></tr>
<tr><td>框架</td><td>5</td><td>4</td><td>3</td><td>—</td></tr>
<tr><td>板柱—剪力墙</td><td>6</td><td>5</td><td>4</td><td>—</td></tr>
<tr><td>框架—剪力墙、剪力墙</td><td>7</td><td>6</td><td>5</td><td>4</td></tr>
<tr><td>框架—核心筒</td><td>8</td><td>7</td><td>6</td><td>4</td></tr>
<tr><td>筒中筒</td><td>8</td><td>8</td><td>7</td><td>5</td></tr>
</table>

4.4 钢筋混凝土结构及其构件的抗震等级

为了在抗震构造措施上与构件的计算要求上做到区别对待，钢筋混凝土结构按烈度、结构类型和房屋高度区分为一级至四级四个不同的抗震等级（以下简称为一级、二级、三级和四级），见表 4-3。表中所列为丙类重要性建筑的抗震等级，以一级抗震等级（以下简称为一级）的要求最为严格。

表 4-3 现浇钢筋混凝土房屋的抗震等级

<table>
<tr><th colspan="3" rowspan="2">结构类型</th><th colspan="10">抗震设防烈度</th></tr>
<tr><th colspan="2">6</th><th colspan="3">7</th><th colspan="3">8</th><th colspan="2">9</th></tr>
<tr><td rowspan="3">框架结构</td><td colspan="2">高度/m</td><td>≤24</td><td>>24</td><td>≤24</td><td colspan="2">>24</td><td>≤24</td><td colspan="2">>24</td><td colspan="2">≤24</td></tr>
<tr><td colspan="2">框架</td><td>四</td><td>三</td><td>三</td><td colspan="2">二</td><td>二</td><td colspan="2">一</td><td colspan="2">一</td></tr>
<tr><td colspan="2">大跨度框架</td><td colspan="2">三</td><td colspan="3">二</td><td colspan="3">一</td><td colspan="2">一</td></tr>
<tr><td rowspan="3">框架—抗震墙结构</td><td colspan="2">高度/m</td><td>≤60</td><td>>60</td><td>≤24</td><td>25～60</td><td>>60</td><td>≤24</td><td>25～60</td><td>>60</td><td>≤24</td><td>25～50</td></tr>
<tr><td colspan="2">框架</td><td>四</td><td>三</td><td>四</td><td>三</td><td>二</td><td>三</td><td>二</td><td>一</td><td>二</td><td>一</td></tr>
<tr><td colspan="2">抗震墙</td><td colspan="2">三</td><td>三</td><td colspan="2">二</td><td>二</td><td colspan="2">一</td><td colspan="2">一</td></tr>
<tr><td rowspan="2">抗震墙结构</td><td colspan="2">高度/m</td><td>≤80</td><td>>80</td><td>≤24</td><td>25～80</td><td>>80</td><td>≤24</td><td>25～80</td><td>>80</td><td>≤24</td><td>25～60</td></tr>
<tr><td colspan="2">抗震墙</td><td>四</td><td>三</td><td>四</td><td>三</td><td>二</td><td>三</td><td>二</td><td>一</td><td>二</td><td>一</td></tr>
<tr><td rowspan="4">部分框支抗震墙结构</td><td colspan="2">高度/m</td><td>≤80</td><td>≤80</td><td>≤24</td><td>25～80</td><td>>80</td><td>≤24</td><td>25～80</td><td rowspan="4">/</td><td colspan="2" rowspan="4">/</td></tr>
<tr><td rowspan="2">抗震墙</td><td>一般部位</td><td>四</td><td>三</td><td>四</td><td>三</td><td>二</td><td>三</td><td>二</td></tr>
<tr><td>加强部位</td><td>三</td><td>二</td><td>三</td><td>二</td><td>一</td><td>二</td><td>一</td></tr>
<tr><td colspan="2">框支层框架</td><td colspan="2">二</td><td colspan="2">二</td><td>一</td><td colspan="2">一</td></tr>
</table>

续表

结构类型		抗震设防烈度						
		6		7		8		9
框架—核心筒结构	框架	三		二		一		一
	核心筒	二		二		一		一
筒中筒结构	外筒	三		二		一		一
	内筒	三		二		一		一
板柱—抗震墙结构	高度/m	≤35	>35	≤35	>35	≤35	>35	
	框架、板柱的柱	三	二	二	二	一		
	抗震墙	二	二	二	一	二	一	

注：1. 建筑场地为 I 类时，除 6 度外应允许按表内规定降低一度所对应的抗震等级采取抗震构造措施，但相应的计算要求不应降低；

2. 接近或等于高度分界时，应允许结合房屋不规则程度及场地、地基条件确定抗震等级；

3. 大跨度框架是指跨度不小于 18 m 的框架；

4. 高度不超过 60 m 的框架—核心筒结构按框架—抗震墙结构的要求设计时，应按表中框架—抗震墙结构的规定确定其抗震等级

表 4-3 主要考虑了结构重要性、地震烈度、结构抗震潜力三个方面。而结构抗震潜力又与结构类型以及高度有关，在一定的重要性类别（丙类）前提下，表 4-3 是抗震设防烈度、结构类型以及房屋高度的组合。如果房屋的重要性属于乙类或丁类，那么可按要求调整。

在部分框支抗震墙结构中，抗震墙加强部位以上的一般部位，应允许按抗震墙结构确定其抗震等级。

框架—抗震墙结构，在基本振型地震作用下，若框架部分承受的地震倾覆力矩大于结构总地震倾覆力矩的 50%，其框架部分的抗震等级按框架结构确定。

表 4-3 具体体现了以下几点：

（1）因为房屋高度大，对结构的延性要求也高，所以抗震等级规定也严格。

（2）在同等设防烈度和房屋高度的情况下，对于不同的结构类型，其次要抗侧力构件抗震要求可低于主要抗侧力构件。

（3）框架结构的抗倒塌能力弱，在相同的其他情况下，框架结构的抗震等级要求要严于框架—剪力墙结构或剪力墙结构。

对于建筑装修有较高要求的房屋和高层建筑，应优先采用框架—抗震墙结构或抗震墙结构。

4.5　钢筋混凝土框架的抗震设计要求

4.5.1　结构材料与施工

框支梁框支柱抗震等级为一级的框架梁、柱、节点核芯区混凝土强度等级不应低于C30。抗震等级为一、二、三级的框架结构和斜撑构件(含梯段),其纵向受力钢筋采用普通钢筋时,钢筋的抗拉强度实测值与屈服强度实测值的比值不应小于1.25钢筋的屈服强度实测值与强度标准值的比值不应大于1.3;钢筋在最大拉力下的总伸长率实测值不应小于9%;钢筋应有明显的屈服台阶,且伸长率应大于20%;钢筋应有良好的可焊性和合格的冲击韧性。

4.5.2　基本概念

1.梁与柱的弯曲延性

如前所述,提高结构延性可以增加构件破坏前吸收变形能的能力和减小地震反应及延性破坏的能力。

对于一定截面的短柱,其轴力 N 与弯矩 M 的相关关系如图4-4(a)所示。图中 $N/(bhf_c)$ 称为轴压比,当 $N/(bhf_c)=0$ 时,即属于纯弯。现选用5个轴压比 $N/(bhf_c)=0.00$、0.26、0.52、0.80、1.20为前提条件进行弯曲试验,试验所得的弯矩 M 与曲率的关系如图4-6(b)所示。$M—\varphi$ 曲线上拐点处的曲率为屈服曲率 φ_y,$M—\varphi$ 曲线终点处的曲率为极限曲率 φ_u,它们的比值 $\mu_\varphi=\varphi_u/\varphi_y$ 称为弯曲延性系数,μ_φ 大表示构件截面的塑性转动能力强,能吸收更多的变形能。轴压比对构件的弯曲延性影响很大,轴压比大柱的延性差。轴压比为0.52、0.80、1.20时,是小偏心受压,柱的延性很差;轴压比为0.00、0.26时,是大偏心受压,柱的延性好。

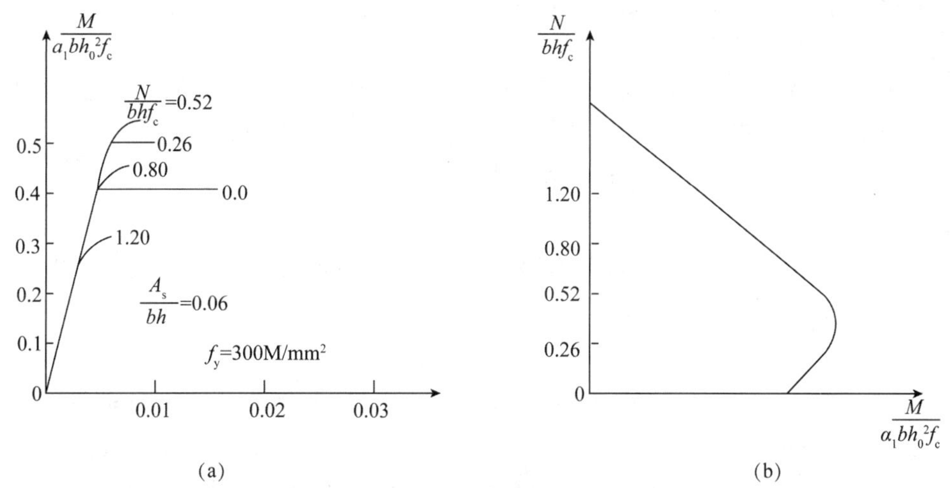

图4-4　柱的曲线

(a)$M—\varphi$ 曲线;(b)$N—M$ 曲线

其他的试验还表明，一般钢筋混凝土结构中所定义的截面相对受压区高度 $\zeta = x/h_0 = A_s f_y/(\alpha_1 b h_0 f_c) = \rho f_y/f_c$ 也是重要因素，ζ 值大时弯曲延性差。进一步分析，截面配筋率 $\rho = A_s/(bh_0)$ 增大时 ζ 增大，则弯曲刚度差，而适当地提高混凝土强度等级增加轴心抗压强度 f_c 后 ζ 减小，则弯曲延性改善。一级抗震等级时混凝土的强度等级不应低于 C30，其他抗震等级时不应低于 C20。

另外，试验还证明，截面中配置受压钢筋可以改善构件的弯曲延性。

以上结论，应该作为人们考虑构造措施的部分基本依据。

2. 受剪构件的剪跨比与破坏特征

构件在弯矩 M 与剪力 V 共同作用下，其受剪破坏与剪跨比 λ 有关，$\lambda = M/(Vh_0)$，h_0 为截面有效高度。

当 $\lambda \leqslant 1 \sim 1.5$ 或构件为超配箍时，发生斜压型破坏。这是一种脆性破坏，设计时应避免，主要是控制构件的截面尺寸不宜太小和混凝土强度等级不宜太低。

当 $1 \sim 1.5 \leqslant \lambda \leqslant 2 \sim 3$ 且配箍适量时，发生剪压破坏。破坏前箍筋首先屈服，最后以斜截面的剪压端混凝土达到强度极限而整个截面破坏。这是一种延性破坏，也是抗剪设计的依据。

当 $\lambda > 2 \sim 3$ 且配箍低时，发生斜拉破坏，构件沿斜截面撕开。这也是一种脆性破坏，设计时也应该避免，尤其是控制构件的配筋率不宜太低。

以上所指的是梁的受剪破坏。在承受水平荷载的框架结构中，梁和柱都受剪，在水平地震荷载作用下的框架结构，梁、柱的剪跨比可以直接通过梁的跨高比和柱的高宽比来表示。比值不同，框架梁柱的受剪破坏也不同。保证结构非线性变形阶段有足够的延性，使之吸收较多的地震能量，防止结构发生剪切破坏或混凝土受压区脆性破坏、期望的试验性的剪压破坏，对于梁的跨高比和柱的高宽比应有合适的选择。

3. 抗震房屋设计注意事项

调查表明，房屋受地震作用而破坏或倒塌，原因是多种多样的。在设计方面可以归纳为以下几点：

(1)由于影响地震作用和结构承载力的因素十分复杂，人们对地震破坏的机理尚不十分清楚，目前还难以做出细致的计算与评估，而框架整体在设计上存在着较大的不均匀性，平面或楼面有局部薄弱环节，不能发挥整体抗震能力。

(2)框架梁、柱变形能力不足，构件过早发生破坏。

(3)框架柱节点箍筋不足，节点受震破坏，梁、柱失去相互之间的联系，结构失去稳定。

(4)框架中的填充墙破坏严重。

4. 框架结构抗震设计的基本思想

抗震结构设计，不是加大截面或增强配筋就一定能取得可靠的效果；相反，也有时付出代价还是得到了坏的结果。这点要比结构静力设计突出得多。设计时，应该具有一些正确的指导思想。根据震害情况在设计上存在的问题，归纳起来，有以下几点：

(1)框架塑性铰要较多较早地发生在梁端，底层柱的塑性铰要较晚形成。

(2)梁、柱在弯曲破坏前，应避免发生其他形式的破坏，如剪切破坏、黏结破坏等。

(3)在梁、柱破坏之前,节点应有足够的承载及变形能力。

(4)要重视非结构构件设计。

概括起来就是人们经常说的“强柱弱梁,强剪弱弯,更强的节点”。

4.5.3　“强柱弱梁”框架的抗震设计

1. 框架结构由于在设计时处理的不同,可能有两种破坏形式

(1)弱柱型。塑性铰首先在柱端发生,这种破坏形态耐震性差,因为柱子除了受弯之外还受压力,当轴压比较大时,塑性铰的转动能力差,延性差。另外,柱端一出现塑性铰即可能带来整个框架的倒塌。

(2)弱梁型。塑性铰首先发生在某层梁的两端,这种破坏形态的耐震性好,因为梁的塑性铰转动能力强,延性好。另外,当某层梁梁端发生塑性铰后,整个框架不致立即倒塌,随着内力重分布的进展,其他层亦可以在梁端形成塑性铰,因而整个框架具有较宽的约束屈服范围。

2. “强柱弱梁”的设计思想

对于其他结构类型中的框架结构,框架柱在正截面受压承载力计算中,考虑抗震等级的节点上、下柱端的内力设计值应按下列规定取用。

(1)节点上、下柱端的弯矩设计值。

一级及抗震设防烈度为9度时应符合

$$\sum M_c = 1.2\sum M_{bua} \tag{4-3}$$

一级框架

$$\sum M_c = 1.4\sum M_b \tag{4-4}$$

二级框架

$$\sum M_c = 1.2\sum M_b \tag{4-5}$$

三级、四级框架

$$\sum M_c = 1.1\sum M_b \tag{4-6}$$

式中　$\sum M_c$——考虑抗震等级的节点上、下柱端的弯矩设计值之和;

$\sum M_{bua}$——框架梁左、右端考虑承载力抗震调整系数的正截面抗弯承载力值之和;

$\sum M_b$——同一节点左、右梁端按逆时针或顺时针方向考虑地震作用组合的弯矩设计值之和。

对于纯框架结构类型中的框架,框架柱端弯矩增大系数:一级框架取1.7;二级框架取1.5;三级框架取1.3;四级框架取1.2。

(2)一级、二级、三级、四级框架的节点上、下柱端的轴向压力设计值,取地震作用下各自的轴向压力设计值,不乘增大系数。

对于框架底层柱下端,无强柱弱梁条件可言,而它们过早出现塑性屈服,将影响结构变形能力,同时随着框架梁塑性铰的出现,由于塑性内力重分布,底层柱的反弯点位置具有较大的不确定性。因此,一级、二级、三级、四级框架的底层,柱下端以及框支层框架柱两端,其弯矩设计值 M_c 取为内力组合值的1.7、1.5、1.3、1.2倍。

对于框支层剪力墙结构中的框架柱顶层柱的上端和底层柱的下端,无强柱弱梁条件可

言，而它们过早出现塑性屈服，将影响结构变形能力，同时随着框架梁塑性铰的出现，由于塑性内力重分布，底层柱的反弯点位置具有较大的不确定性。因此，一级、二级框架的底层柱下端以及框支层框架柱两端，其弯矩设计值 M_c 取为内力组合值的 1.5、1.25 倍。

4.5.4 梁、柱延性破坏之前不发生其他脆性破坏的抗震设计

要做到梁、柱延性破坏之前不发生其他脆性破坏，要从以下几个方面设计上加以保证。

1. 梁、柱的抗剪承载力要高于它的抗弯承载力(强剪弱弯)

(1)对于其他结构类型中的框架结构，框架梁考虑抗震等级组合的剪力设计值 V_b 应按下列规定计算：

一级框架
$$V_b = 1.3\frac{(M_b^l + M_b^r)}{l_n} + V_{Gb} \tag{4-7}$$

一级框架结构及抗震设防烈度为 9 度时还应符合
$$V_b = 1.1\frac{(M_{bua}^l + M_{bua}^r)}{l_n} + V_{Gb} \tag{4-8}$$

二级框架
$$V_b = 1.2\frac{(M_b^l + M_b^r)}{l_n} + V_{Gb} \tag{4-9}$$

三级框架
$$V_b = 1.1\frac{(M_b^l + M_b^r)}{l_n} + V_{Gb} \tag{4-10}$$

式中 M_{bua}^l、M_{bua}^r——框架梁左、右端考虑承载力抗震调整系数的正截面抗弯承载力设计值，参见式(4-4)说明；

M_b^l、M_b^r——考虑地震作用组合的框架梁左、右端弯矩设计值；

V_{Gb}——考虑地震作用组合时的重力荷载代表值产生的剪力设计值，可按简支梁确定；

l_n——梁的净跨。

对于纯框架结构，柱剪力增大系数：一级框架为 1.5；二级框架为 1.3；三级框架为 1.2；四级框架为 1.1。

(2)框架柱考虑抗震等级组合的剪力设计值 V_c 应按下列规定计算：

一级框架
$$V_c = 1.4\frac{(M_c^t + M_c^b)}{H_n} \tag{4-11}$$

一级框架结构及抗震设防烈度为 9 度时还应符合
$$V_c = 1.2\frac{(M_{cua}^t + M_{cua}^b)}{H_n} \tag{4-12}$$

二级框架
$$V_c = 1.2\frac{(M_c^t + M_c^b)}{H_n} \tag{4-13}$$

三级、四级框架
$$V_c = 1.1\frac{(M_c^t + M_c^b)}{H_n} \tag{4-14}$$

式中 M_{cua}^t、M_{cua}^b——框架柱上、下端考虑承载力抗震调整系数的正截面受弯承载力设计值，因为柱是对称配筋截面，故

$$M_{cua}=\frac{1}{\gamma_{RE}}\left[f_{yk}A_s^a(h-a_s-a_s')+0.5Nh\left(1-\frac{N}{\alpha_1 f_{ck}bh}\right)\right]$$

N——可取重力荷载代表值产生的轴向压力设计值；

f_{ck}——混凝土轴心抗压强度标准值；

M_c^t、M_c^b——考虑抗震等级的框架柱上、下端弯矩设计值，M_c 应符合式(4-3)、式(4-6)的规定；对于有框支层剪力墙结构中的框架柱上、下端以及一级、二级、三级框架结构底层柱，M_c 应不小于内力组合结果的1.5、1.25、1.15倍；

H_n——柱的净高。

式(4-8)中的 M_{bua} 之和，式(4-7)、式(4-9)、式(4-10)中的 M_b 之和，式(4-12)中的 M_{cua} 之和以及式(4-11)、式(4-13)、式(4-14)中的 M_c 之和，均应按顺时针和逆时针方向进行计算，并取其较大值。

2. 梁、柱截面的剪压比不宜过大

为了保证不致发生斜压型的脆性受剪破坏，梁、柱、抗震墙和连梁的截面尺寸及混凝土强度等级应满足下列要求：

$$\frac{V}{bh_0f_c}\leqslant\frac{0.2}{\gamma_{RE}}\quad 或\quad V\leqslant\frac{1}{\gamma_{RE}}(0.2bh_0f_c) \tag{4-15}$$

式中　V——端部截面组合的剪力设计值，由式(4-11)～式(4-13)求得；

γ_{RE}——承载力抗震调整系数，取0.85；

f_c——混凝土轴心抗压强度设计值；

b——梁、柱截面宽度；

h_0——梁、柱截面有效高度。

3. 梁、柱的剪跨比 λ 要有所限制

已知前述，受水平荷载作用的框架，它的梁、柱剪跨比 λ 可以化作1/2梁的垮高比和柱的高宽比。为了要求 $\lambda\leqslant 2$，使得构件剪压型受剪破坏，梁的净跨与截面高度之比不宜小于4，柱净高与截面最大边长之比不宜小于4。

4. 柱的轴压比不宜过大

轴压比是指柱组合的轴压力设计值 N 与柱的全截面面积 bh 和混凝土抗压强度设计值 f_c 乘积的比值，即 $\frac{N}{bhf_c}$。

轴压比是影响柱延性的重要因素之一。试验研究表明，柱的侧移延性系数随轴压比的增加而急剧下降，见图4-5。

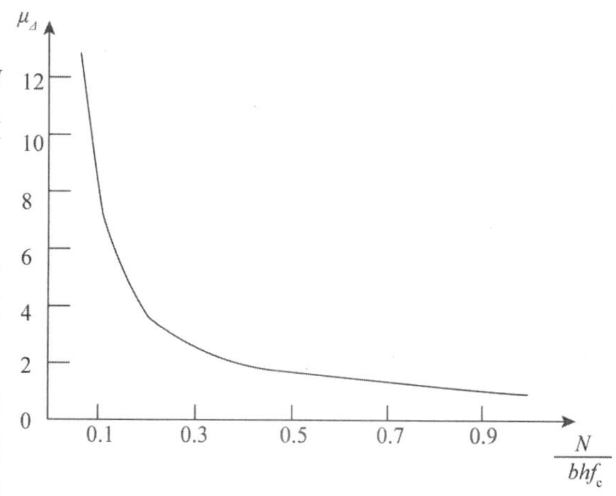

图4-5　柱的侧移延性系数与竖轴的关系

轴压比不同，将产生两种破坏状态。轴压比小时，将产生受拉钢筋首先屈服的大偏心受压破坏，是延性破坏；轴压比大时，将产生受压区混凝土压碎而受拉钢筋并不屈服的小偏心受压破坏,延性较差。根据钢筋混凝土偏心受压大小偏心界限的推算并留有一些余地,柱截面的轴压比[$N/(bhf_c)$]不宜超过表4-4定的限值。这样的限值规定,一般情况下可以把对称配筋柱在抗震设计状态时控制在大偏心受压范畴,以保证柱有良好的变形能力。

表4-4　柱轴压比限值

结构类型	抗震等级			
	一	二	三	四
框架结构	0.65	0.75	0.85	0.90
框架—抗震墙、 板柱—抗震墙、 框架核心筒及筒中筒	0.75	0.85	0.9	0.95
部分框支抗震墙	0.6	0.7	-	-

5. 纵向钢筋的配筋率应适宜

为了提高梁的正截面塑性铰转动延性,梁的纵向配筋率不宜过高。综上所述,截面配筋特征可以用受压区相对高度$\zeta = x/h_0 = \dfrac{A_s}{\alpha_1 bh_0}\dfrac{f_y}{f_c} = \rho\dfrac{f_y}{f_c}$来表示,$\zeta$越小,弯曲延性越好。

因此,框架梁的纵向配筋应符合下列要求:

(1)梁端截面最大配筋率应使梁端截面的受压区相对高度(即截面受压区高度与有效高度比x/h_0)不宜太大。一级不宜大于0.25;二级、三级不宜大于0.35。同时,纵向受拉钢筋的配筋率不宜大于2.5%。

(2)梁端下部与上部配筋量的比值,除按计算确定外,一级不应小于0.5,二级、三级不应小于0.3。

(3)梁顶面和底面的全长钢筋一级、二级不应少于2ϕ14且不应少于顶面和底面纵向钢筋中较大截面面积的1/4,三级、四级不应少于2ϕ12。

(4)梁内贯通中柱的每根纵向钢筋直径,一级、二级均不宜大于柱在该方向截面高度的1/20。

表4-5　柱纵向钢筋的最小总配筋率(百分率)

类　别	抗震等级			
	一	二	三	四
中柱和边柱	0.9(1.0)	0.7(0.8)	0.6(0.7)	0.5(0.6)
角柱、框支柱	1.1	0.9	0.8	0.7
注:表中括号内数字用于框架结构采用HRB400级热轧钢筋时应允许减少0.1,混凝土强度等级高于C60时应增加0.1。 对于框架柱,宜采用对称配筋,它的最小总配筋率不应小于表4-5中的规定				

6. 箍筋在一定范围内应加密

加密箍筋可以约束混凝土,提高构件的抗剪能力、延性,防止混凝土过早地压溃并防止纵向钢筋的压屈失稳。

震害调查表明，框架梁端破坏主要集中在1.5～2.0倍梁截面高的长度范围内。为防止该区域内主筋压屈和斜裂缝开展严重应加密箍筋。根据试验，当箍筋间距小于6～8d时（d为纵向钢筋直径），在受压混凝土压溃前，一般不会出现受压钢筋压屈现象。因此，一级框架梁端2倍梁高的范围内，和其他级框架梁端1.5倍梁高的范围内，箍筋应加密。加密区箍筋应符合表4-6要求。对于不同抗震等级，梁端具有大致相同的承载力水准及延性水准。

表4-6 梁的加密区箍筋 mm

抗震等级	加密区长度取下列较大值	箍筋间距取下列最小值	箍筋最小直径
一	2 h_b,500	h_b/4,6d,100	10
二	1.5 h_b,500	h_b/4,8d,100	8
三	1.5 h_b,500	h_b/4,8d,150	8
四	1.5 h_b,500	h_b/4,8d,150	6
注：d为纵向钢筋直径，h_b为梁高			

当梁端纵向受拉钢筋配筋率大于2%时，表中箍筋最小直径数值应增大2 mm。

震害调查也表明，框架柱的破坏主要集中在柱的上下端一定区段内。下列区段对箍筋加密作了要求：

（1）柱端，取截面高度（圆柱直径）、柱净高的1/6和500 mm三者的最大值。

（2）底层柱，柱根不小于柱净高的1/3，当有刚性地面时，除柱端外尚应取刚性地面上下各500 mm。

（3）剪跨比不大于2的柱和因设置填充墙等形成的柱净高与柱截面高度之比小于4的柱，取全高。

（4）一级及二级框架的角柱，取全高。

（5）框支柱，取全高。

（6）需要提高变形能力的柱，取全高。

柱的加密区箍筋应符合表4-7的要求。

表4-7 柱的加密区的箍筋最大间距和最小直径 mm

抗震等级	箍筋间距取下列较小值	箍筋最小直径
一	6d,100	10
二	8d,100	8
三	8d,150（柱根100）	8
四	8d,150（柱根100）	6（柱根8）
注：d为主纵筋最小直径；柱根是指框架底层柱的嵌固部位		

根据表4-7的规定，对于大截面柱，体积配筋率可能太小。因此，《建筑抗震设计规范（2016年版）》（GB 50011—2010）还补充了一条加密区体积配筋率$\rho_v \geq \lambda_v f_c/f_{yv}$，其中$f_c$混凝土轴心抗压强度设计值，强度等级低于C35时，应按C35计算；f_{yv}箍筋或拉筋抗拉强度设计值，超过360 kN/ mm^{2}时，应取360 kN/ mm^2；最小配箍特征值λ_v应符合表4-8的要求。

表 4-8 柱箍筋加密区的箍筋最小体积配箍特征值

抗震等级	箍筋形式	柱轴压比								
		≤0.3	0.4	0.5	0.6	0.7	0.8	0.9	1.0	1.05
一	普通箍、复合箍	0.10	0.11	0.13	0.15	0.17	0.20	0.23	—	—
	螺旋箍、复合或连续复合矩形螺旋箍	0.08	0.09	0.11	0.13	0.15	0.18	0.21	—	—
二	普通箍、复合箍	0.08	0.09	0.11	0.13	0.15	0.17	0.19	0.22	0.24
	螺旋箍、复合或连续复合矩形螺旋箍	0.06	0.07	0.09	0.11	0.13	0.15	0.17	0.20	0.22
三、四	普通箍、复合箍	0.06	0.07	0.09	0.11	0.13	0.15	0.17	0.20	0.22
	螺旋箍、复合或连续复合矩形螺旋箍	0.05	0.06	0.07	0.09	0.11	0.13	0.15	0.18	0.20

注:普通箍是指单个矩形箍和单个圆形箍;复合箍是指由矩形、多边形、圆形箍或拉筋组成的箍筋;复合螺旋箍是指由螺旋箍与矩形、多边形、圆形箍或拉筋组成的箍筋;连续复合矩形螺旋箍是指用一根通长钢筋加工而成的箍筋

框支柱宜采用复合螺旋箍或井字复合箍,其最小配箍特征值应比表 4-8 内数值增加 0.02,且体积配筋率不应小于 1.5%。

计算复合螺旋箍的体积配筋率时,其非螺旋箍的箍筋体积应乘以换算系数 0.8。

为了满足表 4-8 的要求,可以加粗箍筋和减小箍筋间距,但主要的做法是采用封闭箍加拉筋的复合箍。复合箍的约束效果比普通箍高 2 倍,但拉筋应紧靠纵向钢筋和勾住箍筋。

由于沿每层柱高的剪力和轴力不变,为防止非加密区箍筋过少而引起脆性破坏可能的转移,非加密区内配箍不宜少于加密区的 50%,且箍筋间距一级、二级不应大于 $10d$,三级、四级不应大于 $15d$。

抗震结构的箍筋,较静力结构的箍筋,在构造形式上有更严格的要求。

震害表明,一般箍筋在受地震作用时,由于混凝土的侧向张力,可能被张开。因此,在地震区,箍筋端部应采用 135°弯钩,端头且有不小于 10 倍箍筋直径的直线段。

为了能更好地约束混凝土和保证纵向钢筋不致压屈失稳,一级框架柱中箍筋的肢距不宜大于 200 mm;二级、三级框架柱中箍筋的肢距不宜大于 250 mm 和 20 倍箍筋直径的较大值,四级框架柱中箍筋的肢距不宜大于 300 mm。至少每隔一根纵向钢筋宜在两个方向有箍筋或拉筋约束;采用拉筋复合箍时,拉筋宜紧靠纵向钢筋并勾住箍筋。

7. 钢筋应有可靠的锚固及接头

在反复荷载作用下,混凝土与钢筋的黏结强度低于单调作用时的黏结强度,因此在抗震设计中对钢筋锚固与接头的要求应严于非抗震设计。可以归纳为以下几点:

(1)纵向钢筋的锚固长度比非抗震设计时,一级、二级框架增加 15%,三级增加 5%。

(2)纵向受力钢筋连接接头的位置宜避开两端、柱箍筋加密区;当无法避开时,应采用满足等强度要求的高质量机械连接接头,且钢筋接头面积百分率不应超过 50%。

(3)纵向受拉钢筋搭接长度修正手数,见表 4-9。

表 4-9　纵向受拉钢筋搭接长度修正系数

纵向钢筋搭接接头面积百分率(%)	≤25	50	100
ζ	1.2	1.4	1.6

(4)接头位置宜设在受力较小处。

(5)箍筋应满足上述构造要求。

4.5.5　框架的节点设计

在反复荷载作用下,节点的破坏机理十分复杂,但主要是受剪力和压力的组合作用。节点核芯区未开裂前,箍筋应力很小,基本上是混凝土承受剪力。当剪力达到核心区极限抗剪能力 60% ~70% 时,混凝土突然产生对角贯通裂缝,节点刚度明显降低,箍筋应力也突然增大,甚至屈服,此后斜裂缝增多增宽,箍筋陆续达到屈服。

节点区的破坏与交于节点的梁、柱破坏顺序有关,弱柱强梁型的节点区破坏严重。

垂直框架方向的交叉梁对节点核芯区有明显约束作用。根据试验,满足一定条件的四边有梁的节点,核心区混凝土抗剪强度可提高 50% ~100%,建议取约束影响系数 $\eta_j = 1.5$。因此,框架结构与框架—抗震墙结构均宜采用双向框架,双向框架可以纵横两个方向受力,双向梁对节点的侧向约束也好。

节点的剪力抵抗,主要是依赖箍筋,箍筋用量由计算决定,但梁柱节点核芯区的箍筋量不应小于柱端加密区的实际配筋量,见表 4-7。

节点核芯区宜采用矩形箍筋,或焊接的 U 形套箍,按抗剪承载力要求可另加拉筋;矩形箍筋应用 135°弯钩,端头且有不小于 10 倍箍筋直径的直线段,拉筋应紧靠纵筋并勾住箍筋。

框架节点核心抗剪承载力验算有如下三个方面。

1. 框架节点核芯区的剪力设计值 V_j

为了实现节点两侧梁屈服之前节点不坏,节点所受的剪力设计值应根据节点左右梁端逆时针或顺时针方向的弯矩推算并乘以增大系数。节点核芯区的剪力设计值 V_j 可按下列规定计算。

(1)一级框架

$$V_j = \frac{1.5\sum M_b}{h_{b0} - a'_s}\left(1 - \frac{h_{b0} - a'_s}{H_c - h_b}\right) \tag{4-16}$$

抗震设防烈度为 9 度时和一级框架结构还应符合

$$V_j = \frac{1.15\sum M_{bua}}{h_{b0} - a_s{}'}\left(1 - \frac{h_{b0} - a'_s}{H_c - h_b}\right) \tag{4-17}$$

(2)二(三)级框架

$$V_j = \frac{1.35(1.2)\sum M_b}{h_{b0} - a_s{}'}\left(1 - \frac{h_{b0} - a_s{}'}{H_c - h_b}\right) \tag{4-18}$$

式中　$\sum M_{bua}$——框架节点左、右两侧的梁端考虑承载力抗震调整系数的正截面承载力值之和；

$\sum M_b$ ——考虑地震作用组合的框架节点左、右两侧的梁端弯矩设计值之和；

h_{b0}、h_b ——分别为梁截面有效高度、截面高度，当节点两侧梁高不相同时，取其平均值；

H_c ——节点上柱和下柱反弯点之间的距离。

(3)四级框架节点可不验算

2. 节点核芯区截面尺寸与混凝土强度等级的限制

节点核芯区截面宽度为 b_j、高度为 h_j。在节点受剪验算方向，梁的截面宽度为 b_b，柱的截面宽度及高度为 b_c、h_c。也有可能梁和柱的截面中线不在一个框架竖平面内，偏心矩为 e_0，e_0 不宜大于 $b_c/4$。

显然，$h_j = h_c$。

至于 b_j，将与梁宽 b_b 及有无 e_0 有关。

当 $b_b \geqslant b_c/2$ 时，取 $b_j = b_c$；

当 $b_b < b_c/2$ 时，取下列二者较小值：

$$b_j = b_b + 0.5h_c \tag{4-19}$$

$$b_j = b_c \tag{4-20}$$

当梁与柱中线不重合时，采用式(4-19)、式(4-20)与下式计算结果的最小值：

$$b_j = 0.5(b_b + b_c) + 0.25h_c - e_0 \tag{4-21}$$

节点核芯区截面尺寸与混凝土强度等级应满足下式要求：

$$V \leqslant \frac{1}{\gamma_{RE}}(0.3\eta_j f_c b_j h_j) \tag{4-22}$$

式中 γ_{RE} ——承载力抗震调整系数，可取等于0.85；

η_j ——交叉梁的约束影响系数，四侧各梁截面宽度不小于该侧柱截面宽度的1/2且次梁截面高度不小于主梁的3/4时，可采用1.5；9度适宜采用1.25，其他情况可采用1.0。

试验表明，节点核芯区截面当满足式(4-22)要求后，核芯区混凝土内斜压应力较小，不会发生混凝土斜压破坏，而且在使用阶段节点核芯区不开裂。

3. 考虑承载力抗震调整系数的节点受剪承载力设计值 V_{jE}

节点核芯区受剪承载力是通过低周反复加载试验确定的，它约为单调加载时的60%～70%。它除了与节点尺寸、混凝土强度等级有关之外，还与柱的轴压比有关。另外，试验表明，在承载力极限状态，节点核芯区的箍筋均已进入屈服阶段。

根据试验资料并考虑承载力抗震调整系数后，得

$$V_j \leqslant \frac{1}{\gamma_{RE}}\left(1.1\eta_j f_t b_j h_j + 0.05\eta_i N\frac{b_j}{b_c} + f_{yv}A_{svj}\frac{h_{b0} - a'_s}{s}\right) \tag{4-23}$$

抗震设防烈度为9度时

$$V_j \leqslant \frac{1}{\gamma_{RE}}\left(0.9\eta_j f_t b_j h_j + f_{yv}A_{svj}\frac{h_{b0} - a'_s}{s}\right) \tag{4-24}$$

式中 N——对应于组合剪力设计值的上柱组合轴向压力较小值，其取值不应大于柱的截面面积和混凝土轴心抗压强度设计值的乘积的50%，但N为拉力时，取$N=0$；

f_t——箍筋的抗拉强度设计值；

f_{yv}——混凝土轴心抗拉强度设计值；

a'_s——梁的受压钢筋截面中心至受压边的距离；

A_{svj}——核芯区有效验算宽度范围内同一截面验算方向箍筋的总截面面积；

s——箍筋的间距。

4.6 钢筋混凝土框架结构水平地震作用

作为手算方法，一般情况下，可在建筑结构的两个主轴方向分别考虑水平地震作用，各方向的水平地震作用全部由该方向抗侧力框架结构承担。

计算多层框架结构的水平地震作用时，一般应以防震缝所划分的结构单元作为计算单元，在计算单元中各楼层重力荷载代表值的集中质点G_i设在楼屋盖标高处。对于高度不超过40m、质量和刚度沿高度分布比较均匀的框架结构，可采用底部剪力法按第3章所述原则分别求单元的总水平地震作用标准值F_{Ek}、各层水平地震作用标准值F_i和附加水平地震作用标准值ΔF_n。

当已知第j层的水平地震作用标准值F_j和ΔF_n，第i层的地震剪力V_i按式(4-25)计算：

$$V_i = \sum_{j=i}^{n} F_j + \Delta F_n \tag{4-25}$$

按式(4-25)求得第i层地震剪力V_i后，再按该层各柱的侧移刚度求其分担的水平地震剪力标准值。一般将砖填充墙仅作为非结构构件，不考虑其抗侧力作用。

4.6.1 水平地震作用下的框架内力的计算

水平地震作用下的框架内力的计算常采用反弯点法和D值法(改进反弯点法)进行分析。反弯点法适用于层数较少、梁柱线刚度比大于3的情况，计算比较简单。D值法近似地考虑了框架节点转动对侧移刚度和反弯点高度的影响，比较精确，应用比较广泛。下面将重点介绍D值法计算水平地震作用效应。

用D值法计算框架内力的步骤如下。

1. 计算各层柱的侧移刚度D

$$D = \alpha K_c \frac{12}{h^2} \tag{4-26}$$

$$K_c = \frac{E_c I_c}{h} \tag{4-27}$$

式中 K_c——柱的线刚度；

h——楼层高度；

α——节点转动影响系数，由梁柱线刚度按表4-10取用。

表 4-10　节点转动影响系数 α

层	边柱	中柱	α
一般层	K_1、K_2、K_c　$\overline{K}=\dfrac{K_1+K_2}{2K_c}$	K_1、K_2、K_3、K_4、K_c　$\overline{K}=\dfrac{K_1+K_2+K_3+K_4}{2K_c}$	$\alpha=\dfrac{2+\overline{K}}{\overline{K}}$
底层	K_5、K_c　$\overline{K}=\dfrac{K_5}{K_c}$	K_5、K_6、K_c　$\overline{K}=\dfrac{K_5+K_6}{K_c}$	$\alpha=\dfrac{0.5+\overline{K}}{2+\overline{K}}$
注：$K_1 \sim K_6$ 为梁线刚度；K_c 为柱线刚度；$\overline{K}$ 为楼层梁柱平距线刚度比			

2. 计算各柱所分配的剪力 V_{ij}

$$V_{ij}=\frac{D_{ij}}{\sum_{j=1}^{n} D_{ij}} \times V_i \tag{4-28}$$

式中　V_{ij}——第 i 层第 j 根柱所分配的地震剪力；

V_i——第 i 层楼层剪力；

D_{ij}——第 i 层第 j 根柱的侧移刚度；

$\sum_{j=1}^{n} D_{ij}$——第 i 层所有柱侧移刚度之和。

3. 确定反弯点高度 y

$$y=(y_0+y_1+y_2+y_3)h \tag{4-29}$$

式中　y_0——标准反弯点高度比，由框架总层数、该柱所在层数及梁柱平均线刚度比 $\overline{K}$ 确定（表 4-11）；

y_1——某层上、下梁线刚度不同时，对 y_0 的修正值（表 4-12）；

当 $K_1+K_2<K_3+K_4$，时，令

$$\alpha_1=\frac{K_1+K_2}{K_3+K_4} \tag{4-30}$$

这时反弯点上移，故 y_1 取正值，见图 4-6(a)；

当 $K_1+K_2>K_3+K_4$ 时，令

$$\alpha_1=\frac{K_3+K_4}{K_1+K_2} \tag{4-31}$$

y_2——上层层高与本层高度不同时（图 4-7）反弯点高度修正值；可根据 $\alpha_2=\dfrac{h_u}{h}$ 和 $\overline{K}$ 由

表 4-13 查得；

y_3——下层层高与本层高度不同时（图 4-7）反弯点高度修正值；可根据 $\alpha_3 = \dfrac{h_l}{h}$ 和 $\bar{K}$ 由表 4-13 查得；

这时反弯点下移，故 y_1 取负值，见图 4-6(b)；对于首层不考虑 y_1 值。

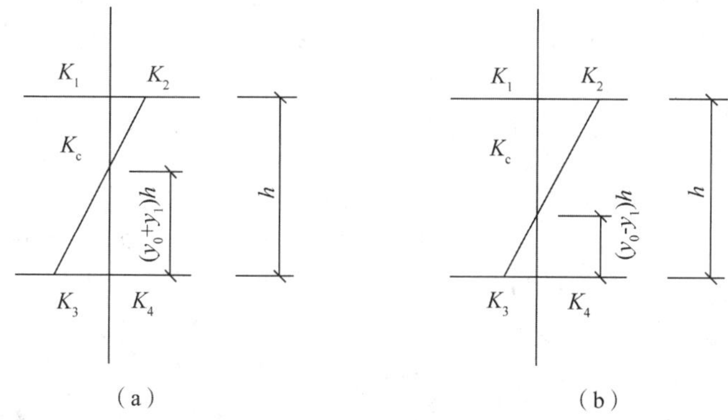

图 4-6　上、下层梁线刚度比不同时的情况

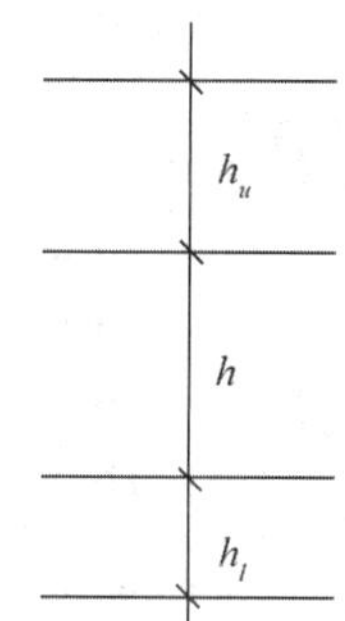

图 4-7　上、下层层高与本层高度不同时的情况

表 4-11　反弯点高度 y_0（倒三角形节点荷载）

m	n / $\bar{K}$	0.1	0.2	0.3	0.4	0.5	0.6	0.7	0.8	0.9	1.0	2.0	3.0	4.0	5.0
1	1	0.80	0.75	0.70	0.65	0.65	0.60	0.60	0.60	0.60	0.55	0.55	0.55	0.55	0.55
2	2	0.50	0.45	0.40	0.40	0.40	0.40	0.40	0.40	0.40	0.45	0.45	0.45	0.45	0.50
	1	1.00	0.85	0.25	0.70	0.65	0.65	0.65	0.65	0.60	0.60	0.55	0.55	0.55	0.55
3	3	0.25	0.25	0.25	0.30	0.30	0.35	0.35	0.35	0.40	0.40	0.45	0.45	0.45	0.50
	2	0.06	0.50	0.50	0.50	0.50	0.45	0.45	0.45	0.45	0.45	0.50	0.50	0.55	0.50
	1	1.15	0.90	0.80	0.75	0.75	0.70	0.70	0.65	0.65	0.65	0.55	0.55	0.55	0.55
4	4	0.10	0.15	0.20	0.25	0.30	0.35	0.35	0.35	0.35	0.40	0.45	0.45	0.45	0.45
	3	0.35	0.35	0.35	0.40	0.40	0.40	0.40	0.45	0.45	0.45	0.45	0.50	0.50	0.50
	2	0.70	0.60	0.55	0.50	0.50	0.50	0.50	0.50	0.50	0.50	0.50	0.50	0.50	0.50
	1	1.20	0.95	0.85	0.80	0.75	0.70	0.70	0.65	0.65	0.65	0.55	0.55	0.55	0.55

续表

m	n / $\overline{K}$	0.1	0.2	0.3	0.4	0.5	0.6	0.7	0.8	0.9	1.0	2.0	3.0	4.0	5.0
5	5	−0.05	0.10	0.20	0.25	0.30	0.30	0.35	0.35	0.35	0.35	0.40	0.45	0.45	0.45
	4	0.20	0.25	0.35	0.35	0.40	0.40	0.40	0.40	0.45	0.45	0.45	0.50	0.50	0.50
	3	0.45	0.40	0.45	0.45	0.45	0.45	0.45	0.45	0.45	0.50	0.50	0.50	0.50	0.50
	2	0.75	0.60	0.55	0.55	0.55	0.50	0.50	0.50	0.50	0.50	0.50	0.50	0.50	0.50
	1	1.30	1.00	0.85	0.80	0.75	0.70	0.70	0.65	0.65	0.65	0.60	0.55	0.55	0.55
6	6	−0.15	0.05	0.15	0.20	0.25	0.30	0.30	0.35	0.35	0.35	0.40	0.45	0.45	0.45
	5	0.10	0.25	0.30	0.35	0.35	0.40	0.40	0.40	0.45	0.45	0.45	0.50	0.50	0.50
	4	0.30	0.35	0.40	0.40	0.45	0.45	0.45	0.45	0.45	0.45	0.50	0.50	0.50	0.50
	3	0.50	0.45	0.45	0.45	0.45	0.45	0.45	0.45	0.45	0.50	0.50	0.50	0.50	0.50
	2	0.80	0.65	0.55	0.55	0.55	0.55	0.50	0.50	0.50	0.50	0.50	0.50	0.50	0.50
	1	1.30	1.00	0.85	0.80	0.75	0.70	0.70	0.65	0.65	0.65	0.60	0.55	0.55	0.55
7	7	−0.20	0.05	0.15	0.20	0.25	0.30	0.30	0.35	0.35	0.35	0.45	0.45	0.45	0.45
	6	0.05	0.20	0.30	0.35	0.35	0.40	0.40	0.40	0.40	0.45	0.45	0.50	0.50	0.50
	5	0.20	0.30	0.35	0.40	0.40	0.45	0.45	0.45	0.45	0.45	0.50	0.50	0.50	0.50
	4	0.35	0.40	0.40	0.45	0.45	0.45	0.45	0.45	0.45	0.45	0.50	0.50	0.50	0.50
	3	0.55	0.50	0.50	0.50	0.50	0.50	0.50	0.50	0.50	0.50	0.50	0.50	0.50	0.50
	2	0.80	0.65	0.60	0.55	0.55	0.55	0.50	0.50	0.50	0.50	0.50	0.50	0.50	0.50
	1	1.30	1.00	0.90	0.80	0.75	0.70	0.70	0.70	0.65	0.65	0.60	0.55	0.55	0.55
8	8	−0.20	0.05	0.15	0.20	0.25	0.30	0.30	0.35	0.35	0.35	0.45	0.45	0.45	0.45
	7	0.00	0.20	0.30	0.35	0.35	0.40	0.40	0.40	0.40	0.45	0.50	0.50	0.50	0.50
	6	0.15	0.30	0.35	0.40	0.40	0.45	0.45	0.45	0.45	0.45	0.50	0.50	0.50	0.50
	5	0.30	0.35	0.40	0.45	0.45	0.45	0.45	0.45	0.45	0.45	0.50	0.50	0.50	0.50
	4	0.40	0.45	0.45	0.45	0.45	0.45	0.45	0.50	0.50	0.50	0.50	0.50	0.50	0.50
	3	0.60	0.50	0.50	0.50	0.50	0.50	0.50	0.50	0.50	0.50	0.50	0.50	0.50	0.50
	2	0.85	0.65	0.60	0.55	0.55	0.55	0.50	0.50	0.50	0.50	0.50	0.50	0.50	0.50
	1	1.30	1.00	0.90	0.80	0.75	0.70	0.70	0.70	0.65	0.65	0.60	0.55	0.55	0.55
9	9	−0.25	0.00	0.15	0.20	0.25	0.30	0.30	0.35	0.35	0.40	0.45	0.45	0.45	0.45
	8	−0.00	0.20	0.30	0.35	0.35	0.40	0.40	0.40	0.40	0.45	0.45	0.50	0.50	0.50
	7	0.15	0.30	0.35	0.40	0.40	0.45	0.45	0.45	0.45	0.45	0.50	0.50	0.50	0.50
	6	0.25	0.35	0.40	0.40	0.45	0.45	0.45	0.45	0.45	0.50	0.50	0.50	0.50	0.50
	5	0.35	0.40	0.45	0.45	0.45	0.45	0.45	0.45	0.50	0.50	0.50	0.50	0.50	0.50
	4	0.45	0.45	0.45	0.45	0.45	0.50	0.50	0.50	0.50	0.50	0.50	0.50	0.50	0.50
	3	0.60	0.50	0.50	0.50	0.50	0.50	0.50	0.50	0.50	0.50	0.50	0.50	0.50	0.50
	2	0.85	0.65	0.60	0.55	0.55	0.55	0.55	0.50	0.50	0.50	0.50	0.50	0.50	0.50
	1	1.35	1.00	0.90	0.80	0.75	0.70	0.70	0.70	0.65	0.65	0.60	0.55	0.55	0.55

续表

m	n \ $\overline{K}$	0.1	0.2	0.3	0.4	0.5	0.6	0.7	0.8	0.9	1.0	2.0	3.0	4.0	5.0
10	10	−0.25	0.00	0.15	0.20	0.25	0.30	0.30	0.35	0.35	0.40	0.45	0.45	0.45	0.45
	9	−0.05	0.20	0.30	0.35	0.35	0.40	0.40	0.40	0.40	0.45	0.45	0.50	0.50	0.50
	8	−0.10	0.30	0.35	0.40	0.40	0.40	0.45	0.45	0.45	0.45	0.50	0.50	0.50	0.50
	7	0.20	0.35	0.40	0.40	0.45	0.45	0.45	0.45	0.45	0.50	0.50	0.50	0.50	0.50
	6	0.30	0.40	0.40	0.45	0.45	0.45	0.45	0.45	0.45	0.50	0.50	0.50	0.50	0.50
	5	0.40	0.45	0.45	0.45	0.45	0.45	0.45	0.50	0.50	0.50	0.50	0.50	0.50	0.50
	4	0.50	0.45	0.45	0.45	0.50	0.50	0.50	0.50	0.50	0.50	0.50	0.50	0.50	0.50
	3	0.60	0.50	0.50	0.50	0.50	0.50	0.50	0.50	0.50	0.50	0.50	0.50	0.50	0.50
	2	0.85	0.65	0.60	0.55	0.55	0.55	0.55	0.50	0.50	0.50	0.50	0.50	0.50	0.50
	1	1.35	1.00	0.90	0.80	0.75	0.70	0.70	0.70	0.65	0.65	0.60	0.55	0.55	0.55
11	11	−0.25	0.00	0.15	0.20	0.25	0.30	0.30	0.30	0.35	0.35	0.45	0.45	0.45	0.45
	10	0.05	0.20	0.25	0.30	0.35	0.40	0.40	0.40	0.40	0.45	0.45	0.50	0.50	0.50
	9	0.10	0.30	0.35	0.40	0.40	0.40	0.45	0.45	0.45	0.45	0.50	0.50	0.50	0.50
	8	0.20	0.35	0.40	0.40	0.45	0.45	0.45	0.45	0.45	0.45	0.50	0.50	0.50	0.50
	7	0.25	0.40	0.40	0.45	0.45	0.45	0.45	0.45	0.45	0.50	0.50	0.50	0.50	0.50
	6	0.35	0.40	0.45	0.45	0.45	0.45	0.45	0.50	0.50	0.50	0.50	0.50	0.50	0.50
	5	0.40	0.44	0.45	0.45	0.45	0.50	0.50	0.50	0.50	0.50	0.50	0.50	0.50	0.50
	4	0.50	0.50	0.50	0.50	0.50	0.50	0.50	0.50	0.50	0.50	0.50	0.50	0.50	0.50
	3	0.65	0.55	0.50	0.50	0.50	0.50	0.50	0.50	0.50	0.50	0.50	0.50	0.50	0.50
	2	0.85	0.65	0.60	0.55	0.50	0.55	0.50	0.50	0.50	0.50	0.50	0.50	0.50	0.50
	1	1.35	1.50	0.90	0.80	0.75	0.70	0.70	0.70	0.65	0.65	0.60	0.55	0.55	0.55
12层以上	1	−0.30	0.00	0.15	0.20	0.25	0.30	0.30	0.30	0.35	0.35	0.40	0.45	0.45	0.45
	自2	−0.10	0.20	0.25	0.30	0.35	0.40	0.40	0.40	0.40	0.40	0.45	0.45	0.45	0.45
	上3	0.05	0.25	0.35	0.40	0.40	0.40	0.45	0.45	0.45	0.45	0.45	0.50	0.50	0.50
	4	0.15	0.30	0.40	0.40	0.45	0.45	0.45	0.45	0.45	0.45	0.45	0.50	0.50	0.50
	5	0.25	0.35	0.40	0.45	0.45	0.45	0.45	0.45	0.45	0.45	0.50	0.50	0.50	0.50
	6	0.30	0.40	0.40	0.45	0.45	0.45	0.45	0.45	0.45	0.45	0.50	0.50	0.50	0.50
	7	0.35	0.40	0.40	0.45	0.45	0.45	0.50	0.50	0.50	0.50	0.50	0.50	0.50	0.50
	8	0.35	0.45	0.45	0.45	0.50	0.50	0.50	0.50	0.50	0.50	0.50	0.50	0.50	0.50
	中间	0.45	0.45	0.45	0.45	0.50	0.50	0.50	0.50	0.50	0.50	0.50	0.50	0.50	0.50
	4	0.55	0.50	0.50	0.50	0.50	0.50	0.50	0.50	0.50	0.50	0.50	0.50	0.50	0.50
	自3	0.65	0.55	0.50	0.50	0.50	0.50	0.50	0.50	0.50	0.50	0.50	0.50	0.50	0.50
	下2	0.70	0.70	0.60	0.55	0.55	0.55	0.55	0.50	0.50	0.50	0.50	0.50	0.50	0.50
	1	1.35	1.05	0.90	0.80	0.75	0.70	0.70	0.70	0.65	0.65	0.60	0.55	0.55	0.55

注：m 为总层数；n 为所在楼层的位置；$\overline{K}$ 为平均线刚度比

表 4-12　上、下层横梁线刚度比对 y_0 的修正值 y_1

α_1 \ $\overline{K}$	0.1	0.2	0.3	0.4	0.5	0.6	0.7	0.8	0.9	1.0	2.0	3.0	4.0	5.0
0.4	0.55	0.40	0.30	0.25	0.20	0.20	0.20	0.10	0.15	0.15	0.05	0.05	0.05	0.05
0.5	0.45	0.30	0.20	0.20	0.15	0.15	0.15	0.10	0.10	0.10	0.05	0.05	0.05	0.05
0.6	0.30	0.20	0.15	0.15	0.10	0.10	0.10	0.10	0.05	0.05	0.05	0.05	0	0
0.7	0.20	0.15	0.10	0.10	0.10	0.10	0.05	0.05	0.05	0.05	0.05	0	0	0
0.8	0.15	0.10	0.05	0.05	0.05	0.05	0.05	0.05	0.05	0	0	0	0	0
0.9	0.05	0.05	0.05	0.05	0	0	0	0	0	0	0	0	0	0

表 4-13　上、下层高变化对 y_0 的修正值 y_2 和 y_3

α_2	α_3 \ $\overline{K}$	0.1	0.2	0.3	0.4	0.5	0.6	0.7	0.8	0.9	1.0	2.0	3.0	4.0	5.0
		0.25	0.15	0.15	0.10	0.10	0.10	0.10	0.10	0.05	0.05	0.05	0.05	0.0	0.0
2.0		0.20	0.15	0.10	0.10	0.10	0.05	0.05	0.05	0.05	0.05	0.05	0.0	0.0	0.0
1.8	0.4	0.15	0.10	0.10	0.05	0.05	0.05	0.05	0.05	0.05	0.05	0.0	0.0	0.0	0.0
1.6	0.6	0.10	0.05	0.05	0.05	0.05	0.05	0.05	0.05	0.05	0.0	0.0	0.0	0.0	0.0
1.4	0.8	0.05	0.05	0.05	0.0	0.0	0.0	0.0	0.0	0.0	0.0	0.0	0.0	0.0	0.0
1.2	1.0	0.0	0.0	0.0	0.0	0.0	0.0	0.0	0.0	0.0	0.0	0.0	0.0	0.0	0.0
1.0	1.2	−0.05	−0.05	−0.05	0.0	0.0	0.0	0.0	0.0	0.0	0.0	0.0	0.0	0.0	0.0
0.8	1.4	−0.10	−0.05	−0.05	−0.05	−0.05	−0.05	−0.05	−0.05	−0.05	0.0	0.0	0.0	0.0	0.0
0.6	1.6	−0.15	−0.10	−0.10	−0.05	−0.05	−0.05	−0.05	−0.05	−0.05	−0.05	0.0	0.0	0.0	0.0
0.4	1.8	−0.20	−0.15	−0.10	−0.10	−0.10	−0.05	−0.05	−0.05	−0.05	−0.05	−0.05	0.0	0.0	0.0
	2.0	−0.25	−0.15	−0.15	−0.10	−0.10	−0.10	−0.10	−0.10	−0.05	−0.05	−0.05	−0.05	0.0	0.0

4.6.2　框架结构位移验算

位移验算是框架结构位移抗震验算的一个重要方面。前已述及,框架结构的构件尺寸往往决定于结构的侧移变形要求。按照《建筑抗震设计规范(2016 年版)》(GB 50011—2010)规定,二阶段三水准的设计思想,框架结构应进行两个方面的侧移验算。多遇地震变形作用下层间弹性位移验算,对所有框架都应进行此项验算;罕遇地震作用下结构薄弱层层弹塑性位移验算,一般仅对非规则框架进行此项验算。

1. 多遇地震作用下层间弹性位移验算

多遇地震作用下,框架结构的层间弹性位移,可依 D 值法按式(4-32)进行验算:

$$\Delta u_e = \frac{V_i}{\sum_{j=1}^{n} D_{ij}} \tag{4-32}$$

多遇地震作用下的框架结构的层间弹性位移,应满足式(4-33)的要求:

$$\Delta u_e \leqslant [\theta_e] h \tag{4-33}$$

式中　h——层高;

Δu_e ——多遇地震作用标准值产生的层间弹性位移;求此值时,水平地震作用多遇地震时的地震影响系数、各作用分项系数均应采用 1.0;在计算构件刚度 D 值时,采用构件弹性刚度;

$[\theta_e]$ ——层间弹性位移角限值,取 1/550。

2. 罕遇地震作用下结构薄弱层弹塑性位移验算

研究表明,结构进入弹塑性阶段后变形主要集中在薄弱层。因此,《建筑抗震设计规范(2016 年版)》(GB 50011—2010)规定,对于抗震设防烈度为 7 ~9 度时楼层屈服承载力系数 ζ_y 小于 0.5 的框架结构,尚需进行罕遇地震作用下结构薄弱层弹塑性变形计算。其计算包括确定薄弱层位置(详见第 3 章相关内容)、薄弱层层间弹塑性位移计算和验算是否满足弹塑性位移限值等。楼层屈服承载力的确定分述如下:

为了计算 ζ_{yi},需要先确定楼层屈服承载力 V_{yi},而楼层屈服承载力的大小与楼层的破坏机制有关。具体方法如下:

①计算梁、柱的极限抗弯承载力。计算时,应采用构件实际配筋和材料的强度标准值,不应用材料强度设计值,并可近似地按式(4-34)与式(4-35)计算:

梁:

$$M_{bu} = A_s f_{yk}(h_0 - a'_s) \tag{4-34}$$

柱:当柱轴压比小于 0.8 或 $N_G/(f_{ck}b_c h_c) < 0.5$ 时,得

$$M_{cu} = A_s f_{yk}(h_{c0} - a'_s) + 0.5Nh_c\left(1 - \frac{N}{\alpha_1 b_c h_c f_{ck}}\right) \tag{4-35}$$

式中 f_{yk} ——钢筋强度标准值;

f_{ck} ——混凝土轴心抗压强度标准值;

N ——考虑地震组合时相应于设计弯矩的轴力,一般可取重力荷载代表值作用下的轴力 N_G (分项系数取 1.0)。

②计算柱端截面有效受弯承载力 $\tilde{M}_c$。此时,可根据节点处梁、柱极限抗弯承载力的不同情况来判别该层柱的可能破坏机制,确定柱端的有效受弯承载力。

a. 当 $\sum M_{cu} < \sum M_{bu}$ 时,为强梁弱柱型,见图 4-8(a),则柱端有效受弯承载力可取该截面的极限受弯承载力,即

$$\tilde{M}^l_{c,i+1} = M^l_{cu,i+1} \tag{4-36}$$

$$\tilde{M}^l_{c,i} = M^l_{cu,i} \tag{4-37}$$

b. 当 $\sum M_{bu} < \sum M_{cu}$ 时,为强柱弱梁型,见图 4-8(b),节点上、下柱端都未达到极限受弯承载力。此时柱端有效受弯承载力可根据节点平衡按上、下柱线刚度将 $\sum M_{bu}$ 以一定比例分配,但不大于该截面的极限受弯承载力,即

$$\left.\begin{aligned} \tilde{M}^l_{c,i+1} &= \sum M_{bu}\frac{K_{i+1}}{K_i + K_{i+1}} \\ \tilde{M}^l_{c,i+1} &= M^l_{cu,i+1} \end{aligned}\right\}\text{取二者中较小者} \tag{4-38}$$

$$\left.\begin{aligned}\tilde{M}^{l}_{c,i} &= \sum M_{bu}\frac{K_i}{K_i+K_{i+1}}\\ \tilde{M}^{l}_{c,i} &= M^{l}_{cu,i}\end{aligned}\right\}\text{取二者中较小者} \tag{4-39}$$

c. 当 $\sum M_{bu} < \sum M_{cu}$ 时，一柱端先达到屈服，见图 4-8(c)。此时，另一柱端的有效受弯承载力可按上、下柱线刚度比例求得，但不大于该截面的极限受弯承载力，即

$$\tilde{M}^{l}_{c,i+1} = M^{l}_{cu,i+1} \tag{4-40}$$

$$\left.\begin{aligned}\tilde{M}^{u}_{c,i} &= \sum M^{l}_{cu,i+1}\frac{K_i}{K_{i+1}}\\ \tilde{M}^{u}_{c,i} &= M^{u}_{cu,i}\end{aligned}\right\}\text{取二者中较小者} \tag{4-41}$$

当如图 4-8(d)所示时，即

$$\left.\begin{aligned}\tilde{M}^{l}_{c,i} &= \sum M^{u}_{cu,i-1}\frac{K_i}{K_{i-1}}\\ \tilde{M}^{l}_{c,i} &= M^{l}_{cu,i}\end{aligned}\right\}\text{取二者中较小者} \tag{4-42}$$

$$\tilde{M}^{u}_{c,i-1} = M^{u}_{cu,i-1} \tag{4-43}$$

式中 M_{bu} ——梁端极限受弯承载力；

M_{cu} ——柱端极限受弯承载力；

$\sum M_{bu}$ ——节点左、右梁端逆时针或顺时针方向截面极限受弯承载力之和；

$\sum M_{cu}$ ——节点上、下柱端顺时针或逆时针方向截面极限受弯承载力之和；

$\tilde{M}^{u}_{c,i}$ ——第 i 层柱顶截面有效受弯承载力；

$\tilde{M}^{l}_{c,i}$ ——第 i 层柱底截面有效受弯承载力；

K_i ——第 i 层柱线刚度。

需要说明的是，对于上述情况，如何判别其中某一柱端已经达到屈服，这要从上、下柱端的极限抗弯承载力的相对比较以及上、下柱端所分配到的弯矩的相互比较加以确定。一般规律是，某一柱端极限抗弯承载力较小或所分配到的柱端弯矩较大者，可认为先行屈服。

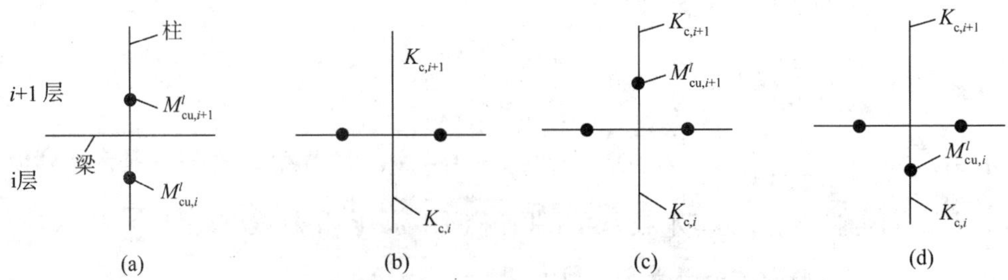

图 4-8 框架节点破坏机制的几种情况

③计算第 i 层第 j 根柱的受剪承载力 V_{yij}，得

$$V_{yij}=\frac{\tilde{M}^{u}_{c,ij}+\tilde{M}^{l}_{c,ij}}{H_{ni}} \tag{4-44}$$

式中　H_{ni}——第 i 层的净高,可由层高 H 减去该层上、下梁高的1/2求得。

④计算第 i 层的楼层屈服承载力 V_{yi}。将第 i 层各柱的屈服承载力相加,得

$$V_{yi}=\sum_{j=1}^{n}V_{yij} \tag{4-45}$$

3. 薄弱层的层间弹塑性位移验算

统计表明,薄弱层的弹塑性位移一般不超过该结构顶点的弹塑性位移,而结构顶点的弹塑性位移与弹性位移之间则有较为稳定的关系。经过大量分析表明,对于不超过12层且楼层刚度无突变的框架结构和填充墙框架结构可采用简化计算方法,即薄弱层的层间弹塑性位移可用层间弹性位移乘以弹塑性位移增大系数而得,其计算公式为

$$\Delta u_p=\eta_p\Delta u_e \tag{4-46}$$

式中　Δu_p——层间弹塑性位移。

η_p——弹塑性位移增大系数,与结构的均匀程度和层数有关;当薄弱层的屈服承载力系数 ζ_{ymin} 不小于相邻层该系数平均值 ζ_y 的80%时,可视为沿高度分布均匀的结构;当 $\zeta_{ymin}\leqslant 0.5\zeta_y$ 时,则视为不均匀结构,按多层均匀钢筋混凝土结构弹塑性位移增大系数的1.5倍采用;其他情况可采用内插法取得;

Δu_e——罕遇地震作用下按弹性分析的层间位移(计算方法同前)。

4. 层间弹塑性位移验算

在罕遇地震作用下,根据试验及震害经验,多层框架及填充墙框架的层间弹塑性位移应符合式(4-47)的要求:

$$\Delta u_p\leqslant[\theta_p]h \tag{4-47}$$

式中　$[\theta_p]$——层间弹塑性位移角限值,取1/50;当框架柱的轴压比小于0.40时,可提高10%;当柱沿全高加密箍筋并符合表4-11中体积配筋率的上限值时可提高20%,但累计不超过25%;

h——薄弱层的层高。

综上所述,按简化方法验算框架结构在罕遇地震作用下层间弹塑性位移的一般步骤如下:

(1)按梁、柱实际配筋和材料强度标准值计算楼层受剪承载力 V_{yi}。

(2)按罕遇地震作用下的地震影响系数最大值 α_{max} 计算楼层的弹性地震剪力 V_e 和层间弹性位移 Δu_e。

(3)计算楼层屈服承载力系数 ζ_y,并找出薄弱层。

(4)计算薄弱层的层间弹塑性位移 $\Delta u_p=\eta_p\Delta u_e$。

(5)验算层间位移角,要求:

$$\theta_p=\frac{\Delta u_p}{h}\leqslant[\theta_p] \tag{4-48}$$

4.7 框架—抗震墙结构和抗震墙结构的抗震设计

4.7.1 框架—抗震墙结构和抗震墙结构抗震设计的基本思想

过去,抗震墙曾被认为是脆性结构,其设计受到了一定的限制。随着近年来科学研究的进展和设计上的完善,其优越性已日益为人们所认识。与框架结构相比,抗震墙结构的耗能能力为同高度框架结构的20倍左右,抗震墙还有在强震作用时裂而不倒和事后易于修复的优点。

另外,多次震害经验证明,框架—抗震墙结构比框架结构在减轻框架及非结构部件的震害方面有明显的优越性,抗震墙可以控制层间位移,降低了对框架的延性要求,简化了抗震措施。由于框架与抗震墙的共同作用,顶层高振型的鞭梢效应可以大大减轻。

抗震墙设计应能做到以下几点:

(1)墙体受弯破坏要先于受剪或其他形式破坏,并且要把这种破坏限定在墙体中某个指定的部位。

(2)联肢抗震墙的连梁在墙肢最终破坏前具有足够的变形能力。

(3)与抗震墙相连接的楼盖(屋盖)应具有必要的承载力和刚度。

综上所述,即“强剪弱弯,强肢弱梁,可靠的楼盖”。

4.7.2 结构体系的合理工作

框架—抗震墙结构是具有多道防线的抗震结构体系。在大震作用下,随着抗震墙的刚度退化,框架起保持结构稳定及防止全部倒塌的作用(二道防线),此时框架并不需考虑过大的地震作用(但亦需有一定的承载力储备),因为已开裂的抗震墙仍有一定的耗能能力,同时结构刚度的退化也会在一定程度上降低地震作用。

大震作用下抗震墙开裂刚度退化同时也引起了框架与抗震墙之间的塑性内力重分布,这就需要对原有的内力分析结果做一些调整,赋予框架一定的安全储备,以符合多道设防的原则。规定任一层框架部分承受的地震剪力不应小于下列二者较小值:

(1)结构底部总的地震剪力的20%;按框架—抗震墙结构分析的框架部分各楼层地震剪力最大值的1.5倍。

(2)框架—抗震墙结构可以推迟框架塑性机制的形成,则此框架部分无须严格按强柱弱梁的原则进行设计,对梁柱节点的设计要求也可适当放宽。

就楼盖而言,它是保证框架与抗震墙共同工作的结构体系,框架-抗震墙结构中两道抗震墙楼(屋)盖的长宽比不宜超过表4-14中的限位规定,这时可按刚性楼(屋)盖考虑,否则应考虑楼(屋)盖平面内变形的影响。

表 4-14 抗震墙之间楼(屋)盖长宽比

楼(屋)盖类型		抗震设防烈度			
		6	7	8	9
框架—抗震墙结构	现浇或叠合楼(屋)盖	4.0	4.0	3.0	2.0
	装配整体楼(屋)盖	3.0	3.0	2.5	不宜采用
板柱—抗震墙结构的现浇楼(屋)盖		3.0	3.0	2.0	—
框支层的现浇楼(屋)盖		2.5	2.5	2.0	—

当框架—抗震墙结构采用装配式楼(屋)盖时,应采取措施保证楼(屋)盖抗震墙的可靠连接及其整体性。如装配式楼(屋)盖上应做配筋的现浇层和板与板、板与梁应通过板缝及叠合梁后浇混凝土结成整体等。

4.7.3 抗震墙的布置

1. 框架—抗震墙结构中的抗震墙设置

框架—抗震墙结构中的抗震墙是主要抗侧力构件,总的布置原则是要求"均匀、分散、对中"。均匀是指无刚度突变和承载力削弱;分散是指应采用数量较多的宽度适当的抗震墙以代替数量较少而宽度很大的抗震墙;对中是房屋抗侧刚度中心应尽量与房屋质量中心重合,减少房屋的地震扭转作用。具体布置应该注意以下几点:

(1)抗震墙宜贯通全高,且横向与纵向抗震墙宜相连。

(2)抗震墙不应该设置在墙面需开大洞口的位置;抗震墙开洞面积不宜大于墙画面积的1/6,洞口宜上下对齐,洞口梁不宜小于层高的1/5。

(3)房屋较长时,纵向抗震墙不宜设置在端开间,以防止有过大的温度应力。

2. 抗震墙结构中的抗震墙面布置

抗震墙结构中抗震墙的布置原则应该说与框架—抗震墙结构中的是一致的。只是由于抗震墙结构中抗震墙的道数很多,每一道抗震墙所受的侧力都不算太大,对墙面中所开洞口大小的控制可以放松一些。又因为抗震墙结构中很容易形成很长的抗震墙,将导致脆性剪切破坏而不是延性弯曲破坏,结构变形能力将会降低。另外,地震震害表明,框支剪力墙结构中的框支层是该结构的薄弱楼层,容易产生变形集中而首先破坏,所以对框支层应该限制刚度及承载力,不要削弱过多,对其中的抗震墙间距也应限制,使之不太大。具体布置应该注意以下几点:

(1)较长的抗震墙宜结合洞口设置弱连梁,将一道抗震墙分成较均匀的若干墙段,各墙段(包括小开洞墙及联肢墙)的高宽比不宜小于2。

(2)抗震墙有较大洞口时,洞口位置宜上下对齐。

(3)房屋底部有框支层时,框支层的刚度不应小于相邻上层刚度的50%;落地抗震墙数量不宜少于上部抗震墙数量的50%,其间距宜大于四开间和24 m的较小值,且落地抗震墙之间楼盖的长宽比不应超过表4-14中的规定。

4.7.4 抗震墙的破坏形态

1. 单肢墙的破坏形态

单肢墙也包括小开洞墙，不包括联肢墙，但弱连梁联系的联肢墙墙肢可视作若干个单肢墙。所谓弱连梁联肢墙是指在地震作用下各层墙段截面总弯矩不小于该层及以上连梁总约束弯矩5倍的联肢墙。悬臂抗震墙随着墙高 H_w 与墙宽 l_w 比值的不同，粗略地说有以下几种破坏形态：

(1)弯曲破坏[图4-9(a)]。弯曲破坏发生在 $H_w/l_w > 2$ 的情况下，墙的破坏发生在下部的一个范围内，虽然该区段内也有斜裂缝[图4-9(a)中的②]，但它是绕 A 点斜截面受弯，其弯矩与根部正截面①的弯矩相等，如果不计水平腹筋的影响，该区段内竖筋(受弯纵筋)的拉力也几乎相等。这是一种理想的塑性破坏，塑性区长度也比较大，要力争实现。为防止在该区段内过早地发生剪切破坏，其受剪配筋及构造应该加强，所以该区又称加强部位。所谓加强指的是加强抗剪而不是加强抗弯。加强部位高度 h，取 $H_w/8$ 和 l_w 二者中的较大值。有框支层时，还应不小于到框支层上一层的高度。

(2)剪压型剪切破坏[图4-9(b)]。剪压型剪切破坏发生在 $H_w/l_w = 1 \sim 2$ 的情况，斜截面上的腹筋及受弯纵筋也都屈服，最后以剪压区混凝土破坏而达到极限状态。这种破坏的延性也好，但不如弯曲破坏的好，构造上应加强措施，如墙的水平截面两端设端柱等，以增强混凝土的剪压区。在截面设计上要求剪压区不宜太大。

(3)斜压型剪切破坏[图4-9(c)]。斜压型剪切破坏发生在 $H_w/l_w < 1$ 的情况，往往在框支层的落地抗震墙上遇到。这种形态的斜裂缝将抗震墙划分成若干个平行的斜压杆，是延性差的剪切破坏。在墙板周边应设置梁(或暗梁)和端柱组成的边框加强。另外，试验表明，如能严格控制截面的剪压比(如 $V \leqslant 0.15bh_0f_c/\gamma_{RE}$)，则可以使斜裂缝较为分散而细，可以吸收较大地震能量而不致发生突然的脆性破坏。在矮的抗震墙中，竖向腹筋虽不能像水平腹筋那样直接承受剪力，但也很重要，它的拉力 T 将用来平衡 ΔV 引起的弯矩，或是与斜压力 C 合成后与 ΔV 平衡。

(4)滑移破坏[图4-9(d)]。滑移破坏发生在新旧混凝土施工缝的地方，在施工缝处应增设插筋并进行验算。

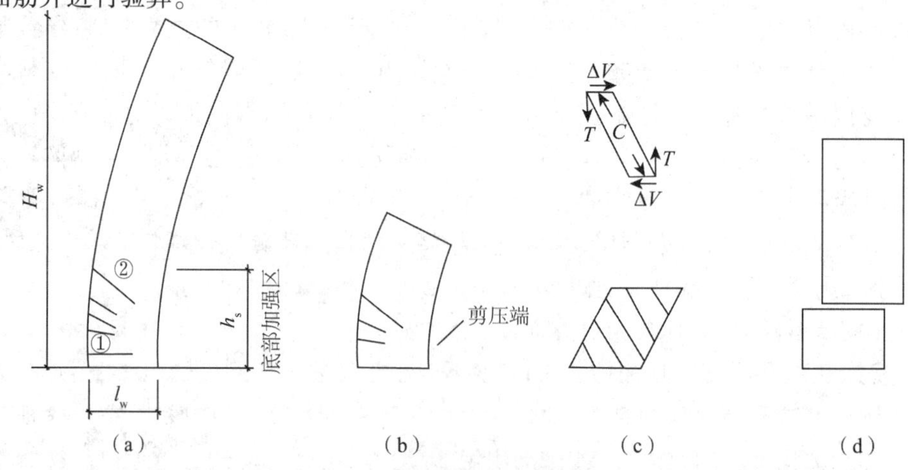

图4-9 抗震墙的破坏形态

(a)弯曲破坏；(b)剪压型剪切破坏；(c)斜压型剪切破坏；(d)滑移破坏

2. 双肢墙的破坏形态

抗震墙经过门窗口分割之后,形成了联肢墙。洞口上下之间的部位称为连梁,洞口左右之间的部位称为墙肢,两个墙肢的联肢墙称为双肢墙。墙肢是联肢墙的要害部位,双肢墙在水平地震力作用下,一肢处于压、弯、剪,而另一肢处于拉、弯、剪的复杂受力状态,墙肢的高宽比也不会太大,容易形成受剪破坏,延性要差一些。双肢墙的破坏和框架柱一样,可以分为"弱梁型""弱肢型"。弱肢型破坏是墙肢先于连梁破坏,是因为墙肢以受剪破坏为主,延性差,连梁也不能充分发挥作用,是不理想的破坏形态。弱梁型破坏是连梁先于墙肢屈服,是因为连梁仅是受弯受剪,容易保证形成塑性铰转动而吸收地震变形能从而也减轻了端肢的负担,所以联肢墙的设计应该把连梁放在抗震第一道防线,在连梁屈服之前,决不允许墙肢破坏。而连梁本身还要保证能做到受剪承载力高于弯曲承载力。概括起来就是"强肢弱梁""强剪弱弯"。

双肢墙的抗震试验还表明,当墙的一肢出现拉力时,拉肢刚度降低,内力将转移集中到另一墙肢(压肢)。这也是应该引起注意的地方。

4.7.5　抗震墙的内力设计值

抗震墙的内力设计值,有些部位或部件是按内力组合结果取值的。但是也有一些部位或部件,为了实现"强肢弱梁""强剪弱弯"或是为了把塑性铰限制发生在某个指定的部位,它们的内力设计值有专门的规定。

(1)一级抗震等级的单肢墙,其正截面弯矩设计值,不完全依照静力法求得的设计弯矩值图,而是按照图4-10所示的简图。具体做法是,底部加强部位各截面均应按墙底组合的弯矩设计值采用,墙顶截面弯矩设计值应按顶部的约束弯矩设计值采用,中间各截面的弯矩值应按上述二者间的线性变化采用。

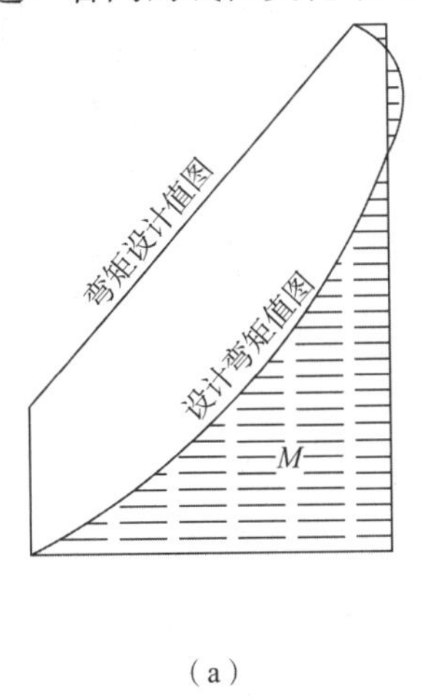

(a)

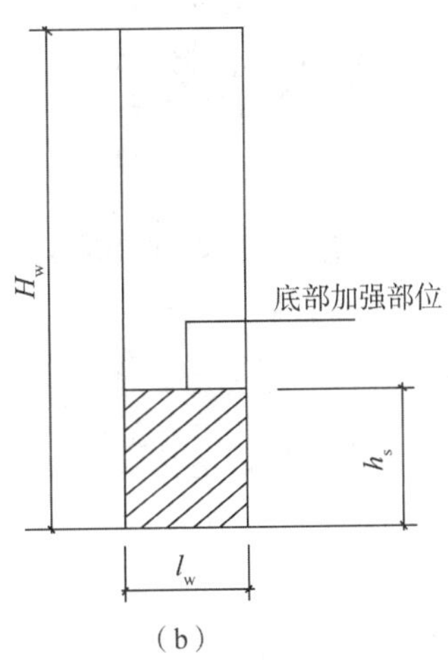

(b)

图4-10　单肢墙的弯矩设计值图弯矩图

这样的弯矩设计值图有以下三个特点:

①该弯矩设计值图基本上接近弹塑性动力法的设计弯矩包络图。

②在底部加强部位,弯矩设计值为定值,考虑了该部位内出现斜截而受弯的可能性。

③在底部加强部位以上的一般部位,弯矩设计值与设计弯矩值相比,有较多的余量,因而大震时塑性铰将必然要发生在 h_s 范围内,这样可以吸收大量的地震能量,缓和地震作用。如果按设计弯矩值图配筋,弯曲屈服就可能沿墙任何高度发生。为保证墙的延性,就要在整

个墙高采取较严格的构造措施，这是很不经济的。但是应该注意底部加强部位的最上部截面按纵向钢筋实际截面面积和材料强度标准值计算的实际的正截面承载力不应大于相邻的一般部位实际的正截面承载力。

(2)抗震墙如果按所述的弯矩设计值进行配筋，大地震时塑性铰将必然发生在 h_s 范围内，但尚应该补充一个“强剪弱弯”条件，要求墙的弯曲破坏先于剪切破坏。因此，抗震墙考虑抗震等级的剪力设计值 V_w 应按下列规定计算。

①底部加强部位：

一级抗震

$$V = 1.6V_w \tag{4-49}$$

抗震设防烈度为 9 度时还应符合下式：

$$V = 1.1\frac{M_{wua}}{M_w}V_w \tag{4-50}$$

二级抗震

$$V = 1.4V_w \tag{4-51}$$

三级抗震

$$V = 1.2V_w \tag{4-52}$$

式中 M_{wua} ——抗震墙考虑承载力抗震调整系数正截面受弯承载力值；

M_w ——考虑地震作用组合的抗震墙计算部位的弯矩设计值；

V_w ——考虑地震作用组合的抗震墙计算部位的剪力设计值。

②其他部位，均取 $V = V_w$。

(3)为了考虑当墙的一肢出现拉力而刚度降低和内力将转移集中到另一墙肢(压肢)的内力重分布影响，一、二级的双肢抗震墙，当其中一个墙肢为大偏心受拉时(不应出现小偏心受拉)，则另一墙肢(压肢)的弯矩设计值应分别为考虑地震作用组合结果的 1.25 倍。

(4)为了使连梁有足够延性，在弯曲破坏之前要不发生剪坏，抗震墙中净跨大于 2.5 倍梁高的连梁，其端部截面剪力设计值 V_b 也应按式(4-7) ~ 式(4-10)计算。

4.7.6 抗震墙的截面限制条件及考虑承载力抗震调整系数后的截面承载力设计值

1. 截面尺寸及混凝土强度等级的限制

抗震墙和连梁的截面应符合下列条件：

$$V \leqslant \frac{1}{\gamma_{RE}}(0.2f_c bh_0) \tag{4-53}$$

试验研究表明，当抗震墙的剪压比 $\frac{V}{f_c bh_0} \leqslant 0.25$ 时，抗震墙的极限位移角可达 0.01 弧度以上，改善了抗震墙的剪切变形性能。

2. 考虑承载力抗震调整系数后的截面承载力设计值

(1)矩形截面对称配筋抗震墙大偏心受压计算简图，如图 4-11 所示。

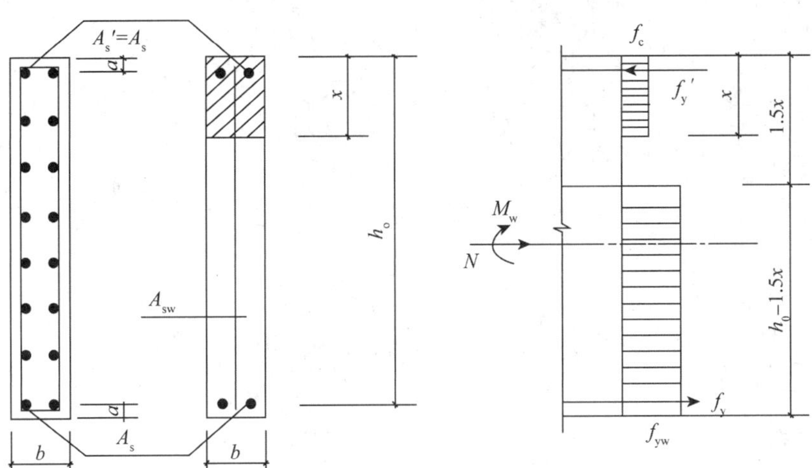

图 4-11 对称配筋抗震墙大偏心受压计算简图

①竖向腹筋截面面积 A_{sw} 沿截面高度方向连续变化处理为 A_{sw}/h_0。

②在 $1.5x$ 范围以外的竖向钢筋参加受拉并达到屈服强度。

③在 x 范围内的竖向腹筋因直径较细(一般 $\phi \leqslant 12$)容易压屈失稳,故不计其抗压力。

其基本公式为

$$x=\frac{\gamma_{RE}N+f_{yw}A_{sw}}{\alpha_1 f_c b+1.5f_{yw}A_{sw}/h_{w0}} \tag{4-54}$$

$$M_{wE}=\frac{1}{\gamma_{RE}}\left[\frac{f_{yw}A_{sw}}{2}h_{w0}\left(1-\frac{x}{h_{w0}}\right)\left(1+\frac{N}{f_{yw}A_{sw}}\right)+f_y A_s(h_{w0}-a)\right] \tag{4-55}$$

式中 A_{sw}——竖向腹筋总的截面面积;

f_{yw}——竖向腹筋的抗拉强度设计值;

γ_{RE}——取 0.85。

适用条件:$x\leqslant \zeta_b h_0$;$x\geqslant 2a'$。

(2)矩形截面对称配筋抗震墙小偏心受压计算简图,如图 4-12 所示。

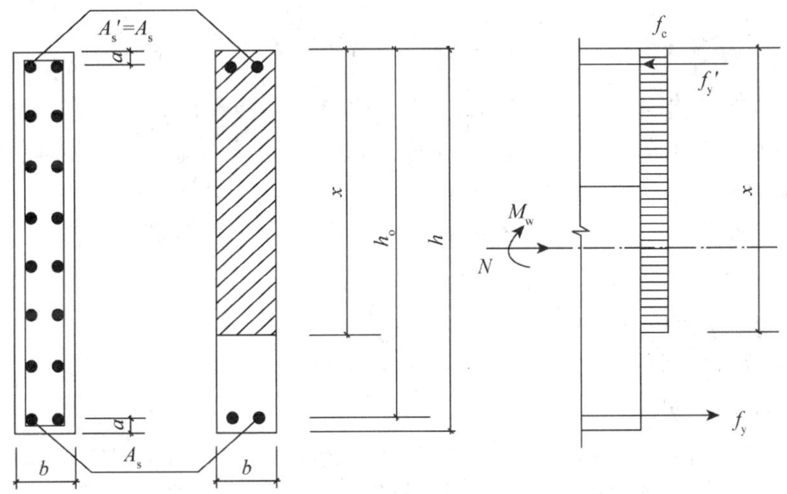

图 4-12 对称配筋抗震墙小偏心受压计算简图

$$N = \frac{1}{\gamma_{RE}}(\alpha_1 f_c bx + f'_y A'_s - \sigma_s A_s) \tag{4-56}$$

$$N_e = \frac{1}{\gamma_{RE}}\left[\alpha_1 f_c bx\left(h_{w0} - \frac{x}{2}\right) + f_y A_s(h_{w0} - a)\right] \tag{4-57}$$

$$\sigma_s - \frac{\zeta - 0.8}{\zeta_b - 0.8}f_y, \zeta = x/h_{w0} \tag{4-58}$$

$$e = e_0 + \frac{h}{2} - a = \frac{M}{N} + \frac{h}{2} - a \tag{4-59}$$

式中 M、N——考虑地震作用的弯矩组合设计值及轴心压力设计值;

γ_{RE}—— 取 0.85。

适用条件:$x \geqslant \zeta_b h_{w0}$。

为求 x,建议用试算法。

(3)矩形截面对称配筋抗震墙大偏心受拉。参考式(4-54)、式(4-55),将 N 变号,则有

$$x = \frac{f_{yw}A_{sw} - \gamma_{RE}N}{\alpha_1 f_c b + 1.5 f_{yw}A_{sw}/h_{w0}} \tag{4-60}$$

$$M_{wE} = \frac{1}{\gamma_{RE}}\left[\frac{f_{yw}A_{sw}}{2}h_{w0}\left(1 - \frac{x}{h_{w0}}\right) \times \left(1 - \frac{N}{f_{yw}A_{sw}}\right) + f_y A_s(h_{w0} - a)\right] \tag{4-61}$$

式中 γ_{RE}—— 取 0.85。

对于小偏心受拉,因为它是全截面受拉,混凝土将开裂贯通整个截面,所以一般不允许在抗震墙中出现这种情况。

(4)抗震墙偏心受压时受剪。

$$V_{wE} = \frac{1}{\gamma_{RE}}\left[\frac{1}{\lambda - 0.5}\left(0.4 f_t bh_{w0} + 0.1N\frac{A_w}{A}\right) + 0.8 f_{yv}\frac{A_{sh}}{s}h_{w0}\right] \tag{4-62}$$

式中 γ_{RE}—— 取 0.85;

N——考虑地震作用组合的抗震墙轴向压力设计值;当 $N > 0.2f_c bh$ 时,取 $N = 0.2f_c bh$;

λ——计算截面处的剪跨比,$\lambda = \frac{M}{Vh_0}$;当 $\lambda < 1.5$ 时,取 $\lambda = 1.5$,当 $\lambda > 2.2$ 时,取 $\lambda = 2.2$,此处,M 为与剪力设计值 V 相应的弯矩设计值;当计算截面与墙底之间的距离小于 $h_{w0}/2$ 时,λ 应按 $h_{w0}/2$ 处的弯矩设计值与剪力设计值计算;

f_t——混凝土轴心抗拉强度设计值;

f_{yv}——水平腹筋的抗拉强度设计值;

A_w——T 形或 I 形截面抗震墙腹板的截面面积;

A——剪力墙的截面面积;

A_{sh}——配置在同一水平截面内的水平腹筋的全部截面面积;

s——水平腹筋的竖向间距。

为求截面面积 A,抗震墙的翼缘计算宽度可取抗震墙的间距、门窗洞间墙的宽度、抗震墙厚度加两侧各 6 倍翼缘墙的厚度和抗震墙墙肢总高度的 1/10 的最小值。

(5)抗震墙偏心受拉时受剪。

$$V_{wE}=\frac{1}{\gamma_{RE}}\left[\frac{1}{\lambda-0.5}\left(0.4f_t b h_{w0}-0.1N\frac{A_w}{A}\right)+0.8f_{sv}\frac{A_{sh}}{s}h_{w0}\right] \tag{4-63}$$

当上式中右边方括后内的计算值小于 $0.8f_{sv}\frac{A_{sh}}{s}h_{w0}$ 时,取等于 $0.8f_{sv}\frac{A_{sh}}{s}h_{w0}$。

式中 N——考虑地震作用组合的抗震墙的轴向拉力设计值。

(6)抗震墙水平施工缝受剪(仅一级抗震墙需要验算)。

$$V_w=\frac{1}{\gamma_{RE}}(0.6f_y A_s \pm 0.8N) \tag{4-64}$$

式中 N——考虑地震作用组合的水平施工缝处的轴向力设计值,受压时为"+",受拉时为"-";

A_s——抗震墙水平施工缝处全部竖向钢筋的截面面积(包括原有的竖向钢筋及附加的竖向插筋)。

(7)跨高比大于2.5的连梁受剪

$$V_b=\frac{1}{\gamma_{RE}}\left(0.42f_t b h_{b0}+f_{yv}\frac{A_{sv}}{s}h_{b0}\right) \tag{4-65}$$

跨高比不大于2.5的连梁,其受剪承载力和配筋构造

$$V_b=\frac{1}{\gamma_{RE}}\left(0.38f_t b h_{b0}+0.9f_{yv}\frac{A_{sv}}{s}h_{b0}\right) \tag{4-66}$$

4.7.7 抗震墙的构造

1. 关于构造上的区别对待

多层和高层钢筋混凝土房屋结构是一个很复杂的多层次结构系统。它分为四个抗震等级,无论在计算要求上,还是在构造标准上都不同。

其中,对于作为一个大部件的抗震墙,人们又划分为加强部位和一般部位。除了在内力设计值的取法上不同之外,构造标准上也将会不同,这一点应该引起注意。

同样是抗震墙,除了一般的抗震墙之外,它们中间有的因为所处的位置,有的因为尚受一些未考虑的因素作用,如房屋顶层、端山墙及端开间的纵向抗震墙受温度应力作用,又如楼梯间和电梯间的抗震墙所处位置比较空旷,结构也比较重要,对它们都应该严格要求。因此,《建筑抗震设计规范(2016年版)》(GB 50011—2010)规定,这些抗震墙应符合关于加强部位的规定。

另外,还应该注意区分是抗震墙结构中的抗震墙还是框架—抗震墙结构中的抗震墙。前者,道数很多,往往每个开间一道,抗震墙受力轻,有一定程度的工作潜力,可以按抗震等级作构造规定。而后者,抗震墙是主要的抗侧力构件,是第一道抗震防线,既重要,负担又重,构造上应该高标准要求。

2. 抗震墙的截面尺寸

抗震墙墙高 H_w 与墙长 l_w 之比不宜小于2,这样的抗震墙以受弯工作状态为主。

为了保证在地震作用下抗震墙平面的稳定性,也考虑到施工的现实,在抗震墙结构中,

抗震墙最小厚度，一级不应小于 160 mm，且不应小于层高的 1/20，二级、三级不应小于 140 mm，且不应小于层高的 1/25；无端柱或翼墙时，一级、二级不宜小于层高或无支长度的 1/16，三级、四级不宜小于层高或无支长度的 1/20。底部加强部位的墙厚，一级、二级不应小于 200 mm，且不宜小于层高或无支长度的 1/16，三级、四级不应小于 160 mm，且不宜小于层高或无支长度的 1/20；无端柱或翼墙时，一级、二级不宜小于层高或无支长度的 1/12，三级、四级不宜小于层高或无支长度的 1/16。至于在框架—抗震墙结构中，不论抗震等级为何，其最小厚度一律依照抗震墙结构中的一级标准。

抗震墙结构结合柱及楼盖设置边缘构件后，抗剪承载力与变形能力可以大大提高。有的试验表明，抗剪承载力可提高 42.5%，极限层间位移可提高 110%，耗能量可提高 23%，且有利于墙板的稳定。因此，一级、二级抗震墙，其截面两端应设置翼墙、端柱或暗柱等边缘构件，暗柱截面范围为 1.5 ~2 倍的抗震墙厚度，翼墙的截面宽度范围为暗柱及其两侧各不超过 2 倍的翼缘厚度。

至于框架—抗震墙结构中的抗震墙，它的周边宜有柱和梁做成边框，周边梁的截面宽度不小于 $2b$（b 为抗震墙厚度），截面高度不小于 $3b$；柱的截面宽度不小于 $2.5b$，截面高度不小于柱的宽度。例如，抗震墙周边仅有柱而无梁，则应设置暗梁。

设计经验表明，抗震墙设置了端柱或翼墙之后，截面抗弯刚度提高很多，对控制高层房屋顶点侧移效果十分显著。

3. 抗震墙的配筋

在抗震墙的腹部，要设置水平腹筋及竖向腹筋（规范称横向分布筋与竖向分布筋）。腹筋可以是单排的或双排的。腹筋是承受剪力的受力筋，它还要承受温度收缩应力。在承受温度应力方面，双排筋要优于单排筋，尤其是在墙板两侧有温差时更为有利。《建筑抗震设计规范（2016 年版）》（GB 50011—2010）规定，对于抗震墙结构，其竖向腹筋和水平腹筋，当墙厚大于 140 mm 时宜采用双排布置；双排腹筋间拉筋的间距不应大于 600 mm，且直径不应小于 6mm，水平腹筋和竖向腹筋的最小配筋率应符合表 4-15 中的规定；部分框支抗震墙结构的抗震墙的底部加强部位，水平腹筋及竖向腹筋配筋率均不应低于 0.3%，钢筋间距不应大于 200 mm。

表 4-15　抗震墙水平和竖向腹筋的配筋要求

抗震等级	最小配筋率/%	最大间距/ mm	最小直径
一、二、三	0.25	300	水平 $\phi8$ 竖向不宜小于 $\phi10$
四	0.20		

抗震墙在截面端部结合端柱（约束边缘构件）要配置端柱纵向钢筋，并设置附加箍筋。端柱纵向钢筋是承受弯矩的受力筋，用量由计算决定。一级和二级抗震墙底部加强部位及相邻的上一层端柱（约束边缘构件）的纵向钢筋配筋率，应分别不小于 1.2% 和 1.0%。约束边缘构件范围 l_c 及其配筋特征值 λ_v 要求见表 4-16。约束边缘构件范围 l_c 内体积配筋率为 $\rho_v \geq \lambda_v f_c / f_{yv}$。其中，$f_c$ 为混凝土轴心抗压强度设计值，强度等级低于 C35 时，应按 C35 计算；f_{yv} 为箍筋或拉筋抗拉强度设计值，超过 360 kN/ mm^2 时，应按 360 kN/ mm^2 计算。

表 4-16　抗震墙约束边缘构件的范围与配筋要求

项目	一级(9 度)		一级(8 度)		二级、三级	
	$\lambda\leqslant0.2$	$\lambda>0.2$	$\lambda\leqslant0.3$	$\lambda>0.3$	$\lambda\leqslant0.4$	$\lambda>0.4$
l_c(暗柱)	$0.20h_w$	$0.25h_w$	$0.15h_w$	$0.20h_w$	$0.15h_w$	$0.20h_w$
l_c(翼墙或端柱)	$0.15h_w$	$0.20h_w$	$0.10h_w$	$0.15h_w$	$0.10h_w$	$0.15h_w$
λ_v	0.12	0.20	0.12	0.20	0.12	0.20
纵向钢筋(取较大值)	$0.012A_c$,8ϕ16		$0.012A_c$,8ϕ16		$0.010A_c$,6ϕ16(三级 6ϕ14)	
箍筋或拉筋沿竖向间距	100 mm		100 mm		150 mm	

注:1. 抗震墙的翼墙长度小于其 3 倍厚度或端柱截面边长小于 2 倍墙厚时,按无翼墙、无端柱查表;

2. l_c 为约束边缘构件沿墙肢长度,且不小于墙厚和 400 mm;有翼墙或端柱时不应小于翼墙厚度或端柱沿墙肢方向截面高度加 300 mm;

3. λ_v 为约束边缘构件的配箍特征值,体积配筋率可按规定计算,并可适当计入满足构造要求且在墙端有可靠锚固的水平分布钢筋的截面面积;

4. h_w 为抗震墙墙肢长度;

5. λ 为墙肢轴压比;

6. A_c 为图 4-13 中约束边缘构件阴影部分的截面面积

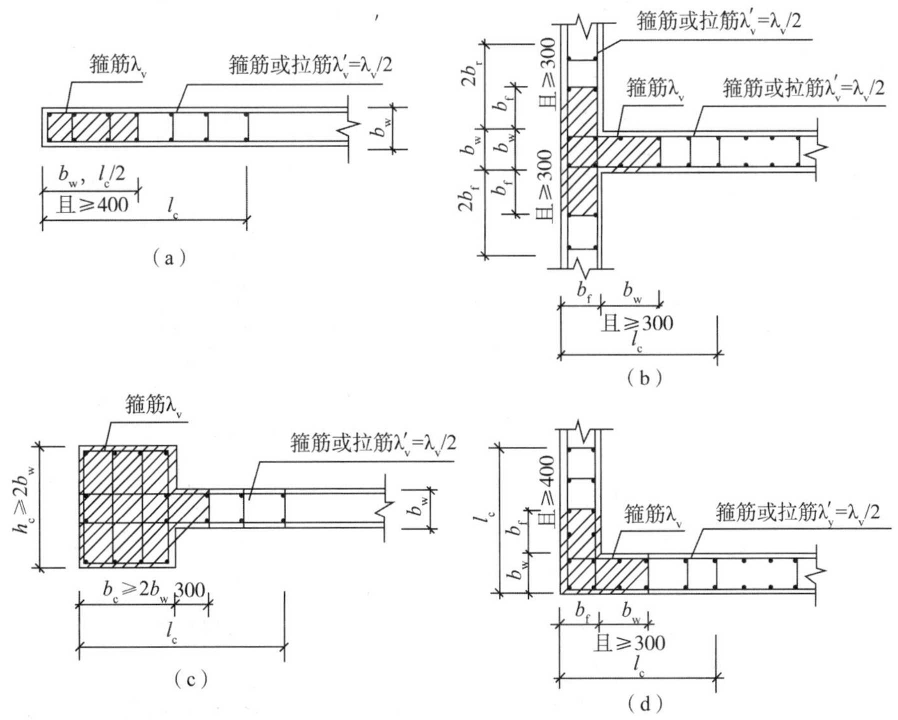

图 4-13　抗震墙的约束边缘构件

(a)暗柱;(b)有翼墙;(c)有端柱;(d)转角墙(L 形墙)

对于抗震墙结构,底层墙肢底截面的轴压比不大于表 4-17 中规定的一级、二级、三级抗震墙,墙肢两端可设置构造边缘构件(图 4-14)。构造边缘构件的范围按图 4-14 采用,构造边缘构件的配筋除应满足受变承载力要求外,并应符合表 4-18 中的要求。

表 4-17　抗震墙设置构造边缘构件的最大轴压比

等级或烈度	一级(9 度)	一级(7、8 度)	二级、三级
轴压比	0.1	0.2	0.3

表 4-18　抗震墙构造边缘构件的配筋要求

抗震等级	底部加强部位			其他部位		
	纵向钢筋最小量(取较大值)	箍筋		纵向钢筋最小量(取较大值)	拉筋	
		最小直径	沿竖向最大间距		最小直径	沿竖向最大间距
一	$0.010A_c$,$6\phi16$	8	100	$0.08A_c$,$6\phi14$	8	150
二	$0.008A_c$,$6\phi14$	8	150	$0.06A_c$,$6\phi12$	8	200
三	$0.006A_c$,$4\phi12$	6	150	$0.05A_c$,$4\phi12$	6	200
四	$0.005A_c$,$4\phi12$	6	200	$0.04A_c$,$4\phi12$	6	250

注:1. A_c 为边缘构件的截面面积;

2. 其他部位的拉筋,水平间距不应大于纵筋间距的 2 倍;转角处宜采用箍筋;

3. 当端柱承受集中荷载时,其纵向钢筋、箍筋直径和间距应满足柱的相应要求

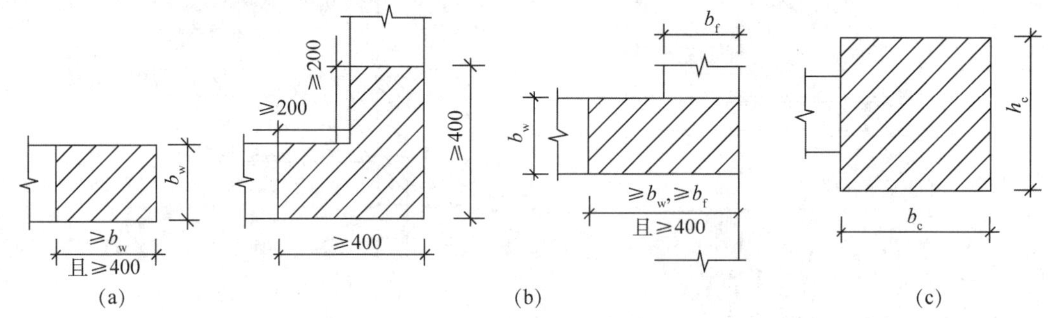

图 4-14　抗震墙的构造边缘构件范围

(a)暗柱;(b)翼柱;(c)端柱

4. 连梁的设计

连梁是联肢墙中连接各墙肢协同工作的关键部件。连梁是联肢抗震墙的第一道防线,塑性铰就发生在它的两端。连梁的设计与配筋要求与框架梁的设计与配筋要求一致。需要注意的是,为了确保连梁和墙肢的连接,连梁上下水平纵向钢筋深入墙肢的长度不应小于抗震要求的锚固长度 $l_{\alpha E}$,在顶层连梁伸入墙肢的锚固长度范围内仍应设置间距为 150 mm 的箍筋,以防止在洞口上角被撕开。

连梁连接刚度很大的墙肢,在水平力作用下,将产生很大的弯矩和剪力,由于剪力墙厚度较小,相应连梁的宽度也较小,使得许多情况下连梁的截面尺寸和配筋都难以满足要求,难以承受其设计弯矩和剪力。其主要原因是连梁截面尺寸不满足抗剪要求,纵向受弯钢筋超筋。

如果只是扩大截面尺寸,连梁刚度迅速增大,相应地连梁的计算内力也增大,则问题还是无法解决。根据设计经验,可以依次采用以下的办法:

(1)在满足结构位移限值的前提下,适当减小连梁的高度,使连梁的弯矩和剪力迅速减小。有时,也可以在减小墙高度的同时增大墙厚,梁刚度降低得更快。

(2)加大洞口宽度,增加连梁的跨度。

(3)考虑水平作用下连梁由于开裂而刚度降低;考虑刚度折减系数 β , β 最小值不得低于0.5。

(4)层连梁的弯矩超过其最大受弯承载力时,可以降低这些部位的连梁弯矩设计值,并将其余部位的连梁弯矩设计值予以适当提高,以补偿减少的弯矩,满足平衡条件。

降低和提高的幅度,均不超过调整前弯矩设计值的20%。必要时,也可以提高墙肢的配筋,以满足极限平衡条件。

连梁不宜开洞。应与设备专业人员共同协商,妥善布置,让管道从梁下或剪力墙墙身通过。

直径较小的管道必须从连梁穿过时,应选在连梁跨中的中和轴处,并预埋钢套管,管口上、下的有效高度不小于梁高的1/3,也不小于200 mm。洞口处宜配置补强钢筋,被洞口削弱的截面应进行抗剪承载力计算(图4-15)。

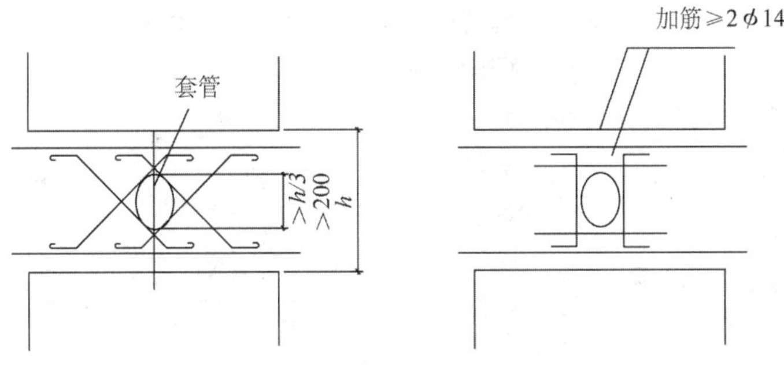

图4-15　洞口加强筋

当万不得已,必须开方洞时,洞口宽度不应大于梁高;洞口高度不应大于梁高的1/3。连梁被洞口分为两根小梁后,剪力在两根小梁间按弯曲刚度比例分配;由剪力可计算小梁的弯矩;小梁的轴力为 $\pm M_b/z$, z 为内力臂;然后分别验算小梁的承载力。开洞范围内箍筋应加密配置,如图4-16所示。

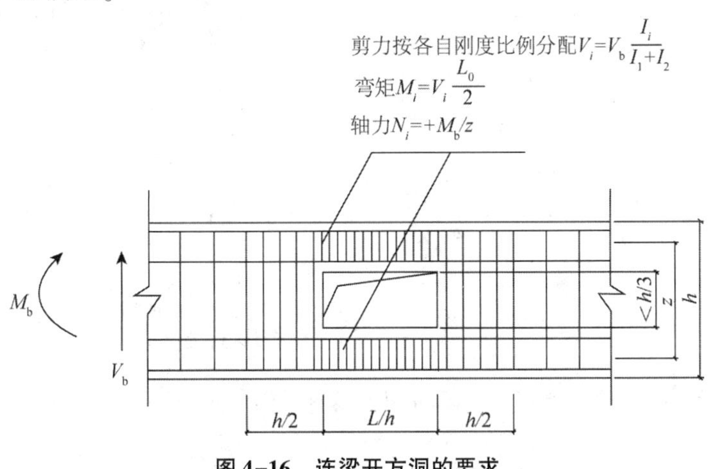

图4-16　连梁开方洞的要求

【例 4-1】如图 4-17 所示，某综合楼为四层钢筋混凝土框架结构。楼层重力荷载代表值：$G_4=6\,000\ \text{kN}$，$G_3=G_2=8\,000\ \text{kN}$，$G_1=8\,800\ \text{kN}$。梁的截面尺寸为 250 mm × 600 mm，混凝土采用 C20；柱的截面尺寸为 450 mm × 450 mm，混凝土采用 C30。现浇梁、柱、楼盖为预应力混凝土空心板（板上有混凝土后浇层；楼板对梁截面惯性矩增大系数为 1.2），建造在 I 类场地上，该地区地震基本烈度为 7 度，设计地震分组为第二组，现场实测水平地震影响系数为 $\alpha_{max}=0.1$。若 T_1 取 0.4 s 时，试验算在横向水平地震作用下层间弹性位移，并绘出框架地震弯矩图。

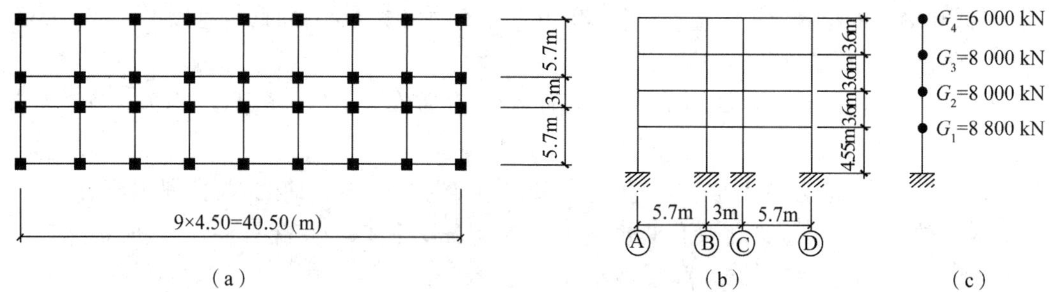

图 4-17　某综合楼钢筋混凝土框架结构

(a)平面图；(b)剖面图；(c)计算简图

【解】(1)楼层重力荷载代表值。

$$G_1=8\,800\ \text{kN},\ G_3=G_2=8\,000\ \text{kN},\ G_4=6\,000\ \text{kN},\ \sum G_i=30\,800\ \text{kN}$$

(2)梁、柱线刚度计算。

①梁的线刚度。

a. 边跨梁：

$$k_b=\frac{E_bI_b}{l}=\frac{25.5\times10^6\times\frac{1}{12}\times0.25\times0.60^3\times1.2}{5.7}=24.16\times10^3(\text{kN}\cdot\text{m})$$

b. 中跨梁：

$$k_b=\frac{E_bI_b}{l}=\frac{25.5\times10^6\times\frac{1}{12}\times0.25\times0.60^3\times1.2}{3.0}=45.90\times10^3(\text{kN}\cdot\text{m})$$

②柱的线刚度。

a. 首层柱：

$$k_c=\frac{E_cI_c}{h}=\frac{30\times10^6\times\frac{1}{12}\times0.45^4}{4.55}=22.53\times10^3(\text{kN}\cdot\text{m})$$

b. 其他层柱：

$$k_c=\frac{102.52\times10^3}{3.60}=28.48\times10^3(\text{kN}\cdot\text{m})$$

③柱的侧移刚度 D。计算过程见表 4-19、表 4-20。

表 4-19　2～4 层 D 值的计算

D	$\bar{K}=\dfrac{\sum k_b}{2k_c}$	$\alpha=\dfrac{\bar{K}}{2+\bar{K}}$	$D=\alpha k_c\dfrac{12}{h^2}$(kN/m)
中柱(20 根)	$\dfrac{2(24.16+45.9)\times10^3}{2\times28.48\times10^3}=2.46$	$\dfrac{2.46}{2+2.46}=0.552$	$0.552\times28.48\times10^3\times\dfrac{12}{3.6^2}=14\ 556$
边柱(20 根)	$\dfrac{2\times24.16\times10^3}{2\times28.48\times10^3}=0.848$	$\dfrac{0.848}{2+0.848}=0.298$	$0.298\times28.48\times10^3\times\dfrac{12}{3.6^2}=7\ 858$

$$\sum D=(14\ 556+7\ 858)\times20=448\ 280(\text{kN/m})$$

表 4-20　首层 D 值的计算

D	$\bar{K}=\dfrac{\sum k_b}{k_c}$	$\alpha=\dfrac{0.5+\bar{K}}{2+\bar{K}}$	$D=\alpha k\dfrac{12}{h^2}$(kN/m)
中柱(20 根)	$\dfrac{(24.16+45.9)\times10^3}{22.53\times10^3}=3.110$	$\dfrac{0.5+3.11}{2+3.11}=0.706$	$0.706\times22.53\times10^3\times\dfrac{12}{4.55^2}=9220$
边柱(20 根)	$\dfrac{24.16\times10^3}{22.53\times10^3}=1.072$	$\dfrac{0.5+1.072}{2+1.072}=0.512$	$0.512\times22.53\times10^3\times\dfrac{12}{4.55^2}=6\ 686$

$$\sum D=(9\ 220+6\ 686)\times20=318\ 120(\text{kN/m})$$

(3)框架自振周期的计算,见表 4-21。

表 4-21　根据能量法,计算自振周期

层	楼层重力荷载 G_i/kN	楼层剪力 $V_i=\sum_i^n G_i$ /kN	楼间侧移刚度 D_i/(kN·m^{-1})	层间侧移 $\delta_i=v_i/D_i$ /m	楼间侧移 $\Delta_i=\sum_1^i\delta_i$ /m
4	6 000	6 000	448 280	0.0 135	0.1 906
3	8 000	14 000	448 280	0.0 312	0.1 771
2	8 000	22 000	448 280	0.0 491	0.1 459
1	8 800	30 800	318 120	0.0 968	0.0 968

$$T_1=2\psi_T\sqrt{\frac{\sum_{i=1}^{n}G_i\Delta_i^2}{\sum_{i=1}^{n}G_i\Delta_i}}$$

$$=2\times0.7\times\sqrt{\frac{6\ 000\times0.190\ 6^2+8\ 000\times0.177\ 1^2+8\ 000\times0.145\ 9^2+8\ 800\times0.096\ 8^2}{6\ 000\times0.190\ 6+8\ 000\times0.177\ 1+8\ 000\times0.145\ 9+8\ 800\times0.096\ 8}}$$

$$=0.496(\text{s})$$

根据定顶点位移法,计算自振周期,得

$$T_1=1.7\psi_T\sqrt{\Delta}=1.7\times0.7\times\sqrt{0.1906}=0.520(\text{s})$$

根据全国民用建筑工程设计技术措施(结构),计算自振周期:

$$T_1 = 0.1 \sim 0.15N = 0.1 \sim 0.15 \times 4 = 0.4 \sim 0.6(\mathrm{s})$$

N 为结构计算层数(对于40层以上的建筑,近似周期的范围可能有较大差别),可按经验公式计算:

$$T_1 = 0.33 + 0.000\,69\frac{H^2}{\sqrt[3]{B}} = 0.33 + 0.000\,69 \times \frac{15.35^2}{\sqrt[3]{14.4}} = 0.397(\mathrm{s}) \approx 0.4\ \mathrm{s}$$

(4)多遇水平地震作用标准值和位移计算。房屋高度为15.35m,且质量和刚度沿高度分布比较均匀,故可采用底部剪力法计算多遇水平地震作用标准值。

现场实测水平地震影响系数为 $\alpha_{\max} = 0.1$;查表得,I类场地第二组,$T_g = 0.30\ \mathrm{s}$。

$$\alpha_1 = \left(\frac{T_g}{T_1}\right)^{0.9}\alpha_{\max} = \left(\frac{0.30}{0.40}\right)^{0.9} \times 0.1 = 0.077$$

因为 $T_1 = 0.4\ \mathrm{s} < 1.4T_g = 1.4 \times 0.3 = 0.42(\mathrm{s})$,故不必考虑顶部附加水平地震作用,即 $\delta_n = 0$。

结构总水平地震作用标准值:

$$F_{\mathrm{Ek}} = \alpha_1 G_{\mathrm{eq}} = 0.077 \times 0.85 \times 30\,800 = 2\,016(\mathrm{kN})$$

质点 i 的水平地震作用标准值、楼层地震剪力及楼层层间位移的计算过程,见表4-22。

表4-22　F_i、V_i 和 Δu_c 的计算

层	G_i /kN	H_i /m	G_iH_i	$\sum G_iH_i$	F_i /kN	V_i /kN	$\sum D$	Δu_c
4	6 000	15.35	92 100	291 340	637	637	403 524	0.002
3	8 000	11.75	94 000		651	1 288	403 524	0.003
2	8 000	8.15	65 200		451	1 739	403 524	0.004
1	8 800	4.55	40 040		277	2 016	286 314	0.007

按公式验算框架层间弹性位移:

首层:$\dfrac{\Delta u_c}{h} = \dfrac{0.007}{4.55} = \dfrac{1}{650} < \dfrac{1}{550}$(满足)

二层:$\dfrac{\Delta u_c}{h} = \dfrac{0.004}{3.6} = \dfrac{1}{900} < \dfrac{1}{550}$(满足)

(5)框架地震内力的计算。框架柱剪力和柱端弯矩的计算过程见表4-23。梁端剪力及柱轴力见表4-24。地震作用下框架层间剪力图如图4-18所示,框架弯矩图如图4-19所示。

表 4-23 水平地震作用下框架柱剪力和柱端弯矩标准值

柱	层	h/m	V_i/kN	$\sum D$/(kN·m^{-1})	D/(kN·m^{-1})	$\frac{D}{\sum D}$	V_{ik}/kN	$\bar{K}$	y_0	$M_下$/(kN·m^{-1})	$M_上$/(kN·m^{-1})
边柱	4	3.60	637	403 524	7 858	0.019	12.10	0.848	0.35	15.25	28.31
	3	3.60	1 288	403 524	7 858	0.019	24.47	0.848	0.45	39.64	48.45
	2	3.60	1 739	403 524	7 858	0.019	33.04	0.848	0.50	59.47	59.47
	1	4.55	2 016	286 314	6 686	0.023	46.37	1.072	0.64	135.03	75.95
中柱	4	3.60	637	403 524	14 560	0.036	22.93	2.46	0.45	37.15	45.40
	3	3.60	1 288	403 524	14 560	0.036	46.37	2.46	0.47	78.46	88.47
	2	3.60	1 739	403 524	14 560	0.036	62.60	2.46	0.50	112.68	112.68
	1	4.55	2016	286 314	9220	0.032	64.51	3.11	0.55	161.44	132.08

注：$V_{ik}=\frac{D}{\sum D}V_i$；$M_下=V_{ik}y_0h$ 为柱下端弯矩；$M_上=V_{ik}(1-y_0)h$ 为柱上端弯矩

表 4-24 水平地震作用下梁端剪力及柱轴力标准值

层	AB 跨梁端剪力				BC 跨梁端剪力				柱轴力	
	L/m	$M_{E左}$/(kN·m^{-1})	$M_{E右}$/(kN·m^{-1})	$V_E=\frac{M_{E左}+M_{E右}}{l}$/kN	l/m	$M_{E左}$/(kN·m^{-1})	$M_{E右}$/(kN·m^{-1})	$V_E=\frac{M_{E左}+M_{E右}}{l}$/kN	边柱 N_E/kN	中柱 N_E/kN
4	5.70	28.31	15.66	7.71	3.00	29.74	29.74	19.83	7.71	12.12
3	5.70	63.7	43.34	18.78	3.00	82.28	82.28	54.85	26.49	48.19
2	5.70	99.11	65.94	28.96	3.00	125.20	125.20	83.47	55.45	102.70
1	5.70	135.42	84.44	38.57	3.00	160.32	160.32	106.88	94.02	171.01

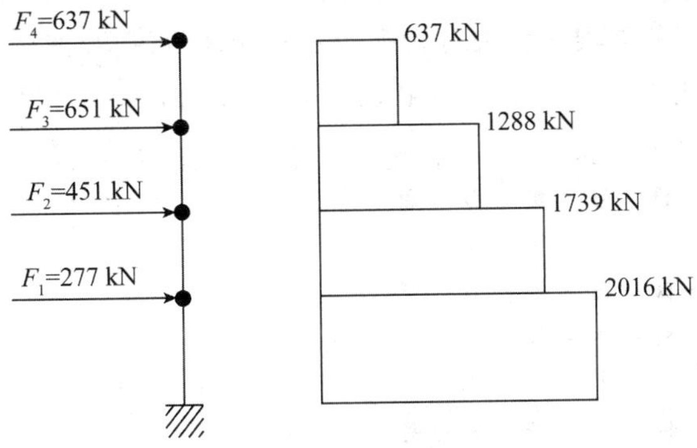

图 4-18 层间剪力图

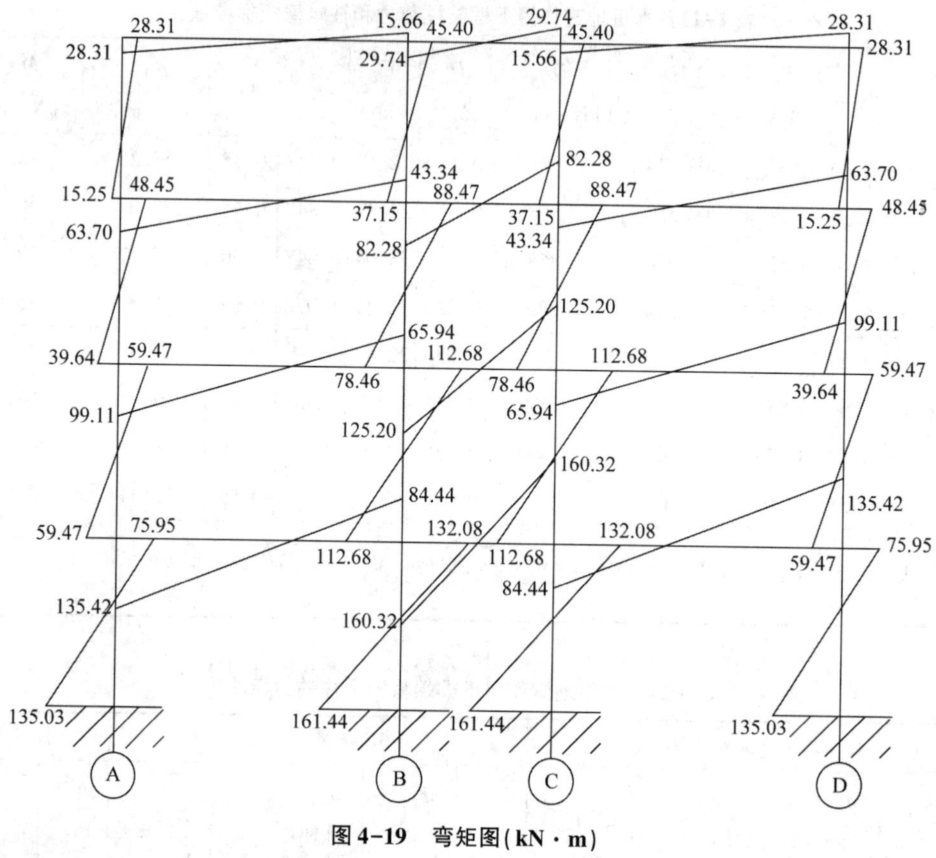

图 4-19　弯矩图(kN·m)

思考题

1. 什么是轴压比?

2. 钢筋混凝土高层建筑结构适用的最大高宽比是多少?

3. 钢筋混凝土框架的抗震设计要求是什么?

4. 某办公楼四层钢筋混凝土框架结构平面图与计算简图,如图 4-20 所示。楼层重力荷载代表值:G_4 = 5 000 kN , G_3 = G_2 = 6 500 kN , G_1 = 8 000 kN 。梁的截面尺寸为 300 mm × 600 mm ,混凝土采用 C25(混凝土弹性模量 $E_c = 2.80\times 10^4$ N/ mm^2);柱的截面尺寸为 400

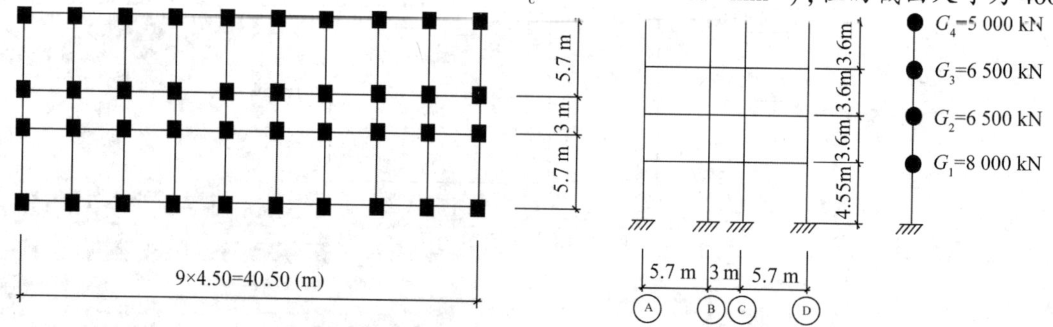

图 4-20　某办公楼四层钢筋混凝土框架结构平面图与计算简图

mm × 400 mm，混凝土采用 C30（混凝土弹性模量 $E_c = 3.00 \times 10^4\ \mathrm{N/mm^2}$）。现浇梁、柱、板，建造在Ⅱ类场地上，该地区地震基本烈度为 7 度（设计基本地震加速度值为 0.15g），设计地震分组为第一组。若 $T_1 = 0.45$ s，在验算横向水平地震作用下一、二层间弹性位移是否满足要求？计算横向水平地震作用下中间榀框架各层柱的弯矩。（框架梁截面惯性矩增大系数边榀采用 1.5，中榀采用 1.5。）

第 5 章 砌体结构房屋抗震设计

5.1 震害及其分析

砌体结构是指由混凝土砌块等和砂浆砌筑成的结构。砌体结构房屋包括砌体承重的单、多层房屋，底部框架—抗震墙多层房屋等多种结构形式，在我国广泛应用于住宅、办公楼、学校等建筑中。由于砌体材料的脆性性质，其抗剪、抗拉和抗弯强度很低，所以砌体结构的抗震能力相对较差。在国内外历次强烈地震中，砌体结构的破坏率都是相当高的。例如，1923 年日本关东大地震中，东京约有 7 000 幢砖石房屋，大部分遭到严重破坏，其中仅 1000 余幢平房可修复使用。又如，1948 年苏联阿什哈巴地震中，砖石房屋破坏率达 70% ~80%。再如，1976 年在我国发生的唐山大地震中，地震烈度为 10 ~11 度区的，砖混结构房屋的破坏率高达 91%；9 度区的汉沽和宁河，住宅的破坏率分别为 93. 8% 和 83. 5%；8 度区的天津市某住宅中，受到不同程度损坏的占 62. 5%；6 ~7 度区的砖混结构也遭到不同程度的损坏。2008 年汶川地震后，据有关部门对四川省的 16 个城镇各类公建房屋统计显示，破坏多层砖房（含底框砖房）所占（面积）比例达 89%；特别是县城的这类房屋，预计所占比例在 90% 以上。同时，震害调查表明，不仅在 7、8 度区，甚至在 9 度区，砌体结构房屋震害较轻，基本完好的也不乏其例。

通过对这些房屋的调查分析表明，只要经过合理的抗震设防，构造得当，保证施工质量，在中、强地震区，砌体结构房屋也是具有一定的抗震能力的。

在强烈地震作用下，砌体结构房屋的破坏部位主要是墙身和构件间的连接处，楼（屋）盖结构本身的破坏较少，其震害情况及其原因如下：

（1）墙体的破坏。在砌体房屋中，墙体是主要的承重构件，不仅承担各种非地震作用，而且承受水平和竖向的地震作用，受力复杂。当墙体内主拉应力强度不足时，引起斜裂缝破坏，由于水平地震反复作用，形成交叉形斜裂缝。这种裂缝在多层房屋中一般规律是下重上轻，这是因为多层房屋墙体下部地震剪力大。墙体的破坏见图 5-1。当墙体裂缝严重时引起房屋倒塌。

（2）墙角的破坏。墙角为纵横墙的交汇点，地震作用下其应力状态复杂，较易破坏。另外，在地震过程中当房屋发生扭转时，墙角处位移反应较房屋其他部位大，这也是造成墙角破坏的一个原因。墙角的破坏见图 5-2。

图 5-1 墙体的破坏

图 5-2 墙角的破坏

(3)内外墙连接处的破坏。内外墙连接处是房屋的薄弱部位，如果在施工时纵横墙没有很好地咬槎连接，这些部位在地震中极易拉开，造成外纵墙和山墙外闪等现象。内外墙连接处的破坏见图 5-3。

图 5-3 内外墙连接处的破坏

(4)楼梯间墙体的破坏。楼梯间主要是墙体破坏，而楼梯本身很少破坏。除顶层外，一般层墙体计算高度较其他部位墙体小，因而该处分配的地震剪力大，故容易破坏。而顶层墙体的计算高度又较其他层部位大，其稳定性差，所以也易发生破坏。

(5)楼盖与屋盖的破坏。楼板支承长度不足，引起局部倒塌，或是其下部的支承墙体破坏倒塌而引起楼(屋)盖倒塌。

(6)附属构件的破坏。在房屋中，突出屋面的屋顶间(电梯机房、水箱间等)、烟囱、女儿墙等附属构件，由于地震鞭端效应的影响，一般较下部主体结构破坏严重。另外，隔墙、室内外装饰等非结构构件与主体结构连接较差，也容易造成开裂倒塌。

5.2 多层砌体结构房屋抗震设计的一般规定

根据历次地震实践证明,为保证砌体房屋在地震中避免出现强烈震害,必须满足下列一般规定。

5.2.1 多层砌体房屋的总高度、层数和层高的限制

国内外历次地震表明,在一般情况下,砌体房屋层数越多,高度越大,其震害程度和破坏率也就越大。国内外建筑抗震设计规范都对层数和总高度加以限制。而且实践也证明,限制砌体房屋层数和总高度是一项既经济而又有效的抗震措施。

(1)一般情况下,房屋的层数和总高度不应超过表5-1中的规定。

表5-1 房屋的层数和总高度限值 m

房屋类别		最小抗震墙厚度/mm	烈度和设计基本地震加速度											
			6		7				8				9	
			0.05g		0.10g		0.15g		0.20g		0.30g		0.40g	
			高度	层数	高度	层数	高度	层数	高度	层数	高度	层数	高度	层数
多层砌体房屋	普通砖	240	21	7	21	7	21	7	18	6	15	5	12	4
	多孔砖	240	21	7	21	7	18	6	18	6	15	5	9	3
	多孔砖	190	21	7	18	6	15	5	15	5	12	4	—	—
	小砌块	190	21	7	21	7	18	6	18	6	15	5	9	3
底部框架—抗震墙砌体房屋	普通砖 多孔砖	240	22	7	22	7	19	6	16	5	—	—	—	—
	多孔砖	190	22	7	19	6	16	5	13	4	—	—	—	—
	小砌块	190	22	7	22	7	19	6	16	5	—	—	—	—

注:1. 房屋的总高度是指室外地面到主要屋面板顶或檐口的高度,半地下室从地下室室内地面算起;全地下室和嵌固条件好的半地下室应允许从室外地面算起;对带阁楼的坡屋面应算到山尖墙的1/2高度处;

2. 室内外高差大于0.6 m时,房屋总高度应允许比表中数据适当增加,但不应多于1.0 m;

3. 乙类的多层砌体房屋仍按本地区设防烈度查表,其层数应减少一层且总高度应降低3 m;不应采用底部框架—抗震墙砌体房屋;

4. 本表小砌块砌体房屋不包括配筋混凝土小型空心砌块砌体房屋

(2)对医院、教学楼等横墙较少的多层砌体房屋,总高度应比表5-1中的规定降低3 m,层数相应减少一层;各层横墙很少的多层砌体房屋,还应根据具体情况再适当降低总高度和减少层数。

注:横墙较少是指同一楼层内开间大于4.2 m的房间占该层总面积的40%以上。

(3)横墙较少的多层住宅楼,当按规定采取加强措施并满足抗震承载力要求时,其高度

和层数应允许仍按表 5-1 中的规定采用。

(4)普通砖、多孔砖和小砌块砌体承重房屋的层高,不应超过 3.6 m。底部框架—抗震墙房屋的底部和内框架房屋的层高,不应超过 4.5 m。当底层采用约束砌体抗震墙时,底层的层高不应超过 4.2 m。

注:当使用功能确有需要时,采用约束砌体等加强措施的普通砖房屋,层高不应超过 3.9 m。

5.2.2 多层砌体房屋最大高宽比的限制

为了保证多层砌体房屋不致因整体弯曲而破坏和出于稳定性的考虑,《建筑抗震设计规范(2016 年版)》(GB 50011—2010)明确规定了在不做整体弯曲验算的前提下,多层砌体房屋总高度与总宽度的最大比值,宜符合表 5-2 中的要求。

表 5-2 房屋最大高宽比

烈度	6	7	8	9
最大高宽比	2.5	2.5	2.0	1.5

注:1. 单面走廊房屋的总宽度不包括走廊宽度;
2. 建筑平面接近正方形时,其高宽比适当减小

5.2.3 房屋砌体抗震横墙间距的限制

多层砌体房屋的横向水平地震作用是主要由横墙承受的。对于横墙,除了要满足抗震承载力要求外,还要使横墙间距能保证楼盖对传递水平地震作用所需要的刚度。前者可通过抗震承载力验算来解决,而后者则必须根据楼盖的水平刚度要求对横墙间距给予一定的限制。《建筑抗震设计规范(2016 年版)》(GB 50011—2010)规定,多层房屋抗震横墙的间距不应超过表 5-3 中的要求。

表 5-3 房屋抗震横墙的间距 m

<table>
<tr><th colspan="3" rowspan="2">房屋类别</th><th colspan="4">烈 度</th></tr>
<tr><th>6</th><th>7</th><th>8</th><th>9</th></tr>
<tr><td rowspan="3">多层砌体房屋</td><td colspan="2" rowspan="3">现浇或装配整体式钢筋混凝土楼(屋)盖,装配式钢筋混凝土楼(屋)盖,木屋盖</td><td>15</td><td>15</td><td>11</td><td>7</td></tr>
<tr><td>11</td><td>11</td><td>9</td><td>4</td></tr>
<tr><td>9</td><td>9</td><td>4</td><td>—</td></tr>
<tr><td colspan="2" rowspan="2">底部框架—抗震墙房屋</td><td>上部各层</td><td colspan="3">同多层砌体房屋</td><td>—</td></tr>
<tr><td>底层或底部两层</td><td>18</td><td>15</td><td>11</td><td>—</td></tr>
</table>

注:1. 多层砌体房屋的顶层,除木屋盖外的最大横墙间距应允许适当放宽,但应采取相应加强措施;
2. 多孔砖抗震横墙厚度为 190 mm 时,最横墙间距应比表中数值减少 3 m

5.2.4 房屋局部尺寸的限制

在强烈地震作用下,房屋首先在薄弱部位破坏。这些薄弱部位一般是窗间墙、尽端墙

段、突出屋顶的女儿墙等。因此,对这些部位的尺寸要加以限制。

《建筑抗震设计规范(2016 年版)》(GB 50011—2010)规定,多层砌体房屋的局部尺寸限值,宜满足表 5-4 中的要求。

表 5-4　房屋的局部尺寸限值　　m

部　　位	6 度	7 度	8 度	9 度
承重窗间墙最小宽度	1.0	1.0	1.2	1.5
承重外墙尽端至门窗洞边的最小距离	1.0	1.0	1.2	1.5
非承重外墙尽端至门窗洞边的最小距离	1.0	1.0	1.0	1.0
内墙阳角至门窗洞边的最小距离	1.0	1.0	1.5	2.0
无锚固女儿墙(非出入口处)的最大高度	0.5	0.5	0.5	0.0
注:1. 局部尺寸不足时应采取局部加强措施弥补,且最小宽度不宜小于 1/4 层高和表列数据的 80%; 2. 出入口处的女儿墙应有锚固				

5.2.5　多层砌体房屋的结构体系

多层砌体房屋的结构体系,应符合下列要求:

(1)应优先采用横墙承重或纵横墙共同承重的结构体系。

(2)纵横墙的结构布置宜均匀对称,沿平面内宜对齐,沿竖向应上下连续;同一轴线上的窗间墙宽度宜均匀。

(3)房屋有下列情况之一时宜设置防震缝,缝两侧均应设置墙体,缝宽应根据烈度和房屋高度确定,可设置为 70～100 mm。

①房屋立面高差在 6 m 以上;

②房屋有错层,且楼板高差大于层高的 1/4;

③各部分结构刚度、质量截然不同。

(4)楼梯间不宜设置在房屋的尽端和转角处。

(5)烟道、风道、垃圾道等不应削弱墙体;当墙体被削弱时,应对墙体采取加强措施;不宜采用无竖向配筋的附墙烟囱及出屋面的烟囱。

(6)不应采用无锚固的钢筋混凝土预制挑檐。

(7)门窗洞口处不应采用砖过梁。

5.3　砌体结构房屋抗震验算

地震发生时,在水平和竖直方向都有地震作用,在某些情况下还伴有扭转地震作用。由于砌体房屋高度不大,一般来说,竖直方向地震作用较小,可不进行竖向地震作用计算,对于地震的扭转作用,在多层房屋中也可不作验算,仅在进行建筑平面、立面布置以及结构布置时,尽量做到质量、刚度均匀,分布对称,以减少扭转的影响,增强抗扭能力。因此,对多层砌体房屋抗震验算,一般只需验算在纵向和横向水平地震作用下,纵横墙在其自身平面内的抗剪强度。整个计算包括计算简图确定、水平地震作用和楼层地震剪力的计算、楼层地震剪力在墙体间的分配以及墙体抗剪强度的验算四个方面的内容。

5.3.1 计算简图

为了简化计算,在确定多层砌体结构房屋的计算简图时,做如下基本假定:

(1)忽略房屋的扭转振动,将水平地震作用在两个主轴方向分别进行验算。

(2)砌体房屋在水平地震作用下的变形以剪切变形为主。

(3)楼盖平面内刚度无限大,平面内不变形,各抗侧力构件在同一楼层标高处侧移相等。

在计算多层砌体房屋地震作用时,应以防震缝所划分的结构单元为计算单元,在计算单元中各楼层的质量集中在楼(屋)盖处,其计算简图如图 5-4 所示。

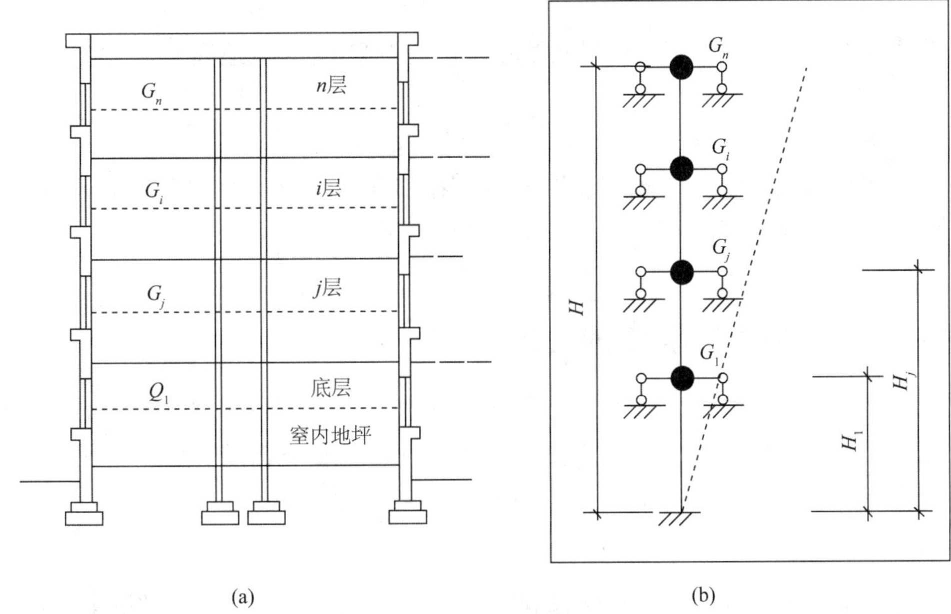

图 5-4 多层砌体房屋的计算简图

在计算简图中,第 j 层质点的重力荷载代表值,包括第 j 层楼盖的全部重量、上下半层墙体重量以及该层楼面上 50% 的竖向活荷载。底部固定端的标高一般取基础顶面标高,当基础埋置较深时,可取室外地面以下 500 m 处的标高。

5.3.2 地震作用

1. 底部总剪力

根据前面的讨论,计算多层砌体房屋的水平地震作用可以采用底部剪力法。由于多层砌体房屋的基本自振周期一般小于 0.3 s,地震影响系数均取最大值,即取 $\alpha_1=\alpha_{max}$,则可得到结构底部总水平地震作用的标准值:

$$F_{Ek}=\alpha_{max}G_{eq} \tag{5-1}$$

式中 α_{max}——水平地震影响系数最大值,按表 3-2 采用;

G_{eq}——结构等效总重力荷载代表值,按下式计算:

$$G_{eq} = G_1 \quad （单质点体系）$$

$$G_{eq} = 0.85\sum_{i=1}^{n} G_i \quad （多质点体系） \tag{5-2}$$

2. 各楼层的水平地震作用

考虑到多层砌体房屋的自振周期短,《建筑抗震设计规范(2016 年版)》(GB 50011—2010)规定,顶部附加地震作用系数 $\delta_n = 0$,得到计算第 i 层水平地震作用标准值为

$$F_i = \frac{G_i H_i}{\sum_{i=1}^{n} G_i H_i} F_{Ek} \tag{5-3}$$

3. 楼层地震剪力

自底层算起,作用于第 i 层的层间地震剪力 V_i 为 i 层以上各层地震作用之和,即

$$V_i = \sum_{j=1}^{n} F_j \tag{5-4}$$

对突出屋面的屋顶间、女儿墙、烟囱等的地震作用效应,以乘以增大系数 3,以考虑鞭端效应,但此增大部分的作用效应不往下层传递,即

$$V_n = 3F_n \tag{5-5}$$

5.3.3 楼层地震剪力在墙体间的分配

按照前述的分析,多层砌体房屋应在纵横两个主轴方向分别考虑水平地震作用并进行验算,且横向地震剪力应由全部横墙承受,纵向地震剪力应由全部纵墙承受。因此,楼层地震剪力的分配需在纵、横两个方向上分别进行计算。

1. 楼层地震剪力(V_i)在横墙上的分配

楼层地震剪力在横墙上的分配,不仅取决于每片墙体的层间抗侧力等效刚度,而且取决于楼盖的水平刚度。楼盖的水平刚度取决于楼盖的结构类型和楼盖的宽长比。对于横向计算,近似认为楼盖的宽长比保持不变,楼盖的水平刚度仅与楼盖的类型有关。楼盖的水平刚度不同,楼层地震剪力在横墙上的分配方法不同。

(1)刚性楼(屋)盖。现浇或装配整体式钢筋混凝土楼(屋)盖等称为刚性楼(屋)盖,地震时这种楼(屋)盖将使各墙体发生相同的水平位移。因此,《建筑抗震设计规范(2016 年版)》(GB 50011—2010)规定,这种楼(屋)盖的楼层地震剪力 V_i 宜按各横墙的层间抗侧力等效刚度比(简称侧移刚度)进行分配。假定第 i 层有 l 道横墙,令第 i 层第 m 道横墙承担的地震剪力为 V_{im},可按下式计算:

$$V_{im} = \frac{K_{im}}{\sum_{i=1}^{n} K_{im}} V_i = \frac{K_{im}}{K_i} V_i \tag{5-6}$$

式中 K_{im}——第 i 层第 m 道横墙的侧移刚度;

K_i——第 i 层所有横墙的侧移刚度之和。

当一道墙由若干墙段组成时,各墙段应视其高宽比的不同而分别计算侧移刚度。《建筑抗震设计规范(2016 年版)》(GB 50011—2010)规定,进行地震剪力分配和截面验算时,墙段的层间抗侧力等效刚度应按下列原则确定:

①当墙段的高宽比 $\rho=h/b<1$ 时,可只考虑剪切变形的影响,则侧移刚度按下式计算:

$$k=\frac{Et}{3\rho} \tag{5-7}$$

式中　E——砌体的弹性模量;

t——墙厚。

②当墙段的高宽比 $1<\rho=h/b<4$ 时,应同时考虑弯曲变形和剪切变形的影响,则侧移刚度按下式计算:

$$k=\frac{Et}{3\rho+\rho^3} \tag{5-8}$$

③当墙段的高宽比 $\rho=h/b>4$ 时,可不考虑侧移刚度,取 $k=0$。

将一道墙各墙段算出的侧移刚度求和,可以得到该道墙的侧移刚度 K_{im}。

但是,当大部分墙段的高宽比 $\rho=h/b<1$ 时,为简化计算,可只考虑剪切变形,所有墙段侧移刚度均按下式计算,即

$$K_{im}=\frac{G_{im}A_{im}}{\zeta h_{im}} \tag{5-9}$$

式中　G_{im}——第 i 层第 m 道横墙的剪切模量,一般取 $G=0.4E$;

A_{im}——第 i 层第 m 道横墙的横截面面积,$A=bt$;

ζ——截面剪应力分布不均匀系数,对于矩形截面取 $\zeta=1.2$。

一般同层所用材料相同,墙段高度相同,即各墙段的 G_{im}、h_{im} 相同,各道墙体所分配的剪力可简化为

$$V_{im}=\frac{\dfrac{G_iA_{im}}{\zeta h_i}}{\sum\dfrac{G_iA_{im}}{\zeta h_i}}V_i=\frac{A_{im}}{\sum A_{im}}V_i=\frac{A_{im}V}{A} \tag{5-10}$$

式(5-10)表明,对于刚性楼(屋)盖,当各抗震墙的高度、材料相同时,其楼层水平地震剪力可按各个抗震墙的横截面面积比例进行分配。

(2)柔性楼(屋)盖。木楼(屋)盖等称为柔性楼(屋)盖。《建筑抗震设计规范(2016 年版)》(GB 50011—2010)规定,这种楼(屋)盖的楼层地震剪力 V_i 宜按各道横墙从属面积上重力荷载代表值的比例分配。第 i 层第 m 道横墙承担的地震剪力 V_{im},可按下式计算:

$$V_{im}=\frac{G_{im}}{G_i}V_i \tag{5-11}$$

式中　G_{im}——第 i 层楼(屋)盖上第 m 道横墙与其左右两侧相邻横墙之间各一半楼(屋)盖面积上所承担的重力荷载代表值之和;

G_i——第 i 层楼(屋)盖上所承担的总重力荷载代表值之和。

当楼(屋)盖上重力荷载均匀分布时,各横墙所承担的地震剪力可换算为按该墙与其两

侧横墙之间各一半楼(屋)盖面积比例进行分配,即

$$V_{im}=\frac{F_{im}}{F_i}V_i \tag{5-12}$$

式中 F_{im}——第 i 层楼(屋)盖上第 m 道横墙与其左右两侧相邻横墙之间各一半楼(屋)盖面积之和;

G_i——第 i 层楼(屋)盖的总面积。

(3)中等刚性楼(屋)盖。装配式钢筋混凝土楼(屋)盖属于中等刚性楼(屋)盖,其楼(屋)盖的刚度介于刚性与柔性楼(屋)盖之间。《建筑抗震设计规范(2016 年版)》(GB 50011—2010)规定,这种楼(屋)盖楼层地震剪力分配的结果,可近似取上述两种分配结果的平均值,即

$$V_{im}=\frac{1}{2}\times\left(\frac{K_{im}}{K_i}+\frac{G_{im}}{G_i}\right)V_i \tag{5-13}$$

对于一般房屋,当墙高相同、所用材料相同、楼(屋)盖上重力荷载分布均匀时,也可为

$$V_{im}=\frac{1}{2}\times\left(\frac{K_{im}}{K_i}+\frac{F_{im}}{F_i}\right)V_i \tag{5-14}$$

2. 楼层地震剪力(V_i)在纵墙上的分配

对于多层砌体房屋来说,一般纵墙比横墙长得多,楼(屋)盖纵向刚度要远远大于横向刚度。不论何种楼(屋)盖,纵向都可视为刚性楼(屋)盖。因此,地震剪力在纵墙间的分配,可按纵墙的刚度比进行,即仍可采用式(5-6)或式(5-10)计算,只是此时的 K_{im} 和 A_{im} 分别为第 i 层第 m 道纵墙的侧移刚度和净面积。

3. 同一道墙各墙段间地震剪力的分配

求得某一道墙的地震剪力后,对于由若干墙段组成的该道墙,还应将地震剪力分配到各个墙段,以便对每一墙段进行承载力验算。同一道墙的各墙段具有相同的侧移,则各墙段所分担的地震剪力可按各墙段的侧移刚度比进行分配,即第 i 层第 m 道墙第 r 墙段所受的地震剪力为

$$V_{imr}=\frac{K_{imr}}{K_{im}}V_{im} \tag{5-15}$$

式中 K_{imr}——第 i 层第 m 道墙第 r 墙段的侧移刚度,可利用式(5-7)或式(5-8)计算。

5.3.4 墙体抗震承载力验算

对于多层砌体房屋,可选择不利截面验算,可只选择承载面积较大或竖向应力较小的墙段进行截面抗剪承载力验算。

墙体抗剪强度验算的表达式,可从结构构件的截面抗震验算的设计表达式 $S\leqslant R/\gamma_{RE}$ 中导出,公式左侧的 S 应为墙体所承受的地震剪力设计值,以 V 表示,R 为墙体所能承受的极限剪力,以 V_u 表示,则墙体抗剪强度验算的表达式为

$$V\leqslant\frac{V_u}{\gamma_{RE}} \tag{5-16}$$

式中 γ_{RE}——承载力抗震调整系数,自承重墙按 0.75 采用;对于承重墙,当两端均有构造柱、芯柱时,按 0.9 采用;其他墙按 1.0 采用。

V——墙体所承受的地震剪力设计值,按下式计算:

$$V=1.3V_K \tag{5-17}$$

V_K——墙体所承受的地震剪力标准值；

V_u——墙体所能承受的极限剪力，对于不同类型的墙体，计算公式有所不同。

1. 普通砖、多孔砖墙体的截面抗震受剪承载力

（1）一般情况下，应按下式验算：

$$V\leqslant\frac{f_{vE}A}{\gamma_{RE}} \tag{5-18}$$

式中　A——墙体横截面面积，多孔砖取毛截面面积；

f_{vE}——砖砌体沿阶梯形截面破坏的抗震抗剪强度设计值，按下式计算：

$$f_{vE}=\zeta_N f_v \tag{5-19}$$

f_v——非抗震设计的砌体抗剪强度设计值，按《砌体结构设计规范》（GB 50003—2011）取用；

ζ_N——砌体抗震抗剪强度的正应力影响系数，应按表5-5采用。

表5-5　砌体强度的正应力影响系数

砌体类别	σ_0/f_v							
	0.0	1.0	3.0	5.0	7.0	10.0	12.0	≥16.0
普通砖、多孔砖	0.8	1.00	1.28	1.50	1.70	1.95	2.32	—
混凝土小砌块	—	1.23	1.69	3.15	2.57	3.02	3.32	3.92
注：σ_0 为对应于重力荷载代表值的砌体截面平均压应力								

（2）当按式（5-18）验算不满足要求时，可计入设置于墙段中部、截面不小于240 mm×240 mm且间距不大于4 m的构造柱对受剪承载力的提高作用，按下列简化公式验算：

$$V\leqslant\frac{1}{\gamma_{RE}}[\eta_c f_{vE}(A-A_c)+\zeta_c f_t A_c+0.08f_{yc}A_{sc}+\zeta_s f_{yh}A_{sh}] \tag{5-20}$$

式中　A_c——中部构造柱的横截面总面积（对于横墙和内纵墙，$A_c>0.15A$ 时，取 $0.15A$；对于外纵墙，$A_c>0.25A$ 时，取 $0.25A$）；

f_t——中部构造柱的混凝土轴心抗拉强度设计值；

A_{sc}——中部构造柱的纵向钢筋截面总面积（配筋率不小于0.6%，大于1.4%时取1.4%）；

f_{yh}、f_{yc}——墙体水平钢筋、构造柱钢筋抗拉强度设计值；

ζ_c——中部构造柱参与工作系数；居中设一根时取0.5，多于一根时取0.4；

η_c——墙体约束修正系数；一般情况下取1.0，构造柱间距不大于2.8 m时取1.1；

A_{sh}——层间墙体竖向截面的总水平钢筋面积，无水平钢筋时取0。

2. 水平配筋普通砖、多孔砖墙体的截面抗震受剪承载力

$$V\leqslant\frac{1}{\gamma_{RE}}(f_{vE}A+\zeta_s f_y A_{sh}) \tag{5-21}$$

式中　A——墙体横截面面积，多孔砖取毛面积；

f_y——钢筋抗拉强度设计值；

A_{sh}——层间墙体竖向截面的钢筋总截面面积，其配筋率应不小于0.07%且不大于0.17%；

ζ_s——钢筋参与工作系数，可按表5-6采用。

表5-6　钢筋参与工作系数

墙体高宽比	0.4	0.6	0.8	1.0	1.2
ζ_s	0.10	0.12	0.14	0.15	0.12

3.混凝土小砌块墙体的截面抗震受剪承载力

$$V \leqslant \frac{1}{\gamma_{RE}}[f_{vE}A + (0.3f_tA_c + 0.05f_yA_s)\zeta_c] \tag{5-22}$$

式中 f_t——芯柱混凝土轴心抗拉强度设计值；

A_c——芯柱截面总面积；

A_s——芯柱钢筋截面总面积；

ζ_c——芯柱参与工作系数，可按表5-7采用。

注：当同时设置芯柱和构造柱时，构造柱截面可作为芯柱截面，构造柱钢筋可作为芯柱钢筋。

表5-7　芯柱参与工作系数

填孔率ρ	$\rho<0.15$	$0.15\leqslant\rho<0.25$	$0.25\leqslant\rho<0.5$	$\rho\geqslant0.5$
ζ_c	0.0	1.0	1.10	1.15
注：填孔率指芯柱根数(含构造柱和填实孔洞数量)与孔洞数之比				

5.4　砌体房屋抗震构造措施

在抗震设计中，除进行抗震承载力验算外，还应做好抗震构造措施。对多层砌体房屋进行多遇地震作用下的抗震验算可保证“小震不坏、中震可修”。但一般不对多层砌体房屋进行罕遇地震作用下的变形验算，而是通过采取加强房屋整体性与加强连接等一系列构造措施来提高房屋的变形能力，确保“大震不倒”。

多层砌体房屋构造措施主要是通过合理地设置构造柱、圈梁以及加强构件之间的连接等来增强房屋的整体性。

5.4.1　多层砖房抗震构造措施

1.构造柱设置

(1)构造柱的作用。试验表明，砌体墙增设构造柱后能提高砖混房屋的延性，发挥防止砖砌体侧向挤出塌落的约束作用。另外，在多层砌体房屋中合理地设置构造柱，能起到增强房屋整体性的作用，还可以利用其塑性变形和滑移摩擦来消耗地震能量，从而大大提高抗震能力。钢筋混凝土构造柱或芯柱的抗震作用在于和圈梁一起对砌体墙段乃至整幢房屋产生约束作用，使墙体在侧向变形下仍具有良好的竖向及侧向承载力，提高墙段的往复变形能力，从而提高墙段及房屋的抗倒塌能力，做到“裂而不倒”。

(2)构造柱的设置。构造柱的设置部位与设防烈度、层数及房屋的部位有关。对于多层普通砖、多孔砖房，构造柱的设置一般情况下应符合表 5-8 中的要求。

表 5-8 多层砖砌体房屋构造柱设置要求

<table>
<tr><th colspan="4">房屋层数</th><th colspan="2" rowspan="2">设置部位</th></tr>
<tr><th>6 度</th><th>7 度</th><th>8 度</th><th>9 度</th></tr>
<tr><td>四、五</td><td>三、四</td><td>二、三</td><td>一</td><td rowspan="3">楼、电梯间四角，楼梯斜梯段上下端对应的墙体处；
外墙四角和对应转角；
错层部位横墙与外纵墙交接处；
大房间内外墙交接处；
较大洞口两侧</td><td>隔 12 m 或单元横墙与外纵墙交接处；
楼梯间对应的另一侧内横墙与外纵墙交接处</td></tr>
<tr><td>六</td><td>五</td><td>四</td><td>二</td><td>隔开间横墙(轴线)与外墙交接处；山墙与内纵墙交接处</td></tr>
<tr><td>七</td><td>≥六</td><td>≥五</td><td>≥三</td><td>内墙(轴线)与外墙交接处；内墙的局部较小墙垛处；内纵墙与横墙(轴线)交接处</td></tr>
<tr><td colspan="6">注：较大洞口是指不小于 2.1 m 的洞口；外墙在内外墙交接处已设置构造柱时应允许适当放宽，但洞侧墙体应加强</td></tr>
</table>

(3)构造柱的截面尺寸和配筋。构造柱最小截面可采用 180 mm×240 mm，纵向钢筋宜采用 4ϕ12，箍筋间距不宜大于 250 mm，且在柱上下端宜适当加密；抗震设防烈度为 6 度、抗震设防烈度为 7 度时超过六层、抗震设防烈度为 8 度时超过五层和抗震设防烈度为 9 度时，构造柱纵向钢筋宜采用 4ϕ14，箍筋间距不宜大于 200 mm；房屋四角的构造柱可适当加大截面及增加配筋。

(4)构造柱的其他要求。

①钢筋混凝土构造柱施工时，必须先砌墙后浇柱。构造柱与墙连接处应砌成马牙槎并应沿墙高每隔 500 mm 设 2ϕ6 拉结钢筋，每边伸入墙内不宜小于 1 m。

②构造柱与圈梁连接处，构造柱的纵筋应穿过圈梁，保证构造柱纵筋上下贯通。

③构造柱可不单独设置基础，但应伸入室外地面下 500 mm，或与埋深小于 500 mm 的基础圈梁相连。

④房屋高度和层数接近表 5-1 中的限值时，纵、横墙内构造柱间距还应符合下列要求：

a. 横墙内的构造柱间距不宜大于层高的 2 倍；下部 1/3 楼层的构造柱间距适当减小；

b. 当外纵墙开间大于 3.9 m 时，应另设加强措施；内纵墙的构造柱间距不宜大于 4.2 m。

2. 圈梁设置

(1)圈梁的作用。多次震害调查表明，圈梁可提高房屋的抗震能力，减轻震害，增强砌体房屋的整体刚度，降低由于地基的不均匀沉降或较大振动荷载等对房屋引起的不利影响，是多层砌体房屋的一种经济有效的防震措施。在多层砌体房屋中设置沿楼板标高的水平圈梁，可加强内外墙的连接，增强房屋的整体性。圈梁作为边缘构件，对楼(屋)盖在水平面内进行约束，可提高楼(屋)盖的水平刚度。圈梁与构造柱一起对墙体在竖向平面内进行约束，限制墙体裂缝的开展,使之不延伸超出两道圈梁之间的墙体,并减小其与水平面的夹角,从而保证墙体的整体性和变形能力,提高墙体的抗剪能力。圈梁还可以减轻地震时地基不均匀沉陷与地表裂缝对房屋的影响,特别是楼(屋)盖和基础顶面处的圈梁具有提高房屋的竖向刚度和抗御一定不均匀沉陷的能力。现浇钢筋混凝土圈梁对房屋抗震有重要的作用,其功能如下:

①圈梁和构造柱一起对砌体墙段乃至整幢房屋产生约束作用,提高其抗震能力;

②加强纵横墙的连接,箍住楼(屋)盖,增强其整体性并可增强墙体的稳定性;

③抑制地基不均匀沉降造成的破坏;

④减轻和防止地震时的地表裂隙将房屋撕裂。

(2)圈梁的布置。圈梁的布置与抗震设防烈度、楼(屋)盖及墙体位置有关,具体布置应符合下列要求:

①对于装配式钢筋混凝土楼(屋)盖或木楼(屋)盖的砖房,横墙承重时,应按表5-9中的要求设置圈梁;纵墙承重时,抗震横墙上的圈梁间距应比表内要求适当减小。

表5-9　砌体房屋现浇钢筋混凝土圈梁设置要求

墙　类	抗震设防烈度		
	6、7	8	9
外墙和内纵墙	屋盖处及每层楼盖处	屋盖处及每层楼盖处	屋盖处及每层楼盖处
内横墙	同上; 屋盖处间距不应大于4.5 m; 楼盖处间距不应大于7.2 m; 构造柱对应部位	同上; 各层所有横墙,且间距不应大于4.5 m; 构造柱对应部位	同上; 各层所有横墙

②现浇或装配整体式钢筋混凝土楼(屋)盖与墙体有可靠连接的房屋,应允许不另设圈梁,但楼板沿墙体周边应加强配筋并应与相应的构造柱可靠连接。

(3)圈梁的截面尺寸与配筋。圈梁的截面高度不应小于120 mm,配筋应符合表5-10中的要求。为加强基础整体性和刚性而增设的基础圈梁,截面高度不应小于180 mm,配筋不应少于4ϕ12。

表5-10　砌体房屋圈梁配筋要求

配筋	抗震设防烈度		
	6、7	8	9
最小纵筋	4ϕ10	4ϕ12	4ϕ14
最大箍筋间距/ mm	250	200	150

(4)圈梁的其他构造要求。

①圈梁应闭合,遇有洞口圈梁应上下搭接。圈梁宜与预制板设在同一标高处或紧靠板底。

②圈梁在表5-9中要求的间距内无横墙时,应利用梁或板缝中配筋替代圈梁。

3. 楼(屋)盖及其连接

(1)现浇钢筋混凝土楼板或屋面板伸进纵、横墙内的长度,均不应小于120 mm。

(2)装配式钢筋混凝土楼板或屋面板,当圈梁未设在板的同一标高时,板端伸进外墙的长度不应小于 120 mm，伸进内墙的长度不应小于 100 mm 或采用硬架支模连接，在梁上不应小于 80 mm。

(3)当板的跨度大于 4.8 m 并与外墙平行时，靠外墙的预制板侧边应与墙或圈梁拉结。

(4)房屋端部大房间的楼盖，抗震设防烈度为 6 度时房屋的屋盖和抗震设防烈度为 7 ~9 度时房屋的楼(屋)盖，当圈梁设在板底时，钢筋混凝土预制板应相互拉结，并应与梁、墙或圈梁拉结。

4. 其他构件之间的连接

(1)楼(屋)盖的钢筋混凝土梁或屋架应与墙、柱(包括构造柱)或圈梁可靠连接。梁与砖柱的连接不应削弱柱截面，各层独立砖柱顶部应在两个方向均有可靠连接。

(2)对后砌的非承重墙应沿墙高每隔 500 mm 配置 2ϕ6 拉结钢筋与承重墙或柱拉结，并每边伸入墙内不宜小于 500 mm。抗震设防烈度为 8 度和 9 度时，长度大于 5.0 m 的后砌非承重墙的墙顶尚应与楼板或梁拉结。

(3)抗震设防烈度为 6、7 度时长度大于 7.2m 的大房间，抗震设防烈度为 8 度和 9 度时，外墙转角及内外墙交接处，应沿墙高每隔 500 mm 配置 2ϕ6 拉结钢筋并每边伸入墙内不宜小于 1 m。

(4)坡屋顶房屋的屋架应与顶层圈梁可靠连接，檩条或屋面板应与墙、屋架可靠连接，房屋出入口处的檐口瓦应与屋面构件锚固；采用硬山搁檩时，顶层内纵墙顶宜增砌支承山墙的踏步式墙垛，并设置构造柱。

(5)预制阳台应与圈梁和楼板的现浇板带可靠连接。

(6)门窗洞处不应采用无筋砖过梁；过梁支承长度，抗震设防烈度为 6 ~8 度时不应小于 240 mm，抗震设防烈度为 9 度时不应小于 360 mm。

(7)同一结构单元的基础(或桩承台)，宜采用同一类型的基础，底面宜埋置在同一标高上，否则应增设基础圈梁并应按 1 : 2 的台阶逐步放坡。

5. 楼梯间的构造要求

(1)抗震设防烈度为 8 度和 9 度时，顶层楼梯间横墙和外墙应沿墙高每隔 500 mm 设 2ϕ6 通长钢筋；抗震设防烈度为 9 度时其他各层楼梯间墙体应在休息平台或楼层半高处设置 60 mm 厚的钢筋混凝土带或配筋砖带，其砂浆强度等级不应低于 M7.5，纵向钢筋不应少于 2ϕ10。

(2)抗震设防烈度为 8 度和 9 度时，楼梯间及门厅内墙阳角处的大梁支承长度不应小于 500 mm，并应与圈梁连接。

(3)装配式楼梯段应与平台板的梁可靠连接；不应采用墙中悬挑式踏步或踏步竖肋插入墙体的楼梯，不应采用无筋砖砌栏板。

(4)突出屋顶的楼、电梯间，构造柱应伸到顶部，并与顶部圈梁连接，内外墙交接处应沿墙高每隔 500 mm 设 2ϕ6 拉结钢筋，且每边伸入墙内不应小于 1 m。

6. 横墙的要求

横墙较少的多层普通砖、多孔砖住宅楼的总高度和层数接近或达到表 5-1 中规定限值时，应采取下列加强措施。

(1)房屋的最大开间尺寸不宜大于 6.6 m。

(2)同一结构单元内横墙错位数量不宜超过横墙总数的 1/3，且连续错位不宜多于两道;错位的墙体交接处均应增设构造柱,且楼、屋面板应采用现浇钢筋混凝土板。

(3)横墙和内纵墙上洞口的宽度不宜大于1.5 m;外纵墙上洞口的宽度不宜大于2.1 m或开间尺寸的一半;内外墙上洞口位置不应影响内外纵墙与横墙的整体连接。

(4)所有纵横墙均应在楼、屋盖标高处设置加强的现浇钢筋混凝土圈梁;圈梁的截面高度不宜小于150 mm,上下纵筋各不应少于3ϕ10,箍筋不小于ϕ6,间距不大于300 mm。

(5)所有纵横墙交接处及横墙的中部,均应增设满足下列要求的构造柱:在纵横墙内的柱距不宜大于3.0 m,最小截面尺寸不宜小于240 mm×240 mm(墙厚190 mm时为240 mm×190 mm),配筋宜符合表5-11中的要求。

表5-11 增设构造柱的纵筋和箍筋设置要求

位置	纵向钢筋			箍筋		
	最大配筋率/%	最小配筋率/%	最小直径/mm	加密区范围/mm	加密区间距/mm	最小直径/mm
角柱	1.8	0.8	14	全高	100	6
边柱			14	上端700 下端500		
中柱	1.4	0.6	12			

5.4.2 多层砌块房屋的抗震构造措施

1.设置钢筋混凝土芯柱

(1)芯柱设置部位。混凝土小砌块房屋应按表5-12中的要求设置钢筋混凝土芯柱,对医院、教学楼等横墙较少的房屋,应根据房屋增加一层厚的层数,按表5-12中的要求设置芯柱。

表5-12 小砌块房屋芯柱设置要求

房屋层数				设置部位	设置数量
6度	7度	8度	9度		
四、五	三、四	二、三	—	外墙转角,楼梯、电梯间四角;楼梯斜梯段上下端对应的墙体处; 大房间内外墙交接处; 错层部位横墙与外纵墙交接处; 隔12 m或单元横墙与外纵墙交接处	外墙转角,灌实3个孔; 内外墙交接处,灌实4个孔; 楼梯斜梯段上下端对应的墙体处,灌实2个孔
六	五	四	—	同上; 隔开间横墙(轴线)与外纵墙交接处	

续表

房屋层数				设置部位	设置数量
6 度	7 度	8 度	9 度		
七	六	五	二	同上； 各内墙（轴线）与外纵墙交接处； 内纵墙与横墙（轴线）交接处和洞口两侧	外墙转角，灌实 5 个孔； 内外墙交接处，灌实 4 个孔； 内墙交接处，灌实 4～5 个孔； 洞口两侧各灌实 1 个孔
	七	≥六	≥三	同上； 横墙内芯柱间距不大于 2 m	外墙转角，灌实 7 个孔； 内外墙交接处，灌实 5 个孔； 内墙交接处，灌实 4～5 个孔； 洞口两侧各灌实 1 个孔
注：外墙转角、内外墙交接处，楼、电梯间四角等部位，应允许采用钢筋混凝土构造柱替代部分芯柱					

(2)芯柱的构造要求。

①混凝土小砌块房屋芯柱截面尺寸不宜小于 120 mm×120 mm。

②混凝土强度等级不应低于 Cb20。

③芯柱竖向钢筋应贯通墙身且与圈梁连接；插筋不应少于 1ϕ12，抗震设防烈度为 6、7 度时超过五层，抗震设防烈度为 8 度时超过四层和抗震设防烈度为 9 度时，插筋不应少于 1ϕ14。

④芯柱应伸入室外地面下 500 mm，或与埋深小于 500 mm 的基础圈梁相连。

⑤为提高墙体抗震承载力而设置的芯柱，宜在墙体内均匀布置，最大净距不宜大于 2.0 m。

2. 设置钢筋混凝土构造柱

混凝土小砌块房屋中替代芯柱的钢筋混凝土构造柱，应符合下列要求：

(1)构造柱最小截面可采用 190 mm×190 mm，纵向钢筋宜采用 4ϕ12，箍筋间距不宜大于 250 mm，且在柱上下端宜适当加密；抗震设防烈度为 7 度时超过五层、抗震设防烈度为 8 度时超过四层和抗震设防烈度为 9 度时，构造柱纵向钢筋宜采用 4ϕ14，箍筋间距不宜大于 200 mm；外墙转角的构造柱可适当加大截面及配筋。

(2)构造柱与砌块墙连接处应砌成马牙槎，与构造柱相邻的砌块孔洞，抗震设防烈度为 6 度时宜填实，抗震设防烈度为 7 度时应填实，抗震设防烈度为 8、9 度时应填实并插筋。构造柱与砌块墙之间沿墙高每隔 600 mm 应设 ϕ4 拉结钢筋网片，并应沿墙体水平通长设置。

(3)构造柱与圈梁连接处，构造柱的纵筋应穿过圈梁，保证构造柱纵筋上下贯通。

(4)构造柱可不单独设置基础，但应伸入室外地面下 500 mm，或与埋深小于 500 mm 的基础圈梁相连。

3. 设置钢筋混凝土圈梁

混凝土小砌块房屋均应设置现浇钢筋混凝土圈梁。圈梁宽度不应小于 190 mm，配筋不应少于 4ϕ12，箍筋间距不应大于 200 mm。其设置部位应满足表 5-9 中的要求。

4. 砌块墙体之间的拉结

小砌块房屋墙体交接处或芯柱与墙体连接处应设置拉结钢筋网片，网片可采用直径4 mm的钢筋点焊而成，沿墙高每隔600 mm设置，每边伸入墙内不宜小于1 m。

5. 设置钢筋混凝土现浇带

混凝土小砌块房屋的层数，抗震设防烈度为6度时七层、抗震设防烈度为7度时超过五层、抗震设防烈度为8度时超过四层，在底层和顶层的窗台标高处，沿纵横墙应设置通长的水平现浇钢筋混凝土带；其截面高度不小于60 mm，纵筋不少于2ϕ10，并应有分布拉结筋；其混凝土强度等级不应低于C20。

6. 其他构造措施

小砌块房屋的其他抗震构造措施，如楼板和屋面板伸入墙内的长度、加强楼梯间的整体性等，与多层砖房相应要求相同。

5.5 底部框架—抗震墙房屋的抗震设计

5.5.1 底部框架—抗震墙房屋抗震设计的一般规定

底部(两层)由框架和一定数量的钢筋混凝土抗震墙(或砖抗震墙)组成，上部为多层砖房的组合结构称为底部框架—抗震墙房屋(简称底框砌体结构房屋)。其中底部框架—抗震墙的层数为两层(至多为两层)。

底层、底部框架—抗震墙房屋中的上部砌体各层纵横墙较密，不仅重量大，抗侧刚度也大，而底层、底部框架—抗震墙的抗侧刚度比上部小。这就形成了“上刚下柔”的结构体系，因而底部为薄弱层，地震作用下容易形成塑性变形集中，引起底层严重破坏，危及整个建筑的安全。

为防止底层因过多的变形集中而发生严重震害，应对该类房屋的结构方案和结构布置、总高度和总层数及抗震横墙间距进行限制，尤其是对抗震横墙的数量进行严格控制。

1. 关于房屋高度与抗震横墙间距的限制

《建筑抗震设计规范(2016年版)》(GB 50011—2010)对底部框架—抗震墙房屋的总高度和总层数给出了限制，见表5-1。同时，规定了底部框架—抗震墙房屋的抗震墙的最大间距，见表5-3。

2. 底部框架—抗震墙房屋的结构布置

底部框架—抗震墙房屋的结构布置，应符合下列要求：

(1)上部的砌体墙中心线宜与底部的框架梁或抗震墙的中心线相重合；构造柱或芯柱宜与框架柱上下贯通。

(2)房屋的底部应沿纵横两方向设置一定数量的抗震墙，并应均匀对称布置或基本均匀对称布置。抗震设防烈度为6度、抗震设防烈度为7度且总层数不超过四层的底部框架—抗震墙房屋，应允许采用嵌砌于框架之间的砌体抗震墙，但应计入砌体墙对框架的附加轴力和附加剪力。其余情况，抗震设防烈度为8度时应采用钢筋混凝土抗震墙，抗震设防烈度为

6、7 度时应采用钢筋混凝土抗震墙或配筋小砌块砌体抗震墙。

(3)底部框架—抗震墙房屋的纵横两个方向,第二层与底层侧向刚度的比值,抗震设防烈度为 6、7 度时不应大于 2.5,抗震设防烈度为 8 度时不应大于 2.0,且均不应小于 1.0。

(4)底部两层框架—抗震墙房屋的纵横两个方向,底层与底部第二层侧向刚度应接近,第三层与底部第二层侧向刚度的比值:抗震设防烈度为 6、7 度时不应大于 2.0,抗震设防烈度为 8 度时不应大于 1.5,且均不应小于 1.0。

(5)底部框架—抗震墙房屋的抗震墙,应设置条形基础、筏式基础或桩基。

3. 底框砖房框架和抗震墙的抗震等级

底部框架—抗震墙房屋的钢筋混凝土结构部分,应符合《建筑抗震设计规范(2016 年版)》(GB 50011—2010)中钢筋混凝土结构抗震的有关要求,此时底部框架—抗震墙房屋的框架和抗震墙的抗震等级为:抗震设防烈度为 6、7、8 度时应分别按三、二、一级采用。混凝土墙体的抗震等级,抗震设防烈度为 6、7、8 度时应分别按三、三、二级采用。

5.5.2 底部框架—抗震墙房屋抗震计算的有关规定及其特殊要求

底框砌体房屋包含了多层砌体房屋和底部框架—抗震墙结构两个部分,其抗震计算既要遵循两个部分的有关要求,又要有两部分结合体的新特点。设计时要特别注意这方面。

1. 侧移刚度的计算

底部框架—抗震墙房屋的计算应由侧移刚度的计算开始,因为第二层与底层侧移刚度比满足规范要求时,必须对底层抗震墙的设置数量进行修正。第二层砖房的侧移刚度可利用前述中普通砖房的有关公式进行计算,底层框架柱的侧移刚度可利用 D 值法进行计算,底层钢筋混凝土抗震墙(一片)的侧移刚度可按下式计算:

$$K_{cw} = \frac{1}{\dfrac{1.2h}{G_c A_w} + \dfrac{h^3}{3E_c I_w}} \tag{5-23}$$

式中 h——抗震墙的计算高度;

A_w——抗震墙水平截面面积;

I_w——抗震墙水平截面惯性矩;

G_c、E_c——混凝土的剪切模量和弹性模量。

在式(5-23)中,既考虑了剪切变形的影响,又考虑了弯曲变形的影响。

砖砌体抗震墙(一片)的侧移刚度可按下式计算:

$$K_{bw} = \frac{G_b A_b}{1.2h} \tag{5-24}$$

式中 h——砖墙的计算高度;

A_b——砖墙水平截面面积;

I_w——抗震墙水平截面惯性矩;

G_b——砖墙的剪切模量。

以 $\sum K_{cf}$ 表示底层框架柱的总侧移刚度,$\sum K_{bw2}$ 表示第二层砖墙的总侧移刚度,则第二层与底层侧移刚度比为

$$\gamma = \frac{K_2}{K_1} = \frac{\sum K_{bw2}}{\sum K_{cf} + \sum K_{cw} + \sum K_{bw}} \tag{5-25}$$

2. 水平地震作用的计算

底框砖房的地震作用可采用底部剪力法计算，且地震影响系数 α_1 取 α_{max}，不考虑顶部附加集中力，则总水平地震作用，即底部总剪力为

$$F_{Ek} = \alpha_{max} G_{eq} \tag{5-26}$$

各质点地震作用为

$$F_i = \frac{G_i H_i}{\sum_{i=1}^{n} G_i H_i} F_{Ek} \tag{5-27}$$

各楼层地震剪力为

$$V_i = \sum_{j=1}^{n} F_j \tag{5-28}$$

对突出屋面的屋顶间、女儿墙、烟囱等的地震作用效应，以乘以增大系数 3，但增大部分不往下层传递

$$V_n = 3F_n \tag{5-29}$$

3. 各楼层地震剪力的分配

上部各层砖房的地震剪力分配可按普通砖房的有关原则进行。但底部框架—抗震墙层的剪力应按《建筑抗震设计规范(2016 年版)》(GB 50011—2010)进行调整。

(1)框架层地震剪力的调整。由于竖向刚度不均匀，地震时底层将产生塑性变形集中，在计算底框地震剪力时应考虑上述不利影响，并应按下列规定予以调整：

①底部框架—抗震墙房屋底层的纵向和横向地震剪力设计值均应乘以增大系数。其值应允许根据第二层与底层侧向刚度比值的大小，在 1.2～1.5 范围内选用。

②抗震墙房屋底层和第二层的纵向和横向地震剪力设计值，亦均应乘以增大系数。其值应允许根据侧向刚度比，在 1.2～1.5 范围内选用。

以 ζ 表示增大系数，一般取

$$\zeta = \sqrt{\gamma} \tag{5-30}$$

式中　γ——式(5-25)的刚度比。

(2)底部框架—抗震墙层间剪力的分配。

《建筑抗震设计规范(2016 年版)》(GB 50011—2010)规定，底层或底部两层的纵向和横向地震剪力设计值应全部由该方向的抗震墙承担，并按各抗震墙侧向刚度比进行分配。即弹性阶段略去框架柱侧移刚度的贡献，所有剪力由抗震墙承担，则

砖抗震墙所分担的剪力为

$$V_{bw} = \frac{W_{bw}}{\sum K_{bw} + K_{cw}} V \tag{5-31}$$

混凝土抗震墙分担的剪力为

$$V_{cw}=\frac{K_{cw}}{\sum K_{bw}+\sum K_{cw}}V \tag{5-32}$$

关于框架柱所分担的地震剪力,《建筑抗震设计规范(2016 年版)》(GB 50011—2010)规定,可按各抗侧力构件有效刚度比例分配确定:有效刚度的取值,框架不折减,混凝土墙乘以折减系数 0.3,砖墙乘以折减系数 0.2。此处是考虑弹塑性阶段抗震墙开裂,产生内力重分布,此时,混凝土抗震墙弹性模量取初始值的 30%,砖墙取 20%,再与框架柱共同承担底部剪力。按照这一原则,一根钢筋混凝土框架柱承担的剪力为

$$V_z=\frac{K_z}{\sum K_z+0.2\sum K_{bw}+0.3\sum K_{cw}}V_1 \tag{5-33}$$

式中　K_z——一根钢筋混凝土框架柱的侧移刚度。

4. 上部砖房所形成的地震倾覆力矩对底部框架—抗震墙的影响

(1)倾覆力矩的分配。底框砖房中,底部框架层除了承担地震剪力外,还应承担上部砖房各层对框架层顶板的倾覆力矩,见图 5-5,该项总和以 M_1 表示,即

$$M_1=\sum_{i=2}^{n}F_i(H_i-H_1) \tag{5-34}$$

倾覆力矩在抗震墙和框架柱之间的分配,按照抗震墙和框架柱的整体弯曲刚度比例进行,见图 5-6。

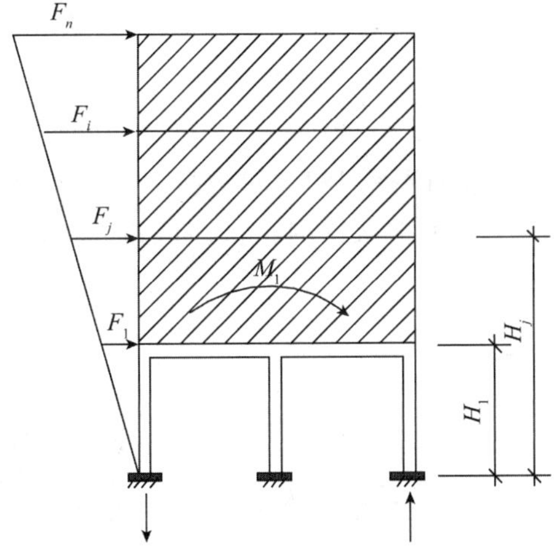

图 5-5　底部框架—抗震墙地震作用示意图

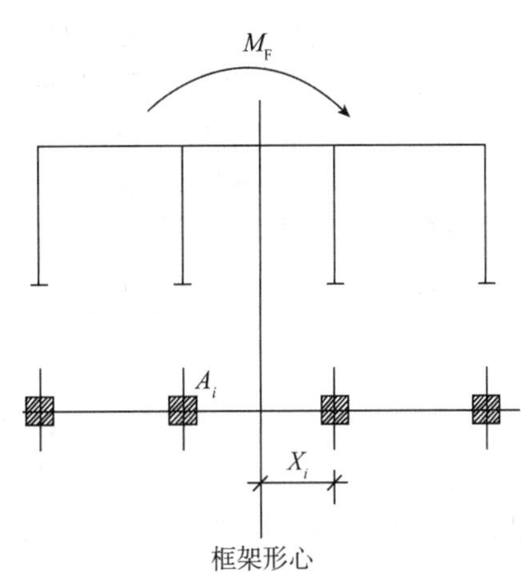

图 5-6　底部框架示意图

抗震墙承担的倾覆弯矩:

$$M_w=\frac{K'_w}{\sum K'_w+\sum K'_F}M_1 \tag{5-35}$$

一榀框架承担的倾覆弯矩:

$$M_F=\frac{K'_w}{\sum K'_w+\sum K'_F}M_1 \tag{5-36}$$

式中　K'_w——一片抗震墙的平面内转动刚度;

K'_F——一榀框架沿自身平面内的转动刚度。

(2)底层柱的附加轴力。框架承担的地震倾覆力矩将引起框架柱的附加轴力,可按下式计算:

$$N_i' = \pm\sigma_i A_i = \pm\frac{M_F A_i x_i}{\sum A_i x_i^2} \tag{5-37}$$

式中,惯性矩为 $I=\sum A_i x_i^2$,柱中应力 $\sigma_i = \pm\frac{M_F x_i}{\sum A_i x_i^2}$。

各柱截面积相同时,则

$$N_i = \pm\frac{M_F A_i x_i}{\sum A_i x_i^2} = \pm\frac{M_F x_i}{\sum x_i^2} \tag{5-38}$$

忽略中柱对倾覆弯矩的影响,得

$$N_i = \pm\frac{M_F}{B} \tag{5-39}$$

式中 B——框架边柱中距。

5.5.3 底部框架—抗震墙房屋抗震构造要求

1. 构造柱的设置要求

(1)钢筋混凝土构造柱的设置部位,应根据房屋的总层数按多层砖房的规定设置;过渡层还应在底部框架柱对应位置处设置构造柱。

(2)构造柱的截面不宜小于 240 mm×240 mm。

(3)构造柱的纵向钢筋不宜少于 4ϕ14,箍筋间距不宜大于 200 mm。

(4)过渡层构造柱的纵向钢筋,抗震设防烈度为 7 度时不宜少于 4ϕ16,抗震设防烈度为 8 度时不宜少于 4ϕ18,一般情况下,纵向钢筋应锚入下部的框架柱内;当纵向钢筋锚固在托墙梁内时,托墙梁的相应位置应加强。

(5)构造柱应与每层圈梁连接或与现浇楼板可靠拉结。

2. 楼盖的构造要求

(1)过渡层的底板应采用现浇钢筋混凝土板,板厚不应小于 120 mm;并应双排双向配筋,配筋率分别不应小于 0.25%,并应少开洞,开小洞。当洞口尺寸大于 800 mm 时,洞口周边应设置边梁。

(2)其他楼层采用装配式钢筋混凝土楼板时,均应设现浇圈梁;采用现浇钢筋混凝土楼板时,应允许不另设圈梁,但楼板沿墙体周边应加强配筋,并应与相应的构造柱可靠连接。

3. 托墙梁的构造要求

(1)梁的截面宽度不应小于 300 mm,梁的截面高度不应小于跨度的 1/10。

(2)箍筋的直径不应小于 8 mm,间距不应大于 200 mm;梁端在 1.5 倍梁高且不小于 1/5 梁净跨范围内,以及上部墙体的洞口处和洞口两侧各 500 mm 且不小于梁高的范围内,箍筋间距不应大于 100 mm。

(3)沿梁高应设腰筋,数量不应少于 2ϕ14,间距不应大于 200 mm。

(4)梁的主筋和腰筋应按受拉钢筋的要求锚固在柱内,且支座上部的纵向钢筋在柱内的锚固长度应符合钢筋混凝土框支梁的有关要求。

4. 抗震墙的构造要求

(1)抗震墙周边应设置梁(或暗梁)和边框柱(或框架柱)组成的边框;边框梁的截面宽度不宜小于墙板厚度的1.5倍,截面高度不宜小于墙板厚度的2.5倍;边框柱的截面高度不宜小于墙板厚度的2倍。

(2)抗震墙墙板的厚度不宜小于160 mm,且不应小于墙板净高的1/20;抗震墙宜开设洞口形成若干墙段,各墙段的高宽比不宜小于2。

(3)抗震墙的竖向和横向分布钢筋配筋率均不应小于0.30%,并应采用双排布置;双排分布钢筋间拉筋的间距不应大于600 mm,直径不应小于6 mm。

(4)抗震墙的边缘构件可按混凝土剪力墙一般部位的规定设置。

5. 砖抗震墙的构造要求

(1)墙厚不应小于240 mm,砌筑砂浆强度等级不应低于M10,应先砌墙后浇框架。

(2)沿框架柱每隔500 mm配置2ϕ6拉结钢筋,并沿砖墙全长设置;在墙体半高处尚应设置与框架柱相连的钢筋混凝土水平系梁。

(3)墙长大于5 m时,应在墙内增设钢筋混凝土构造柱。

6. 材料要求

(1)框架柱、抗震墙和托墙梁的混凝土强度等级不应低于C30。

(2)过渡层墙体的砌筑砂浆强度等级不应低于M10。

【例5-1】某五层砌体结构平面图、剖面图如图5-7所示。楼、屋盖采用预应力混凝土空心板,层高3 m,屋面无雪荷载和积灰荷载,屋面永久荷载5.5 kN/m^2,楼面永久荷载5.0 kN/m^2,可变荷载2.0 kN/m^2,A轴D轴墙体开洞率40%,B轴C轴墙体开洞率30%,1~8轴墙体开洞率10%,墙体(含抹灰)22 kN/m^3,墙厚240 mm,楼(屋)面混凝土梁板自重已计入楼(屋)面永久荷载中,抗震设防烈度为7度,设计地震基本加速度为0.10g(水平地震作用影响系数最大值0.08),场地类别为Ⅱ类,设计分组为第二组。试计算各楼层重力荷载代表值、地震作用、层间剪力。砌体采用MU10非黏土实心砖,混合砂浆强度为M5。试验算抗震承载力。

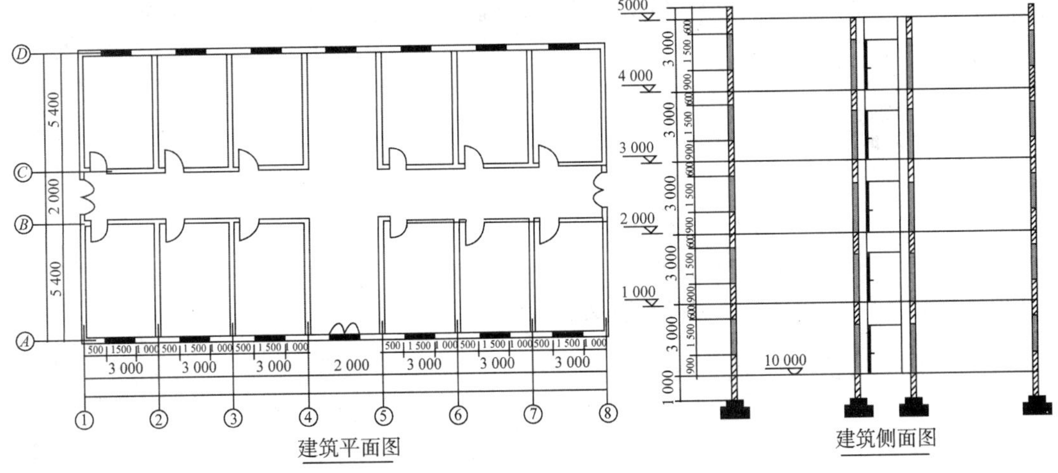

图5-7 某五层砌体结构平面图、剖面图

【解】(1)重力荷载代表值的计算。集中在各层楼盖标高处的各质点重力荷载代表值包括:楼(屋)盖自重的标准值、50%楼(屋)面承受的竖向活荷载、各层楼(屋)盖上下各半层墙体重量的标准值之和。

①屋盖。屋盖面积近似按轴线计算 $13.2\times25.2=332.64(\mathrm{m}^2)$,取为 333 m^2,屋盖重力荷载代表值 $5.5\times333=1\ 832(\mathrm{kN})$。

②楼面(包括楼梯)。楼面可变荷载组合值 $0.5\times2.0=1.0(\mathrm{kN/m}^2)$,楼面重力荷载代表值 $(1.0+5.0)\times333=1\ 998(\mathrm{kN})$。

③墙体荷载标准值。

a. 500 mm 高女儿墙。$0.5\times13.2\times25.2\times2\times22=845(\mathrm{kN})$

b. 楼层墙体。

横墙:$0.24\times22\times(1-10\%)\times(13.2-0.24)\times3\times2+0.24\times22\times(5.4-0.24)\times3\times12=1\ 350.33(\mathrm{kN})$

外纵墙:$0.24\times22\times(1-40\%)\times(25.2-0.24)\times3\times2=483.56(\mathrm{kN})$

内纵墙:$0.24\times22\times(1-30\%)\times(25.2-3.6)\times3\times2=479(\mathrm{kN})$

合计:$1\ 350.33+483.56+479=2\ 313(\mathrm{kN})$

c. 底层墙体。

横墙:$0.24\times22\times(1-10\%)\times(13.2-0.24)\times4\times2+0.24\times22\times(5.4-0.24)\times4\times12=1\ 800(\mathrm{kN})$

外纵墙:$0.24\times22\times(1-40\%)\times(25.2-0.24)\times4\times2=644.75(\mathrm{kN})$

内纵墙:$0.24\times22\times(1-30\%)\times(25.2-3.6)\times4\times2=638.67(\mathrm{kN})$

合计:$1800+644.75+638.67=3\ 084(\mathrm{kN})$

d. 各质点重力荷载代表值。

顶层:$G_5=845+1\ 382+0.5\times2\ 313=3\ 383(\mathrm{kN})$

二层~四层:$G_2=G_3=G_4=1\ 998+2\ 313=4\ 311(\mathrm{kN})$

一层:$G_2=1\ 998+0.5\times(2\ 313+3\ 084)=4\ 697(\mathrm{kN})$

总的重力荷载代表值:

$$\sum_{i=1}^{6}G_i=3\ 383+3\times4311+4\ 697=21\ 013(\mathrm{kN})$$

结构等效重力荷载代表值:

$G_{eq}=0.85\times21\ 013=17\ 861.05(\mathrm{kN})$

(2)水平地震作用计算。

①抗震设防烈度为 7 度,设计地震基本加速度为 $0.10g$(水平地震作用影响系数最大值 0.08)底部总水平地震作用标准值:

$F_{Ek}=\alpha_1 G_{eq}=\alpha_{max}\times0.85G_E=0.08\times0.85\times21\ 013=1\ 429(\mathrm{kN})$

②楼层水平地震作用和地震层间剪力标准值。

质点 i 的水平地震作用标准值 $F_i=\dfrac{G_iH_i}{\sum_{i=1}^{6}G_iH_i}F_{Ek}$

底层的层间剪力标准值 $V_{ik}=\sum_{i}^{n}F_i$,其计算过程见表 5-13。

表 5-13 计算结果

层次＼分项	G_i/kN	H_i/m	G_iH_i	$\frac{G_iH_i}{\sum_{i=1}^{6}G_iH_i}$	$F_i=\frac{G_iH_i}{\sum_{i=1}^{6}G_iH_i}F_{Ek}$	$V_{ik}=\sum_{i}^{n}F_i$
5	3 383	18	60 894	0. 269 1	385	385
4	4 311	15	64 665	0. 285 8	408	793
3	4 311	12	51 732	0. 228 6	327	1 120
2	4 311	7	30 177	0. 133 4	191	1 311
1	4 697	4	18 788	0. 083 1	118	1 429
Σ			226 256		1 429	

(3)抗震承载力验算。只验算较弱墙体的抗剪能力,因此只验算 *A* 轴、*D* 轴墙体。沿 *C* 轴、*D* 轴可视为横向,因此地震剪力应按中等刚度楼盖进行分配。采用 PKPM 分析层间剪力,分配到墙垛上验算分析。

$$\sigma_0 = 0.037\ \text{MPa}$$

由《砌体结构设计规范》(GB 50003-2011)查得,砂浆强度为 M5 的砖砌体抗剪强度f_v= 0. 11 MPa,则

$$\frac{\sigma_0}{f_v}=\frac{0.037}{0.11}=0.336$$,查表 5-14 得 ζ_N=0. 867 2

A 轴墙体抗剪承载力为

$$\frac{\zeta_N f_v A}{\gamma_{RE}}=\frac{0.867\,2\times0.11\times0.705\,6\times10^3}{0.75}=89.7(\text{kN})>61.2(\text{kN})$$

该墙承载力满足要求。

思考题

1. 简述多层砌体房屋最大高宽比的限制。
2. 多层砌体房屋的楼层地震剪力在墙体间如何分配?
3. 简述砌体房屋抗震构造措施。
4. 简述底部框架—抗震墙房屋抗震构造要求。

第6章 多层和高层钢结构房屋抗震设计

6.1 多层和高层钢结构房屋的主要震害

根据历次地震灾害调查,多层和高层钢结构房屋在地震中主要破坏形式有节点连接破坏、构件破坏和结构倒塌破坏三种。

(1)节点连接破坏。其主要有两种:一种是支撑连接破坏;另一种是梁柱连接破坏、柱脚破坏。节点连接破坏是地震中发生次数最多的一种破坏形式。刚性连接的结构构件一般采用螺栓连接或焊接。如果在节点的设计和施工中,构造及焊缝存在缺陷,节点区就可能出现应力集中、受力不均的现象,在地震中很容易出现连接破坏。梁柱节点可能出现的破坏现象主要表现为:螺栓连接断裂,焊接部位脱开,加劲板断型、屈曲,腹板断裂、屈曲等。

(2)构件破坏。其主要形式包括支撑压曲,梁柱局部失稳,柱水平裂缝或断裂破坏(脆性破坏)。在以往所有地震中,多、高层建筑钢结构构件破坏的主要形式有支撑的破坏与失稳以及梁柱局部破坏。

①支撑的破坏与失稳:当地震强度较大时,支撑承受反复拉压的轴向力作用,一旦压力超出支撑的屈曲临界力时,就会出现破坏或失稳。

②梁柱局部破坏:对于框架柱,主要有翼缘屈曲、翼缝撕裂,甚至框架柱会出现水平裂缝或断裂破坏;对于框架梁,主要有翼缘屈曲、腹板屈曲和开裂、扭转屈曲等破坏形态。

(3)结构倒塌破坏。整体稳定性与抗震设计水平有很大关系。结构倒塌是地震中结构破坏最严重的形式。造成结构倒塌的主要原因是结构薄弱层的形成,而薄弱层的形成是由于结构楼层屈服强度系数和抗弯刚度沿高度分布不均匀造成的。这就要求在设计过程中,应尽量避免上述不利因素的出现。钢构件与基础的锚固破坏主要表现为柱脚处的地脚螺栓脱开、混凝土破碎导致锚固失效、连接板断裂等。这种破坏形式曾发生多起,根据对上述钢结构房屋震害特征的分析可知,尽管钢结构抗震性能较好,但是在历次的地震中,也会出现不同程度的震害。例如,1985年墨西哥大地震中10栋钢结构房屋倒塌;在1995年日本阪神地震中,也有钢结构房屋倒塌。

多层和高层建筑采用钢结构具有良好的综合经济效益和力学性能,常见的结构体系有框架结构、框剪结构、筒体结构。其特点主要表现为：

(1)强度高,减轻结构自重,跨度大。钢材的抗拉、抗压、抗剪强度高,因而钢结构构件结构断面小、自重轻。采用钢结构承重骨架,可比钢筋混凝土结构减轻自重1/3以上。结构自重轻,可以减少运输和吊装费用,基础的负载也相应减少,在地质条件较差地区,可以降低基础造价。

(2)抗震性能好。钢材良好的弹塑性性能,可使承重骨架、节点等在地震作用下具有良好的延性。另外,钢结构自重轻也可显著减少地震作用,一般情况下,地震作用可减少40%左右。

(3)有效使用面积高。高层建筑钢结构的结构断面小,因而结构占地面积小,同时还可适当降低建筑层高。与同类钢筋混凝土高层结构相比,可相应增加建筑使用面积约4%。

(4)建造速度快、节约施工周期。高层钢结构的构件一般在工厂制造,现场安装,因而可提供较宽敞的现场施工作业面。钢梁和钢柱的安装、钢筋混凝土核心筒的浇筑以及组合楼盖的施工等可实施平行立体交叉作业。与同类钢筋混凝土高层结构相比,一般可缩短建设周期1/4~1/3。

(5)造价比较高,容易腐蚀,抗火能力差。不加耐火防护的钢结构构件,其平均耐火时限约15min,明显低于钢筋混凝土结构。故当有防火要求时,钢构件表面必须用专门的防火涂料防护,以满足《建筑防火设计规范》(GB 50016—2014)的要求。

近年来,钢结构的结构体系也呈多样化发展,纯框架结构、框架中心支撑结构、框架偏心支撑结构、框架抗震墙结构、筒中筒结构、带加强层的框筒结构以及巨型框架结构等各种类型的钢结构建筑物都相继在我国建成。与之相适应的,我国钢铁工业在这些年也得到了迅猛的发展,钢材的品种、产量以及型钢的规格都大大地丰富了。近些年来,钢框架—混凝土核心筒结构在我国应用较多,它主要由混凝土核心筒来承担地震作用。这种结构形式在美国地震区不被采用;日本将其列为特种结构,在工程中应用首先要经日本建筑中心评定和建设大臣批准,目前很少采用。同时,由于我国对其的抗震性能也尚缺乏系统的研究。因此,《建筑抗震设计规范(2016年版)》(GB 50011—2010)暂未列入这种结构形式的内容。

钢结构自其诞生之日起就被认为具有卓越的抗震性能,它在历次的地震中也经受了考验,很少发生整体破坏或坍塌现象。但是在1994年美国大地震和1995年日本阪神大地震中,钢结构出现了大量的局部破坏(如梁柱节点破坏、柱子脆性断裂、腹板裂缝和翼缘屈曲等),甚至在日本阪神大地震中出现了钢结构建筑整个中间楼层被震塌的现象。根据钢结构在地震中的破坏特征,结构的破坏形式分为以下几类。

6.1.1　多层钢结构底层或中间某层整层的坍塌

在以往的地震中,钢结构建筑很少发生整层坍塌的破坏现象。而在1995年日本阪神大地震中,不仅许多多层钢结构在首层发生了整体破坏,还有不少多层钢结构在中间层发生了整体破坏。究其原因,主要是楼层屈服强度系数沿高度分布不均匀,形成了结构薄弱层。

6.1.2　梁、柱、支撑等构件的破坏

在以往所有的地震中,梁柱构件的局部破坏都较多。对于框架来说,主要有翼缘的屈曲、拼接处的裂缝、节点焊缝处裂缝引起的柱翼缘层状撕裂,甚至框架柱的脆性断裂,如图6-1所

示。对于框架梁而言,主要有翼缘屈曲、腹板屈曲和裂缝、截面扭转屈曲等破坏形式,如图 6-2 所示。支撑的破坏形式主要是轴向受压失稳。

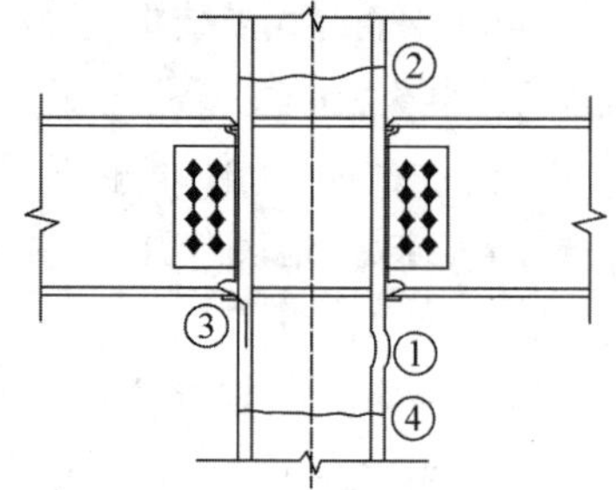

图 6-1　框架柱的主要破坏形式

①—翼缘屈曲;②—拼接处的裂缝;③—柱翼缘的层状撕裂;④—柱的脆性断裂

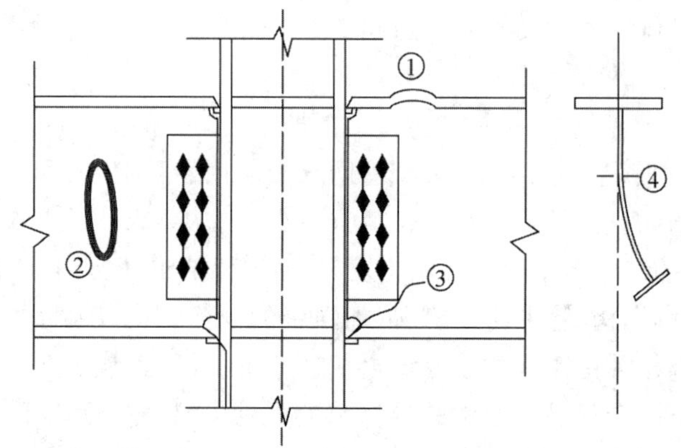

图 6-2　框架梁的主要破坏形式

①—翼缘屈曲;②—腹板屈曲;③—腹板裂缝;④—截面扭转屈曲

6.1.3　节点域的破坏形式

节点域的破坏形式比较复杂,主要有加劲板屈曲和开裂、加劲板焊缝裂缝、腹板屈曲和裂缝,如图 6-3 所示。

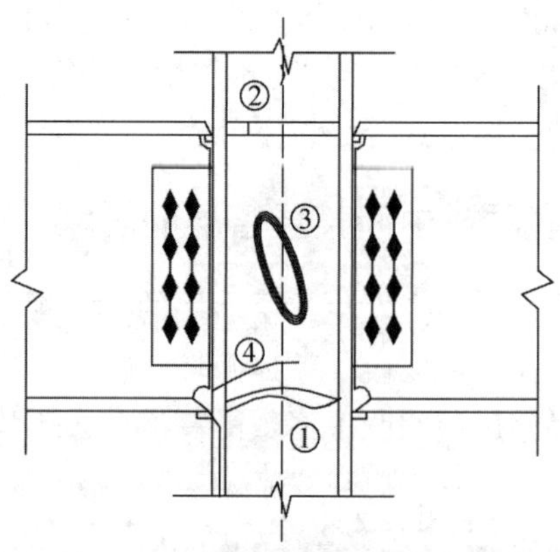

图 6-3　节点域的主要破坏形式

①—加劲板屈曲;②—加劲板开裂;③—腹板屈曲;④—腹板开裂

6.1.4　节点的破坏形式

节点破坏是地震中发生最多的一种破坏。在1994年美国大地震和1995年日本阪神大地震中，钢框架梁-柱连接节点遭受严重破坏。这些地震中的梁柱节点脆性破坏，主要出现在梁柱节点的下翼缘，上翼缘的破坏要相对少很多。根据在现场观察到的梁柱节点破坏，节点的破坏形式分为8类，如图6-4(a)、(b)所示的节点破坏形式为这次地震中梁柱节点破坏最多的形式，即裂缝在梁下翼缝中扩展，甚至梁下翼缘焊缝与柱翼缘完全脱离开来；图6-4(c)、(d)所示为另两种发生较多的梁柱节点破坏形式，即裂缝从下翼缘垫板与柱交界处开始，然后向柱翼缘中扩展，甚至很多情况下撕下一部分柱翼缘母衬；图6-4(e)～(h)所示的节点破坏也有发生。

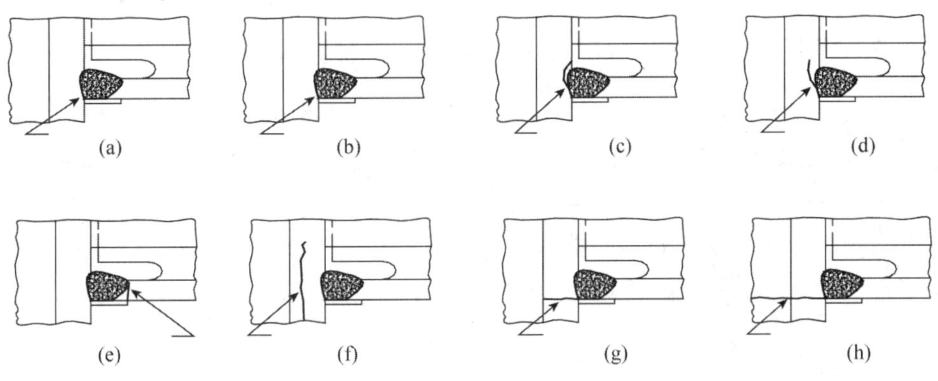

图6-4　梁柱节点的主要破坏形式

(a)焊缝与柱翼缘完全撕裂；(b)焊缝与柱翼缘部分撕裂；(c)柱翼缘完全撕裂；(d)柱翼缘部分撕裂；(e)焊趾处翼缘断裂；(f)柱翼缘层状撕裂；(g)柱翼缘断裂；(h)柱翼缘和腹板部分断裂

6.1.5　震害原因分析

根据对上述多层和高层钢结构房屋的震害特征的分析，震害破坏原因，主要有以下几点：

(1)结构的层屈服强度系数和抗侧刚度沿高度分布不均匀，底层或中间某层形成薄弱层，从而发生薄弱层的整体破坏。

(2)构件的截面尺寸和局部构造(如长细比、板件宽厚比)设计不合理，造成了构件的脆性断裂、屈曲和局部的破裂等。

(3)焊缝尺寸设计不合理或施工质量不过关造成许多焊缝处出现了裂缝的破坏。

(4)梁柱节点的设计、构造以及焊缝质量等方面的原因造成了大量的梁柱节点脆性破坏。

为了预防以上震害的出现，多层和高层钢结构房屋抗震设计应符合以下几节中的一些规定和抗震构造措施。

6.2　多层和高层钢结构房屋的抗震性能

6.2.1　纯钢框架结构的抗震性能

纯钢框架结构体系早在19世纪末就已出现，它是高层建筑中最早出现的结构体系。这种结构平面布置灵活,可为建筑提供较大的室内空间且结构的整体刚度比较均匀,构造简单,制作安装方便;同时在大震作用下,结构具有较大的延性和一定的耗能能力——其耗能能力主要是通过梁端塑性弯曲铰的非弹性变形来实现的。但是这种结构形式在弹性状况下的抗侧刚度较小,其稳定性主要取决于组成框架的柱和梁的抗弯刚度。在水平力作用下,当楼层较少时,结构的侧向变形主要是剪切变形,即由框架柱的弯曲变形和节点转角所引起的;当层数较多时,结构的侧向变形,除了由框架柱的弯曲变形和节点转角造成外,框架柱的轴向变形所造成的结构整体弯曲而引起的侧移随着结构层数的增多也越来越大。由此可知,纯框架结构的抗侧移能力主要决定于框架柱和梁的抗弯能力,当层数较多时要提高结构的抗侧移刚度只有加大梁和柱的截面面积。截面面积大,会使框架失去其经济合理性,而侧向位移大,易引起非结构构件的破坏,故其主要适用于 30 层以下的钢结构房屋。

6.2.2 钢框架—支撑(抗震墙板)结构的抗震性能

由于纯框架结构是靠梁柱的抗弯刚度来抵抗水平地震作用,因而不能有效地利用构件的强度,当层数较多时,就很不经济。因此,当建物超过 30 层或纯框架结构在风荷载或地震作用下的侧移不符合要求时,往往在纯框架结构中再加上抗侧移构件,即构成了钢框架—抗剪结构体系。根据抗侧移构件的不同,这种体系又可分为框架—支撑结构体系(中心支撑和偏心支撑)和框架—抗震墙板结构体系。

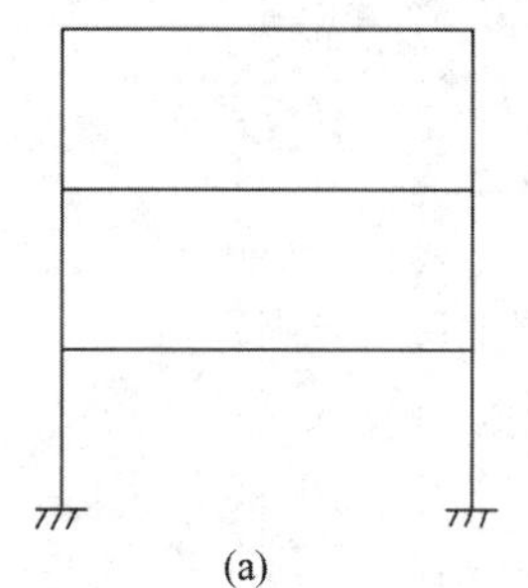
(a)

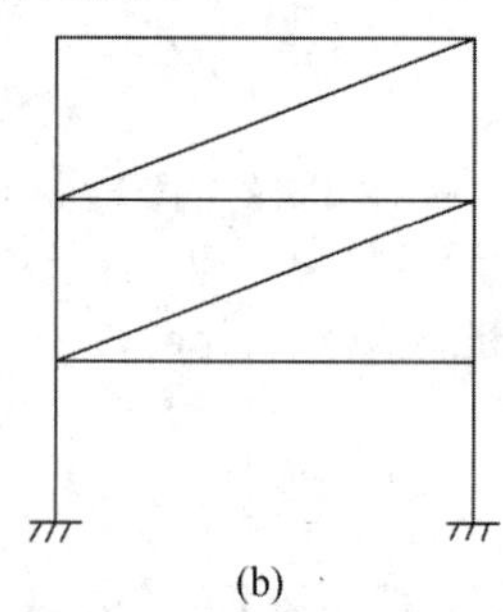
(b)

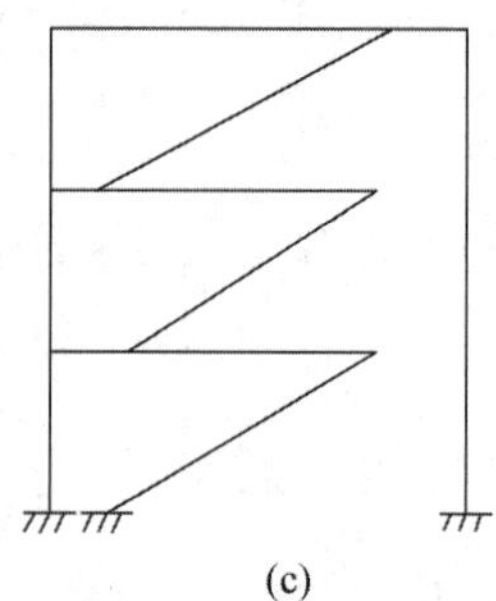
(c)

图 6-5　不同的框架形式

(a)纯框架;(b)中心支撑框架;(c)偏心支撑框架

1. 框架—支撑结构体系(中心支撑和偏心支撑)

框架—支撑结构在框架的一跨或几跨沿竖向布置支撑构成,其中支撑桁架部分起着类似框架—剪力墙结构中剪力墙的作用。在水平力作用下,支撑桁架部分中的支撑构件只承受拉、压轴向力。这种结构形式无论是从强度的角度看还是变形的角度看,都是十分有效的。与纯框架结构相比,这种结构形式大大地提高了结构的抗侧移刚度。钢支撑就布置而言,可分为中心支撑和偏心支撑两大类,如图 6-5(a)所示。中心支撑框架是指支撑的两端都直接连接在梁柱节点上。偏心支撑框架是支撑至少有一端偏离了梁柱节点,而且直接连在梁上,支撑与柱之间的一段梁即消能梁段。中心支撑框架体系在大震作用下支撑易屈曲失稳,造成刚度、耗能能力急剧下降,直接影响结构的整体性能;但其在小震作用下抗侧移刚度很大,构造相对简单,实际工程应用较多,我国很多的实际钢结构工程都采用了这种结构形式。偏心支撑框架结构是一种新型的结构形式,它较好地结合了纯框架和中心支撑框架两者的长处。与纯框架相比,它每层加有支撑,具有更大的抗侧移刚度、极限承载力。与中心支撑框架相比,它在支撑的一端有消能梁段,在大震作用下,消能梁段在巨大剪力作用下,先发生剪切屈服,从而保证支撑的稳定,使得结构的延性好,滞回环稳定,具有良好的耗能能力。近年来,在美国的高烈度地震区,偏心支撑框架结构已被数十栋高层建筑采用作为主要抗震结构。中国工商银行总行也采用了这种结构体系。

2. 框架抗震墙板结构体系

抗震墙板包括钢筋混凝土带竖缝墙板、内藏钢支撑混凝土墙板和钢抗震墙板等。带竖缝墙板最早是由日本在20世纪60年代研制的,并成功地应用到日本第一栋高层建筑钢结构——霞关大厦。这种带竖缝墙板是通过在钢筋混凝土墙板中按一定间距设置竖缝而形成的,同时在竖缝中设置了两块重叠的石棉纤维作隔板。这样既不妨碍竖缝剪切变形,还能起到隔声等作用。它在小震作用下,处于弹性,刚度较大;在大震作用下即进入塑性状态,能吸收大量的地震能量并保证其承载力。北京京广中心大厦的结构体系采用的就是这种带竖缝墙板的钢框架-抗震墙板结构。内藏钢板支撑剪力墙构件是一种以钢板为基本支撑、外包钢筋混凝土墙板的预制构件,它只在支撑节点处与钢框架相连,而且混凝土墙板与框架梁柱之间留有间隙,因此,实际上它仍然是一种支撑。钢抗震墙板是一种用钢板或带有加劲肋的钢板制成的墙板,这种构件在我国应用较少。

6.2.3　筒体结构的抗震性能

筒体结构体系是在超高层建筑中应用较多的一种,按筒体的位置、数量等分为钢框架—核心筒、筒中筒、带加强层的筒体和束筒等几种结构体系。

1. 钢框架-核心筒结构体系

钢框架-核心筒结构体系将抗剪结构做成四周封闭的核心筒,用以承受全部或大部分水平荷载和扭转荷载。外围框架可以是铰接钢结构或钢骨混凝土结构,主要承受自身的重力荷载,也可设计成抗弯框架,承担一部分水平荷载。核心筒的布置随建筑的面积和用途不同而有很大的变化,它可以是设于建筑物核心的单筒,也可以是几个独立的筒位于不同的位置上。

2. 筒中筒结构体系

筒中筒结构体系是集外围框筒和核心筒为一体的结构形式,其外围多为密柱深梁的钢框筒,核心为钢结构构成的筒体。内、外筒通过楼板而连接成一个整体,大大提高了结构的总体刚度,可以有效地抵抗水平外力。筒中筒结构体系与钢框架—核心筒结构体系相比,由于外围框架筒的存在,整体刚度较小;与外框筒结构体系相比,由于核心内筒参与抵抗水平外力,不仅提高结构抗侧移刚度,还可使得框—筒结构的剪力滞后现象得到改善。这种结构体系在工程中应用较多,我国建于1989年的39层高155 m的北京国贸中心大厦就采用了全钢筒中筒结构体系。

3. 带加强层的筒体结构体系

对于钢框架—核心筒结构,其外围柱与中间的核心筒仅通过跨度较大的连系梁连接。这时,结构在水平地震作用下,外围框架柱不能与核心筒共同形成一个有效的抗侧力整体,从而使用核心筒几乎独自抗弯,外围柱的轴向刚度不能很好地利用,致使结构的抗侧移刚度有限,建筑物高度也受到限制。带水平加强层的筒体结构体系就是通过在技术层(设备层、避难层)设置水平加强层而形成的反弯矩来减少内筒体的倾覆力矩,从而达到减少结构在水平荷载作用下的侧移。由于外围框架梁的竖向刚度有限,不足以让未与水平加强层直接相连的其他周边柱子参与结构的整体抗弯,一般在水平加强层的楼层沿结构周边外圈,还要设置周边环带桁架。设置水平加强层后,抗侧移效果显著,顶点侧移可减少20%左右。

4. 束筒结构体系

束筒结构是将多个单元框架筒体相连在一起而组成的组合筒体,是一种抗侧刚度很大的结构形式。这些单元筒体本身就有很高的强度,它们可以在平面和立面上组合成各种形状,并且各个筒体可终止于不同高度。既可使建筑物形成丰富的立面效果,而又不增加其结构的复杂性。曾经世界最高的建筑——位于美国芝加哥的110层、高443 m的芝加哥西尔斯大厦所采用的就是这种结构形式。

6.2.4 巨型结构的抗震性能

巨型结构体系是一种新型的超高层建筑结构体系。巨型结构体系的提出,在20世纪60年代末,它是由梁式转换楼层结构发展而形成的。巨型结构体系又称超级结构体系,是由不同于通常梁柱概念的大型构件——巨型梁和巨型柱组成的简单而巨型的主结构与由常规结构构件组成的次结构共同工作的一种结构体系。主结构中巨型构件的截面尺寸通常很大,其中巨型柱的尺寸常超过一个普通框架的柱间距,形式上可以是巨大的实腹钢骨混凝土柱、空间格构式桁架或筒体;巨型梁大多数采用的是高度在一层以上的平面或空间格构式桁架,一般若干层才设置一道。在主结构中,有时也设置跨越好几层的支撑或斜向布置剪力墙。

巨型钢结构的主结构,通常为主要的抗侧力体系,承受全部的水平荷载和次结构传来的各种荷载;次结构承担竖向荷载,并负责将力传给主结构。从结构角度来看,巨型结构体系是一种超常规的具有巨大抗侧移刚度及整体工作性能的大型结构,可以很好地发挥材料的性能,是一种非常合理的超高层结构形式;从建筑物角度来看,它的提出即可满足建筑师丰富建筑平立面的愿望,又可实现建筑师对大空间的需求。巨型结构体系按其主要受力体系可分为:巨型桁架(包括筒体)、巨型框架、巨型悬挂结构和巨型分离式筒体等四种基本类型。由上述四种基本类型和其他常规体系,可以组合出许多种其他性能优越的巨型钢结构体系。由于这种新型的结构形式具有良好的建筑适应性和潜在的高效结构性能,被越来越多的国际建筑公司关注。巨型结构在我国已取得了一定进展,其中比较典型的有1990年建成的70层高369 m的香港中国银行大厦。

6.3 多层和高层钢结构房屋抗震设计的结构布置及形式

6.3.1 结构平、立面布置以及防震缝的设置

与其他类型的建筑结构一样,多高层钢结构房屋的平面布置宜简单、规则和对称,并应具有良好的整体性;建筑的立面和竖向剖面宜规则,结构的抗侧刚度宜均匀变化,竖向抗侧力构件的截面尺寸和材料强度宜自下而上逐渐减小,避免抗侧力结构的侧向刚度和承载力

突变。钢结构房屋应尽量避免采用不规则结构。

多高层钢结构房屋一般不宜设防震缝,薄弱部位应采取措施提高抗震能力。当结构体形复杂、平立面特别不规则,必须设置防震缝时,可按实际需要在适当部位设置防震缝,形成多个较规则的抗侧力结构单元,防震缝缝宽应不小于相应钢筋混凝土结构房屋防震缝缝宽的1.5倍。

6.3.2 各种不同结构体系的多层和高层钢结构房屋适用的高度和最大高宽比

表6-1所列为各种不同结构体系多层和高层钢结构房屋的最大适用高度。例如,某工程设计高度超过表中所列的限值时,须按住房和城乡建设部的规定进行超限审查。表6-1中所列的各项取值是在研究各种结构体系的结构性能和造价的基础之上,按照安全性和经济性的原则确定的。纯钢框架结构有较好的抗震能力,即在大震作用下具有很好的延性和耗能能力,但在弹性状态下抗侧刚度相对较小。研究表明,对抗震设防烈度为6、7度和非设防的结构,即水平地震作用相对较小的结构,最大经济层数是30层约110 m,《建筑抗震设计规范(2016年版)》(GB 50011—2010)规定最高高度不应超过110 m。对于抗震设防烈度为8、9度的结构,地震作用相对较大,层数应适当减小。参考已建的北京长富宫中心饭店(纯钢框架结构、抗震设防烈度为8度设防、26层高94 m)等建筑,抗震设防烈度为8度的纯框架结构最高适用高度设为90 m,抗震设防烈度为9度设防的纯钢框架结构最大的适用高度设为50 m。框架—支撑(抗震墙板)结构是在纯框架结构基础上增加了支撑或带竖缝墙板等抗侧构件,从而提高了结构的整体刚度和抗侧能力,即这种结构体系可以建得更高。同时,参考已建的北京京城大厦(框架—抗震墙板结构、抗震设防烈度为8度、52层高183.5 m)、北京京广中心(框架—抗震墙板结构、抗震设防烈度为8度设防、53层高208 m)等建筑。我国相关规范规定:抗震设防烈度为8度的结构,最大适用高度为200 m;对抗震设防烈度为6、7度地区和非设防地区适当放宽,为220 m;抗震设防烈度为9度地区适当减小,为140 m。筒体结构是超高层建筑中应用较多,也是建筑物高度最高的一种结构形式,世界上最高的建筑物大多采用筒体结构。由于我国在超高层建筑方面的研究和经验不多,故参考国内外已建工程,将筒体结构在抗震设防烈度为6、7度地区的最大适用高度定为300 m。抗震设防烈度为8、9度地区适当减少,其中8度为260 m,9度为180 m。

表6-1 钢结构房屋适用的最大高度 m

结构类型 \ 抗震设防烈度	6、7度	8度	9度
框架	110	90	50
框架—支撑(抗震墙板)	220	200	140
筒体(框筒、筒中筒、桁架筒、束筒)和巨型框架	300	260	180
注:1. 房屋高度是指室外地面到主要屋面板板顶的高度(不包括局部突出屋顶部分); 2. 超过表内高度的房屋,应进行专门研究和论证,采取有效的加强措施			

表6-2所列为钢结构民用房屋适用的最大高宽比。由于对各种结构体系的合理最大高宽比缺乏系统的研究,故《建筑抗震设计规范(2016年版)》(GB 50011—2010)主要从高宽

比对舒适度的影响以及参考国内外已建实际工程的高宽比确定的。由于纽约著名的建筑物世界贸易中心的高宽比是6.5,其值较大并具有一定的代表性,其他建筑的高宽比很少有超过此值的。故将6、7度地区的钢结构建筑物的高宽比最大值为6.5,抗震设防烈度为8、9度地区适当缩小,分别为6.0和5.5。由于缺乏对各种结构形式钢结构的合理高宽比最大值进行系统研究,故在《建筑抗震设计规范(2016年版)》(GB 50011—2010)中不同结构形式采用统一值。

表6-2 钢结构民用房屋适用的最大高宽比

抗震设防烈度	6、7度	8度	9度
最大高宽比	6.5	6.0	5.5
注:计算高宽比的高度从室外地面算起			

6.3.3 框架-支撑结构的支撑布置原则

在框架结构中增加中心支撑和偏心支撑等抗侧力构件时,应遵循抗侧力刚度中心与水平地震作用合力接近重合的原则,即在两个方向上均宜对称布置。同时,支撑框架之间楼盖的长宽比不宜大于3,以保证抗侧刚度沿长度方向分布均匀。

中心支撑框架在小震作用下具有较大的抗侧刚度,同时构造简单;但是在大震作用下,支撑易受压失稳,造成刚度和耗能能力的急剧下降。偏心支撑在小震作用下具有与中心支撑相当的抗侧刚度,在大震作用下还具有与纯框架相当的延性和耗能能力,但构造相对复杂。因此,对于不超过12层的钢结构,即地震力相对较小的结构可以采用中心支撑框架,有条件时可以采用偏心支撑的消能支撑。超过12层的钢结构宜采用偏心支撑框架。

多、高层钢结构的中心支撑可以采用交叉支撑、人字支撑或单斜杆支撑,但不宜采用K形支撑,如图6-6所示。因为K型支撑在地震作用下可能因受压斜杆屈曲或受拉斜杆屈服,引起较大的侧移使柱发生屈曲甚至倒塌,故抗震设计中不宜采用。当采用只能受拉的单斜杆支撑时,必须设置两组不同倾斜方向的支撑,以保证结构在两个方向具有同样的抗侧能力。对于不超过12层的钢结构可优先采用交叉支撑,按拉杆设计,相对经济。中心支撑的具体布置时,其轴线应交会于梁柱构件的轴线交点,确有困难时偏离中心不应超过支撑杆件宽度,并应计入由此产生的附加弯矩。

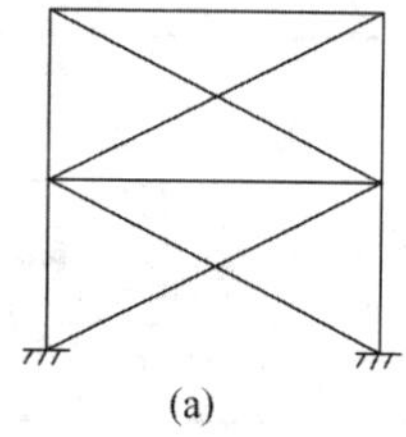
(a)

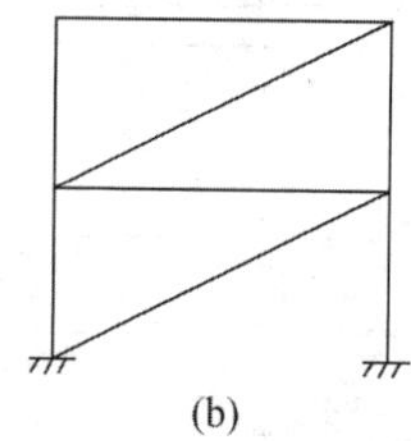
(b)

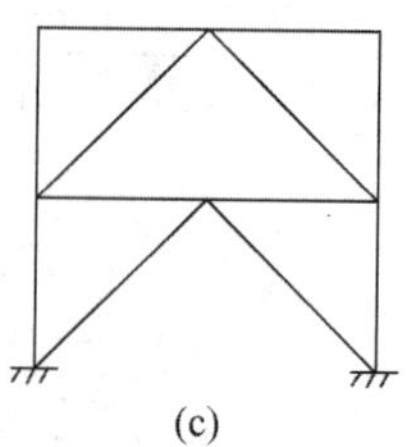
(c)

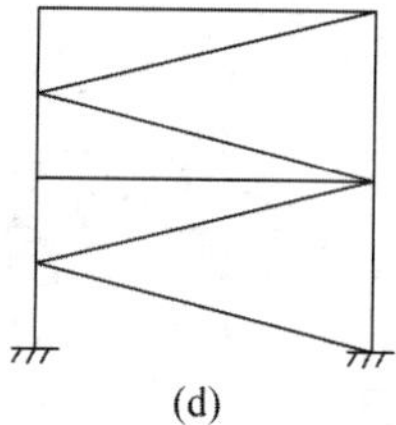
(d)

图6-6 中心支撑类型

(a)交叉支撑;(b)单斜杆支撑;(c)人字支撑;(d)K形支撑

支撑框架根据其支撑的设置情况分为D形、K形和V形。偏心支撑类型,如图6-7所示。无论采用何种形式的偏心支撑框架,每根支撑都至少有一端偏离梁柱节点,而直接与框架连接,则梁支撑节点与梁柱节点之间的梁段或梁支撑节点与另一梁支撑节点之间的梁段即消能梁段。偏心支撑框架体系的性能很大程度上取决于消能梁段，消能连梁不同于普通的梁，其跨度小、高跨比大，同时承受较大的剪力和弯矩。其屈服形式、剪力和弯矩的相互关系以及屈服后的性能均较复杂。

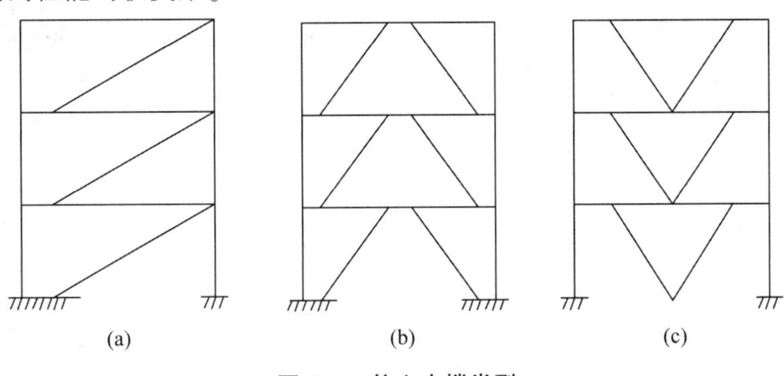

图6-7 偏心支撑类型

(a)D形偏心支撑；(b)K形偏心支撑；(c)V形偏心支撑

6.3.4 多层和高层钢结构房屋中的楼盖形式

在多层和高层钢结构中，楼盖的工程量占很大的比重，其对结构的整体工作、使用性能、造价及施工速度等方面都有着重要的影响。在设计中，确定楼盖形式时，主要考虑以下几点：

(1)楼盖有足够的平面整体刚度，使得结构各抗侧力构件在水平地震作用下具有相同的侧移。

(2)较轻的楼盖结构自重和较低的楼盖结构高度。

(3)有利于现场快速施工和安装。

(4)较好的防火、隔声性能，便于敷设动力、设备以及通信等管线设施。

目前，楼板的做法主要有压型钢板现浇钢筋混凝土组合楼板、装配整体式预制钢筋混凝土楼板、装配式预制钢筋混凝土楼板、普通现浇混凝土楼板或其他楼板。从性能上比较，压型钢板现浇钢筋混凝土组合楼板和普通现浇混凝土楼板的平面整体刚度更好；从施工速度上比较，压型钢板现浇钢筋混凝土组合楼板、装配整体式预制钢筋混凝土楼板和装配式预制钢筋混凝土楼板都较快；从造价上比较，压型钢板现浇钢筋混凝土组合楼板也相对较高。

综上所述，多层和高层钢结构宜采用压型钢板现浇钢筋混凝土组合楼板。当压型钢板现浇钢筋混凝土组合楼板与钢梁有可靠连接时，具有很好的平面整体刚度，同时不需要现浇模板，提高了施工速度。对于不超过12层的钢结构还可采用装配整体式钢筋混凝土楼板，也可采用装配式楼板或其他轻型楼板；对于超过12层的钢结构，当楼盖不能形成一个刚性的水平隔板以传递水平力时，须加设水平支撑，一般每2~3层加设一道。

在具体设计和施工中，当采用压型钢板钢筋混凝土组合楼板或现浇钢筋混凝土楼板时，应与钢梁有可靠连接；当采用装配式、装配整体式或轻型楼板时，应将楼板预埋件与钢梁焊接，或采取其他保证楼盖整体性的措施。必要时，在楼盖的安装过程中要设置一些临时支撑，待楼盖全部安装完成后再拆除。

6.3.5 多层和高层钢结构房屋的地下室

超过 12 层的钢结构应设置地下室,对 12 层以下的未做具体规定。当设置地下室时,其基础形式也应根据上部结构及地下室情况、工程地质条件、施工条件等因素综合考虑确定。地下室和基础作为上部结构的锚固钢筋伸入部分,应具有可靠的埋置深度和足够的承载力及刚度。当采用天然地基时,其基础埋置深度不宜不低于房屋总高度的 1/15;当采用桩基时,桩承台埋置深度不宜小于房屋总高度的 1/20。

钢结构房屋设置地下室时,为了增强刚度并便于连接构造,框架-支撑(抗震墙板)结构中竖向连续布置的支撑(或抗震墙板)应延伸至基础;框架柱应至少延伸至地下一层。在地下室部分,支撑的位置不可因建筑方面的要求而在地下室移动位置。但是,当钢结构的底部或地下室设置钢骨混凝土结构层,为增加抗侧刚度、构造等方面的协调性时,可将地下室部分的支撑改为混凝土抗震墙。至于抗震墙是由钢支撑外包混凝土构成还是采用混凝土墙,由设计者而定。

6.4 多层和高层钢结构房屋的抗震计算要求

6.4.1 地震作用

1. 计算模型

多层和高层钢结构房屋的计算模型,当结构布置规则、质量以及刚度沿高度分布均匀、不计扭转效应时,可采用平面结构计算模型;当结构平面或立面不规则、体形复杂、无法划分成平面抗侧力单元的结构,或为筒体结构等时,应采用空间结构计算模型。

地震作用计算中有关重力荷载代表值的计算方法、地震作用的计算内容以及地震作用的计算方法等请参考本书第 3 章的具体论述。

2. 抗侧力构件的模拟

在框架-支撑(抗震墙板)结构的计算分析中,其计算模型中部分构件单元模型可做适当的简化。支撑斜杆构件的两端连接节点,虽然按刚接设计,但在大量的分析中发现,支撑构件两端承担的弯矩很小,则计算模型中支撑构件可按两端铰接模拟。内藏钢支撑钢筋混凝土墙板构件是以钢板为基本支撑,外包钢筋混凝土墙板的预制构件。它只在支撑节点处与钢框架相连,混凝土墙板与框架梁柱间留有间隙。因此,实际上它仍是一种支撑,则计算模型中可按支撑构件模拟。对于带竖缝混凝土抗震墙板,可按只承受水平荷载产生的剪力、不承受竖向荷载产生的压力来模拟。

3. 阻尼比的取值

阻尼比是计算地震作用一个必不可少的参数。实测表明,多层和高层钢结构房屋的阻尼比小于钢筋混凝土结构的阻尼比。在多遇地震作用下的阻尼比,超过 12 层的钢结构可取 0.02;不超过 12 层的钢结构取 0.035;对单层钢结构仍取 0.05。在罕遇地震作用下,不同层数的钢结构阻尼比都取 0.05。

4. 重力二阶效应的考虑方法

由于钢结构的抗侧刚度相对较弱，随着建筑物高度的增加，重力二阶效应的影响也越来越大。当结构在地震作用下的重力附加弯矩与初始弯矩之比符合式(6-1)时，应计入重力二阶效应影响。对于重力二阶效应的影响，准确的计算方法就是在计算模型中所有的构件都应考虑几何刚度；当在弹性分析时，可以用一种简化方法来近似的计算，就是将所有构件的地震效应乘一个增大系数，这个增大系数可近似取为 $1/(1-\theta)$。

$$\theta_i = \frac{M_a}{M_0} = \frac{\sum G_i \cdot \Delta u_i}{V_i h_i} > 0.1 \tag{6-1}$$

式中　θ_i——第 i 层的重力附弯矩与初始弯矩比值；

M_{ai}, M_{0i}——第 i 层的重力附弯矩与初始弯矩；

G_i——第 j 层的重力荷载($j=I, +1, \cdots, n$)；

Δu_i——第 i 层的地震平均层间位移；

$V_i h_i$——第 i 层的地震剪力及楼层层高。

6.4.2　抗震设计的验算内容以及作用效应的组合方法

1. 验算内容

多层和高层钢结构房屋的抗震设计，采用两阶段设计法。第一阶段为多遇地震作用下的弹性分析，验算构件的承载力和稳定以及结构的层间侧移；第二阶段为罕遇地震下的弹塑性分析，验算结构的层间侧移。

第一阶段抗震设计的地震作用效应采用有关章节所述的方法计算。多层和高层钢结构房屋的第二阶段抗震设计的弹塑性变形计算可采用静力弹塑性分析方法(如 Push-over 方法)或弹塑性时程分析(如 Drain-2D 程序)；其计算模型，对规则结构可采用弯剪型层模型或平面杆系模型等，不规则结构采用空间结构模型。

2. 作用效应组合方法

无论是结构构件的内力还是结构的变形，两阶段设计时都要考虑地震作用效应和其他荷载效应(如重力荷载效应、风荷载效应等)的组合，区别在于两者的组合系数不同。结构两阶段设计时的地震作用效应和其他荷载效应的组合方法，采用本书第 4 章所述方法进行组合。

6.4.3　钢结构节点域对侧移的影响以及结构在地震作用下的变形验算

1. 节点域对结构侧移的影响

在多层和高层钢结构中，是否考虑梁柱节点域剪切变形对层间位移的影响要根据结构形式、框架的截面形式以及结构的层数高度而定。研究表明，节点域剪切变形对框架—支撑体系影响较小；对钢框架结构体系影响相对较大。而在纯钢框架结构体系中，当采用 I 形截面柱且层数较多时，节点域的剪切变形对框架位移很小，不到 1% 可忽略不计。对 I 形截面柱宜计入梁柱带点域剪切变形。框架位移影响较大，可达 10% ~20%；当采用箱形柱或层数较小时，节点域的剪切变形对框架位移影响很小，不到 1%，可忽略不计。对 I 形截面柱，宜计入梁柱节点域剪切形对结构侧移的影响；中心支撑框架和不超过 12 层的钢结构，可不计入梁柱节点域剪切变形对结构侧移的影响。

2. 多遇地震作用变形验算

多层和高层钢结构的抗震变形验算，也是分多遇地震和罕遇地震两个阶段分别验算。首先所有的钢结构都要进行多遇地震作用下的抗震变形验算，并且弹性层间位移角限值取 1/300，即楼层内最大的弹性层间位移应符合下式要求：

$$\Delta u_e \leqslant h/300 \tag{6-2}$$

式中 Δu_e ——多遇地震作用标准值产生的楼层内最大弹性层间位移；

h ——计算楼层层高。

3. 罕遇地震作用变形验算

结构在罕遇地震作用下薄弱层的弹塑性变形验算。《建筑抗震设计规范(2016 年版)》(GB 50011-2010)规定，高度超过 150 m 的钢结构必须进行验算；高度不大于 150 m 的钢结构，宜进行弹塑性变形验算。多、高层钢结构的弹塑性层间位移角限值取 1/50，即楼层内最大的弹塑性层间位移应符合下式要求：

$$\Delta u_p \leqslant h/50 \tag{6-3}$$

式中 Δu_p ——多遇地震作用标准值产生的楼层内最大弹性层间位移；

h——计算楼层层高。

6.4.4 钢结构在地震作用下的内力调整

为了体现钢结构抗震设计中多道设防、强柱弱梁原则以及保证结构在大震作用下按照理想的屈服形式屈服，《建筑抗震设计规范(2016 年版)》(GB 50011—2010)通过调整结构中不同部分的地震效应或不同构件的内力设计值，即乘以一个地震作用调整系数或内力增大系数来实现。

1. 结构不同部分的剪力分配

抗震设计的其中一条原则是多道设防。对于框架-支撑结构这种双重抗侧力体系结构，不但要求支撑、内藏钢支撑钢筋混凝土墙板等这些抗侧力构件具有一定的刚度和强度，还要求框架部分应有一定独立的承担抗侧力能力，以发挥框架部分的二道设防作用。美国 UBC 规定，框架应设计成能独立承担至少 25% 的底部设计剪力。但是在设计中与抗侧力构件组合的情况下，符合该规定较困难。《建筑抗震设计规范(2016 年版)》(GB 50011—2010)在美国 UBC 规定的基础之上又参考了混凝土结构的双重标准，规定：框架-支撑结构中，框架部分按计算得到的地震剪力应乘以调整系数，达到不小于结构底部总地震剪力的 25% 和框架部分地震剪力最大值 1.8 倍两者的较小者。

2. 框架-中心支撑结构构件内力设计值调整

在钢框架-中心支撑结构中，斜杆轴线偏离梁柱轴线交点不超过支撑杆件的宽度时，仍可按中心支撑框架分析，但应考虑支撑偏离对框架梁造成的附加弯矩。当结构的抗侧力构件采用人字形支撑或 V 形支撑时，支撑的内力设计值应乘以增大系数 1.5。

3. 框架-偏心支撑结构构件内力设计值调整

为了使按塑性设计的偏心支撑框架具有其特有的优良抗震性能，在屈服时按所期望的变形机制变形，即其非弹性变形主要集中在各消能梁段上，其设计思想：在小震作用下，各构件处于弹性状态；在大震作用下，消能梁段纯剪切屈服或同时梁端发生弯曲屈服，其他所有构件除柱底部形成弯曲铰以外其他部位均保持弹性。为了实现上述设计目的，关键要选择合适的消能梁段的长度和梁柱支撑截面，即强柱、强支撑和弱消能梁段。因此，偏心支撑框架构件的内力设计值应通过乘以增大系数进行调整。

(1)支撑斜杆的轴力设计值，应取与支撑斜杆相连接的消能梁段达到受剪承载力时支撑斜杆轴力与增大系数的乘积。增大系数的取值对抗震设防烈度为8度或8度以下设防的结构不小于1.4；抗震设防烈度为9度设防时不应小于1.5。

(2)位于消能梁段同一跨的框架梁内力设计值，应取消能梁段达到受剪承载力时的框架梁内力与增大系数的乘积。增大系数的取值对抗震设防烈度为8度或8度以下设防的结构不小于1.5，抗震设防烈度为9度设防时不应小于1.6。

(3)框架柱的内力设计值，应取消能梁段达到受剪承载力时柱的内力与增大系数的乘积。增大系数的取值对8度或8度以下设防的结构不小于1.5；抗震设防烈度为9度时不应小于1.6。

4. 其他构件的内力调整问题

对于框架梁，可不按柱轴线处的内力而按梁端内力设计。钢结构转换层下的钢框架柱，其内力设计值应乘以一增大系数，增大系数可取为1.5。

6.4.5 钢结构构件的承载力验算

《建筑抗震设计规范(2016年版)》(GB 50011—2010)对各种形式钢结构中的一些关键构件或特殊部位的抗震承载能力做了规定。规范中未做规定的，应符合现有有关结构设计规范的要求。

1. 框架柱的抗震验算

框架柱截面抗震验算包括强度验算以及平面内和平面外的整体稳定性验算，分别按式(6-4)~式(6-6)进行验算：

$$\frac{N}{A_n}+\frac{M_x}{\gamma_x W_{nx}}+\frac{M_y}{\gamma_y W_{ny}}\leqslant\frac{f}{\gamma_{RE}} \tag{6-4}$$

$$\frac{N}{\varphi_x A}+\frac{\beta_{mx}M_x}{\gamma_x W_{1x}(1-0.8N/N_{Ex})}\leqslant\frac{f}{\gamma_{RE}} \tag{6-5}$$

$$\frac{N}{\varphi_y A}+\frac{\beta_{tx}M_x}{\varphi_b W_{1x}}\leqslant\frac{f}{\gamma_{RE}} \tag{6-6}$$

式中 N、M_x、M_y——构件的设计轴力和弯矩；

A_n、A——构件的净截面和毛截面面积；

γ_x、γ_y——构件截面塑性发展系数，按国家标准《钢结构设计标准》(GB/T 50017—2017)的规定取值；

W_{nx}、W_{ny} —— x 轴和 y 轴的净截面抵抗矩；

φ_x、φ_y ——弯矩作用平面内和平面外的轴心受压构件稳定系数；

W_{1x} ——弯矩作用平面内较大受压纤维的毛截面抵抗矩，按国家标准《钢结构设计标准》(GB 50017—2017)计算；

β_{mx}、β_{tx} ——平面内和平面外的等效弯矩系数，按国家标准《钢结构设计标准》(GB 50017—2017)的规定值；

N_{Ex} ——构件的欧拉临界力；

φ_b ——均匀弯曲的受弯构件的整体稳定系数，按国家标准《钢结构设计标准》(GB 50017—2017)的规定取值；

γ_{RE} ——框架柱承载力抗震调整系数，取 0.75。

2. 框架梁的抗震验算

框架梁抗震验算包括弯强度和抗剪强度验算，分别按式(6-7)和式(6-8)验算。同时，除了设置刚性铺板情况以外，还要按式(6-9)进行梁的稳定性验算。

$$\frac{M_x}{\gamma_x W_{nx}} \leqslant \frac{f}{\gamma_{RE}} \tag{6-7}$$

$$\tau = \frac{VS}{It_w} \leqslant \frac{f_v}{\gamma_{RE}} \tag{6-8}$$

框架梁端部截面的抗剪强度

$$\tau = V/A_{wn} \leqslant \frac{f_v}{\gamma_{RE}} \tag{6-9}$$

$$\frac{M_x}{\varphi_b W_x} \leqslant \frac{f}{\gamma_{RE}} \tag{6-10}$$

式中 M_x ——梁对 x 轴的弯矩设计值；

W_{nx}、W_x ——梁对 x 轴的净截面抵抗矩和毛截面抵抗矩；

V ——计算截面沿腹板平面作用的剪力；

A_{wn} ——梁端腹板的净截面面积；

γ_x ——截面塑性发展系数，按国家标准《钢结构设计标准》(GB 50017—2017)的规定取值；

γ_{RE} ——框架梁承载力抗震调整系数，取 0.75；

I ——截面的毛截面惯性矩；

t_w ——腹板厚度。

3. 中心支撑框架结构中支撑斜杆的受压承载力验算

研究结果表明，支撑斜杆在地震反复拉压作用下承载力要降低，设计中应予以考虑。规范中采用了一个与长细比有关的强度降低系数，来考虑承载力的下降。具体设计时支撑斜杆的受压承载力按以下公式验算：

$$N/(\varphi A_{br}) \leqslant \psi f/\gamma_{RE} \tag{6-11}$$

$$\psi = 1/(1 + 0.35\lambda_n) \tag{6-12}$$

$$\lambda_n = (\lambda/\pi)\sqrt{f_{ay}/E} \tag{6-13}$$

式中 N——支撑杆的轴向力设计值；

A_{br}——支撑斜杆的截面面积；

φ——轴心受压构件的稳定系数；

ψ——受循环荷载时的强度降低系数；

λ、λ_n——支撑斜杆的长细比和正则化长细比；

E——支撑斜杆材料的弹性模量；

f_{ay}——钢材屈服强度；

γ_{RE}——支撑承载力抗震调整系数，取0.8。

4. 中心支撑框架结构中人字支撑和V形支撑的横梁验算

人字形支撑或V形支撑的斜杆受压屈曲后，承载力将急剧下降，则拉压两支撑斜杆将在支撑与横梁连接处引起不平衡力。对于人字形支撑而言，这种不平衡力将引起楼板的下陷；对于V形支撑而言，这种不平衡力将引起楼板的向上隆起。为了避免这种情况的出现，应对横梁进行承载力验算。验算时横梁按中间无支座的简支梁考虑，荷载包括楼面重力荷载和上述由受压支撑屈曲后产生的不平衡集中力。此不平衡力可取受拉支撑的竖向分量减去受压支撑屈曲压力竖向分量的30%来计算。

5. 偏心支撑框架中消能梁段的受剪承载力验算

消能梁段是偏心支撑框架中的关键部位，偏心支撑框架在大震作用下的塑性变形就是通过消能梁段良好的剪切变形能力实现的。由于消能梁段长度短，高跨比大，承受着较大的剪力。由于当轴力较大时，对梁的抗剪承载力有一定的影响，所以消能梁段的抗剪承载力要分轴力较小和较大两种情况分别验算：

当 $N \leqslant 0.15(Af)$ 时

$$V \leqslant \varphi V_l / \gamma_{RE} \tag{6-14}$$

$V_l = 0.58A_w f_{ay}$ 或 $V_l = 2M_{lp}/a$，取较小值

$$A_w = (h - 2t_f)\, t_w$$

$$A_{lp} = W_p f$$

当 $N > 0.15Af$

$$V \leqslant \varphi V_{lc} / \gamma_{RE} \tag{6-15}$$

$$V_{lc} = 0.58A_w f_{ay} \sqrt{1 - [N/(Af)^2]}$$

或

$$V_{lc} = 2.4M_{lp}[1 - N(Af)]/a\text{，取较小值}$$

式中 φ——系数，可取0.9；

V、N——消能梁段的剪力设计值和轴力设计值；

V_l、V_{lc}——消能梁段的受剪承载力和计入轴力影响的受剪承载力；

M_{lp}——消能梁段的全塑性受弯承载力；

α、h、t_w、t_f——消能梁段的长度、截面高度、腹板厚度和翼缘厚度；

A、A_w——消能梁段的截面面积和腹板截面面积；

W_p——消能梁段的塑性截面模量；

f、f_{ay}——消能梁段钢材的抗拉强度设计值和屈服强度；

γ_{RE}——消能梁段承载力抗震调整系数，取0.85。

6. 钢框架梁柱节点全塑性承载力验算

由于“强柱弱梁”也是抗震设计的基本原则之一，所以除了分别验算梁、柱构件的截面承载力外，还要验算节点的左右梁端和上下柱端的全塑性承载力。为了保证“强柱弱梁”的实现，要求交会节点的框架柱受弯承载力之和应大于梁的受弯承载力之和，即满足式(6-16)。同时出于对地震内力考虑不足、钢材超强等原因的考虑，公式中还增加了强柱系数 η 以增大框架柱的承载力。

$$\sum W_{pc}(f_{yc} - N/A_c) \geqslant \eta \sum W_{pb}f_{yb} \tag{6-16}$$

式中 W_{pc}、W_{pb}——柱和梁的塑性截面模量；

N——柱轴向压力设计值；

A_c——柱截面面积；

f_{yc}、f_{yb}——柱和梁的钢材屈服强度；

η——强柱系数，超过6层的钢框架，抗震设防烈度为6度Ⅳ类场地和抗震设防烈度为7度时可取1.0，抗震设防烈度为8度时可取1.05，9度时可取1.15。

同时，当满足以下条件之一时，可以不进行节点全塑性承载力验算：

(1)柱所在楼层的受剪承载力比上一层的受剪承载力高出25%。

(2)柱轴向力设计值与柱全截面面积和钢材抗拉强度设计值乘积的比值不超过0.4。

(3)当柱轴向设计力与柱全截面积和钢材抗拉强度设计值乘积的比值超过0.4，但是将柱轴向力设计值中的地震作用引起的柱轴向力加大一倍时，柱的稳定性仍然能得到保证。

7. 节点域的抗剪强度、屈服承载力和稳定性验算

I形截面柱和箱形截面柱的节点域抗剪承载力按式(6-17)验算。公式左侧没有包括梁端剪力引起的节点域剪应力一项，同时节点域周边构件的存在也提高了节点域的抗剪承载力，所以公式右侧乘以了一项4/3。

节点域的屈服承载力按式(6-18)验算。节点域厚度对钢框架性能影响较大，太薄了会使钢框架位移增大过大，太厚了会使节点域不能发挥耗能作用，因此，要选择合理的节点域厚度。日本的研究成果表明，节点域屈服弯矩为梁端屈服弯矩之和的70%时，可使节点域剪切变形对框架位移的影响不大，同时又能满足耗能要求。因此，公式左侧增加了折减系数 ψ，抗震设防烈度为6度Ⅳ类场地和抗震设防烈度为7度时取0.6，抗震设防烈度为8、9度时可取0.7。

节点域的稳定性按式(6-19)验算。

$$(M_{b1} + M_{b2})/V_p \leqslant (4/3)f_v/\gamma_{RE} \tag{6-17}$$

$$\psi(M_{pb1} + M_{pb2})/V_p \leqslant (4/3)f_v \tag{6-18}$$

$$t_w \geqslant (h_b + h_c)/90 \tag{6-19}$$

I形截面柱 $V_p = h_b h_c t_w$

箱形截面柱 $V_p = 1.8 h_b h_c t_w$

式中 M_{pb1}、M_{pb2}——节点域两侧梁的全塑性受弯承载力；

V_p——节点域的体积；

f_v——钢材的抗剪强度设计值；

ψ——折减系数，抗震设防烈度为6度Ⅳ类场地和7度时取0.6，抗震设防烈度为8、9度时可取0.7；

h_b、h_c——梁腹板高度和柱腹板高度；

t_w——柱在节点域的腹板高度；

M_{b1}、M_{b2}——节点域两侧梁的弯矩设计值；

γ_{RE}——节点域承载力抗震调整系数，取0.85。

6.4.6　钢结构构件连接的弹性设计和极限承载力验算

钢材具有很好的延性性能，但材料的延性并不能保证结构的延性。因此，钢结构优良的塑性变形能力还需要强大的节点来保证，即“强节点，弱构件”的设计原则。由于在1994年美国地震中，梁柱节点出现了破坏。针对此现象，国内外对梁柱节点展开了大量的研究，并取得很多的成果。在这些研究的基础上，《建筑抗震设计规范（2016年版）》（GB 50011—2010）在节点设计部分较以往的结构设计规范有了较大的改动。

钢结构构件连接首先要按地震组合内力进行弹性设计，然后进行极限承载力验算。所谓的弹性设计，就是根据剪力由腹板独自承担、弯矩由翼缘和腹板根据各自的截面惯性矩的原则计算出翼缘和腹板各自所承担的内力，然后进行设计。

1. 梁柱连接的弹性设计和极限承载力验算

弹性设计按翼缘和腹板分别验算，其中翼缘满足式(6-20)，而腹板则根据是采用角焊缝连接还是高强度螺栓连接分别应当满足式(6-21)、式(6-22)。

$$\frac{M_f}{\beta_f W_f} \leqslant \frac{f_t^w}{\gamma_{RE}} \tag{6-20}$$

$$\sqrt{\left(\frac{M_w}{\beta_f W_w}\right)^2 + \left(\frac{V}{2 \times 0.7A_w}\right)^2} \leqslant \frac{f_t^w}{\gamma_{RE}} \tag{6-21}$$

$$\sqrt{\left(\frac{V}{n} + N_{Mx}\right) + N_{Mx}^2} \leqslant N_v^b \tag{6-22}$$

$$M_f = \frac{I_f M}{I_f + I_w}$$

$$M_w = \frac{I_w M}{I_f + I_w}$$

$$N_v^b = 0.9uP$$

式中　M、N——梁端弯矩设计值和剪力设计值；

M_f、M_w——梁端翼缘所承担的弯矩设计值和腹板所承担的弯矩设计值；

I_f、I_w——梁翼缘截面惯性矩和梁腹板的净截面惯性矩；

W_f、W_w——梁翼缘截面抵抗矩和梁腹板的净截面抵抗矩；

f_t^w——对接焊缝和角焊缝的抗拉强度设计值；

A_w——腹板的净截面面积；

N_{My}、N_{Mx} ——腹板所承担的弯矩设计值在最不利螺栓的 y 方向和 x 方向引起的剪力；

γ_{RE} ——连接焊缝的承载力抗震调整系数，取 0.90；

N_v^b ——单个高强度螺栓的抗剪承载力；

u ——摩擦面的抗滑移系数；

P ——每个高强度螺栓的设计预拉力；

β_f ——正面角焊缝的强度设计值提高系数。

按弹性设计的梁柱连接还要按式(6-23)和式(6-24)分别进行极限受弯、受剪承载力验算，计算时极限受弯承载力和极限受剪承载力可按弯矩由翼缘承受和剪力由腹板承受的近似方法计算。其中，梁上下翼缘全熔透坡口焊缝的极限受弯承载力 M_u 和梁腹板连接的极限受剪承载力 V_u 分别按式(6-25)～式(6-26)计算：

$$M_u \geq 1.2M_p \tag{6-23}$$

$$V_u \geq 1.3(2M_p/l_n) \text{ 且 } V_u \geq 0.58h_w t_w f_{ay} \tag{6-24}$$

$$M_u = A_f(h - t_f)f_u \tag{6-25}$$

当腹板采用角焊缝连接时

$$V_u = 0.58A_f^w f_u \tag{6-26}$$

当腹板采用高强度螺栓连接时

$$V_u = nN_u^b \tag{6-27}$$

N_u^b 取 N_{vu}^b 和 N_{cu}^b 之中的较小值。

式中 M_u ——梁上下翼缘全熔透坡口焊缝的极限受弯承载力；

V_u ——梁腹板连接的极限受剪承载力；垂直于角焊缝受剪时，可提高 1.22 倍；

M_p ——梁的全塑性受弯承载力(梁贯通时为柱的)；

l_n ——梁的净跨(梁贯通时取该楼层柱的净高)；

h_w、t_w、A_f^w ——梁腹板的高度、厚度和角焊缝的有效受剪面积；

f_{ay}、f_u ——钢材的屈服强度、构件母材的抗拉强度最小值；

A_f、t_f ——翼缘的截面面积和厚度；

h ——梁截面高度；

n ——高强度螺栓的个数；

N_{vu}^b、N_{cu}^b ——一个高强度螺栓的极限受剪承载力和对应的板件极限承压力。

2. 支撑与框架的连接及支撑拼接的极限承载力

$$N_{ubr} \geq 1.2A_n f_{ay} \tag{6-28}$$

式中 N_{ubr} ——螺栓连接和节点板连接在支撑轴线方向的极限承载力；

A_n ——支撑的截面净面积；

f_{ay} ——支撑钢材的屈服强度。

3. 梁、柱构件拼接的弹性设计和极限承载力验算

梁、柱构件拼接的弹性设计与梁柱节点连接的弹性设计一样，腹板应与翼缘共同承担拼接处的弯矩设计值，同时腹板的受剪承载力不应小于构件截面受剪承载力的 50%。按弹性设计的拼接还要对极限受弯承载力分别进行验算，其中极限受剪承载力按式(6-29)验算，而极限受弯承载力还要根据轴向力的大小分别按式(6-30)和式(6-31)进行验算。

$$V_u \geqslant 0.58h_w t_w f_{ay} \tag{6-29}$$

无轴向力时
$$M_u \geqslant 1.2M_p \tag{6-30}$$

有轴向力时
$$M_u \geqslant 1.2M_{pc} \tag{6-31}$$

式中 M_u、V_u ——构件拼接的极限受弯、受剪承载力；

M_p、M_{pc} ——无轴向力、有轴向力时构件全塑性受弯承载力；

h_w、t_w ——拼接处构件截面腹板的高度和厚度；

f_{ay} ——被拼接构件的钢材屈服强度。

拼接采用螺栓连接时，还要进行下列验算：

翼缘
$$nN_{cu}^b \geqslant 1.2A_f f_{ay} \tag{6-32}$$

$$nN_{vu}^b \geqslant 1.2A_f f_{ay} \tag{6-33}$$

腹板
$$N_{cu}^b \geqslant \sqrt{(V_u/n)^2 + (N_M^b)^2} \tag{6-34}$$

$$N_{vu}^b \geqslant \sqrt{(V_u/n)^2 + (N_M^b)^2} \tag{6-35}$$

式中 N_{vu}^b、N_{cu}^b ——一个螺栓的极限受剪承载力和对应的板件极限承压承载力；

A_f ——翼缘的有效截面面积；

N_M^b ——腹板拼接中弯矩引起的一个螺栓的最大剪力；

n ——翼缘拼接或腹板拼接一侧的螺栓数。

6.4.7 不同连接材料的承载力计算方法、全塑性受弯承载力计算公式

1. 不同截面形式的全塑性受弯承载力计算方法

(1)无轴向力作用时构件的全塑性受弯承载力。

$$M_p = W_p f_{ay} \tag{6-36}$$

式中 W_p ——为构件截面塑性抵抗矩；

f_{ay} ——为钢材的屈服强度。

(2)有轴向力作用时构件的全塑性受弯承载力。

I形截面(绕强轴)和箱形截面

当 $N/N_y \leqslant 0.13$ 时
$$M_{pc} = M_p \tag{6-37}$$

当 $N/N_y > 0.13$ 时
$$M_{pc} = 1.15(1 - N/N_y)M_p \tag{6-38}$$

I形截面(绕弱轴)

当 $N/N_y \leqslant A_{wn}/A_n$ 时
$$M_{pc} = M_p \tag{6-39}$$

当 $N/N_y > A_{wn}/A_n$ 时
$$M_{pc} = \{1 - [(N - A_{wn}f_{ay})/(N_y - A_{wn}f_{ay})]^2\}M_P \tag{6-40}$$

式中 N_y ——构件轴向屈服承载力，即 $N_y = A_n f_{ay}$；

A_{wn}、A_n ——构件腹板截面和构件截面的净面积。

(3)不同截面的塑性抵抗矩。

①箱形截面：

$$W_{px} = Bt_f(H - t_f) + \frac{1}{2}(H - 2t_f)^2 t_w$$

$$W_{py} = Ht_w(B - t_w) + \frac{1}{2}(B - 2t_w)^2 t_f$$

②H 形截面：

$$W_{px}=Bt_f(H-t_f)+\frac{1}{4}(H-2t_f)^2t_w$$

$$W_{py}=\frac{1}{2}B^2t_f+\frac{1}{4}(H-2t_f)^2t_w$$

式中 W_{px}、W_{py}——以 x 轴和 y 轴为中性轴的塑性抵抗矩；

B、H、t_f 和 t_w——截面相关尺寸，如图 6-8 所示。

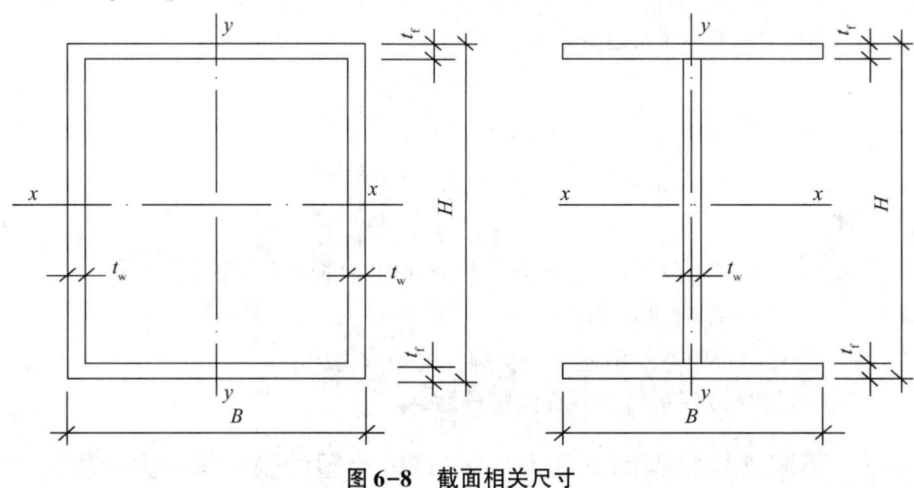

图 6-8　截面相关尺寸

2. 不同材料的极限承载力

(1)焊缝的极限承载力。

对接焊缝受拉：　$N_u=A_f^wf_u$

角焊缝受剪：　$V_u=0.58A_f^wf_u$

式中 A_f^w——焊缝的有效受力面积；

f_u——构件母材的抗拉强度最小值。

(2)高强度螺栓连接的极限受剪承载力。取以下两式计算的较小值：

$$N_{vu}^b=0.58n_fA_e^bf_u^b$$

$$N_{cu}^b=d\sum tf_{cu}^b$$

式中 N_{vu}^b、N_{cu}^b——一个高强度螺栓的极限受剪承载力和对应的板件极限承压承载力；

n_f——螺栓连接的剪切面数量；

A_e^b——螺栓螺纹处的有效截面面积；

f_u^b——螺栓钢材的抗拉强度最小值；

d——螺栓杆直径；

$\sum t$——同一受力方向的钢板厚度之和；

f_{cu}^b——螺栓连接板的极限承压强度，取 $1.5f_u$。

6.5 多层和高层钢框架结构抗震构造措施

6.5.1 框架柱的构造措施

针对以往地震中框架柱出现的翼缘屈曲、板件间的裂缝、拼接破坏和整体失稳等破坏形式，设计中必须满足以下抗震构造。

1. 框架柱的长细比关系到结构的整体稳定性

框架柱的长细比，一级不应大于 $60\sqrt{235/f_{ay}}$，二级不应大于 $80\sqrt{235/f_{ay}}$，三级不应大于 $10\ 080\sqrt{235/f_{ay}}$，四级时不应大于 $12\ 080\sqrt{235/f_{ay}}$。

2. 框架柱板件的宽厚比限值

板件的宽厚比限值是构件局部稳定性的保证，“强柱弱梁”的设计思想要求塑性铰出现在梁上，框架柱一般不出现塑性铰。因此，梁的板件宽厚比限值要求满足塑性设计要求，梁的板件宽厚比限值相对严些，框架柱的板件宽厚比相对松点。柱的板件宽厚比应符合表 6-3 规定。

表 6-3 框架的柱板件宽厚比限值

板件名称		一级	二级	三级	四级
柱	I 形截面翼缘外伸部分	10	11	12	13
	I 形截面腹板	43	45	48	52
	箱形截面壁板	33	36	38	40
梁	I 形截面和箱形截面翼缘外伸部分	9	9	10	11
	箱形截面翼缘在两腹板之间部分	30	30	32	36
	I 形截面和箱形截面腹板	$72-120N_b/(Af)\leqslant 60$	$72-120N_b/(Af)\leqslant 65$	$80-110N_b/(Af)\leqslant 70$	$85-120N_b/(Af)\leqslant 75$

注：1. 表列数值适用于 Q235 钢，采用其他牌号钢材时，应乘以 $\sqrt{235/f_{ay}}$。

2. $N_b/(Af)$ 为梁轴压比

3. 框架柱板件之间的焊缝构造

框架节点附近和框架柱接头附近的受力比较复杂。为了保证结构的整体性，《钢结构设计标准》（GB 50017—2017）对这些区域的框架板件之间的焊缝构造都做了具体规定。

梁柱刚性连接时，柱在梁翼缘上下各 500 mm 的节点范围内，I 形截面柱的翼缘与柱腹板间或箱形柱的壁板之间的连接焊缝，都应采用坡口全熔透焊缝。

框架柱的柱拼接处，上下柱的对接接头应采用全熔透焊缝，柱拼接接头上下各 100 mm 范围内，I 形截面柱的翼缘与柱腹板间或箱形柱的壁板之间的连接焊缝，都应采用全熔透焊缝。

4. 其他规定

框架柱接头宜位于框架梁的上方 1.3 m 附近。在柱出现塑性铰的截面处,其上下翼缘均应设置侧向支撑,相邻两支承点间构件长细比按《钢结构设计标准》(GB 50017—2017)关于塑性设计的有关规定计算。

6.5.2 框架梁的构造措施

当框架梁的上翼缘采用抗剪连接件与组合楼板连接时,可不验算地震作用下的整体稳定性。对梁的长细比限值无特殊要求。

1. 框架梁板件的宽度比限值

框架梁的板件宽厚比应符合表 6-4 的规定。

2. 其他规定

在梁构件出现塑性铰的截面处,其上下翼缘均应设置侧向支撑。相邻两支承点间的构件长细比,按国家标准《钢结构设计标准》(GB 50017—2017)关于塑性设计的有关规定计算。

6.5.3 梁柱连接的构造

以往的震害表明,梁柱节点的破坏除了设计计算上的原因外,很多是由于构造上的原因。近几年,国内外很多研究机构在梁柱节点方面做了很多研究工作,我国规范在这些研究的基础上对节点的构造也做了详细的规定。

1. 基本原则

(1)梁与柱的连接宜采用柱贯通型。

(2)柱在两个互相垂直的方向都与梁刚接时,建议采用箱形截面并在梁翼缘连接处设置隔板;隔板采用电渣焊时,柱壁板厚度不宜小于 16 mm,小于 16 mm 时可改用 I 形柱或采用贯通式隔板。当仅一个方向与梁刚接时,可采用 I 形截面,并将柱腹板置于刚接框架平面内。

(3)框架梁采用悬臂梁段与柱刚性连接时,悬臂梁段与柱应预先采用全焊接,梁的现场拼接可采用翼缘焊接腹板螺栓连接或全部螺栓连接,如图 6-9 所示。

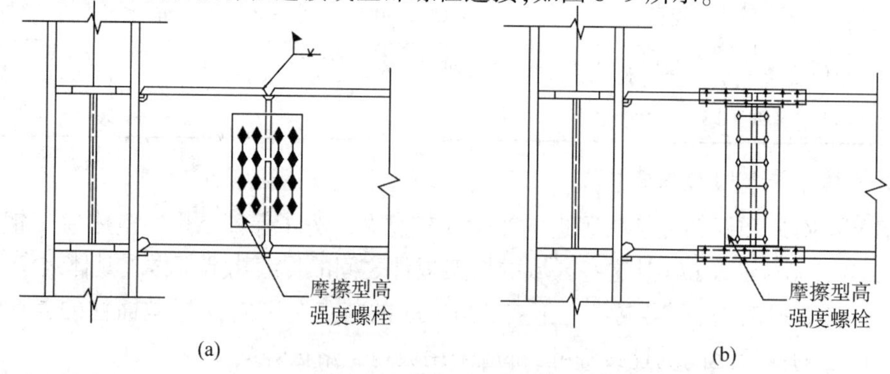

图 6-9 带悬臂梁段的梁柱刚性连接

(a)箱形截面刚接;(b)I 形截面刚接

(4)在抗震设防烈度为8度Ⅲ、Ⅳ场地和抗震设防烈度为9度场地等强震地区,梁柱刚接可采用能将塑性铰自梁端外移的狗骨式节点,如图6-10所示。

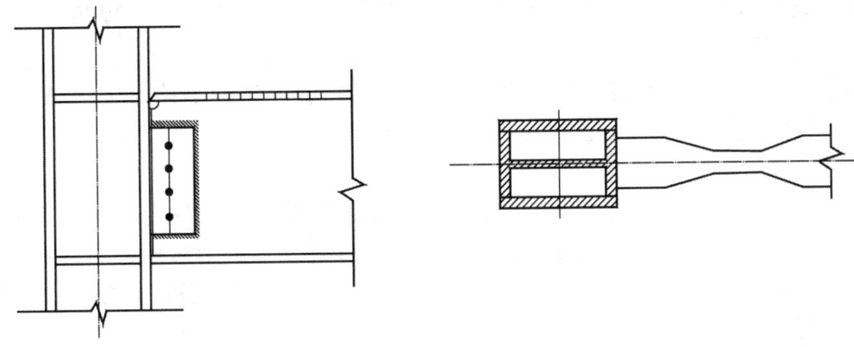

图6-10 狗骨式节点

2. 细部构造

I形截面和箱形截面柱与梁刚接时,应符合下列要求。有充分依据时也可采用其他构造形式。

(1)梁腹板宜采用摩擦型高强度螺栓通过连接板与柱连接;腹板角部宜设置扇形切角,其端部与梁翼缘的全熔透焊缝应隔开,如图6-11所示。

(2)下翼缘焊接衬板的反面与柱翼缘或壁板相连处,应采用角焊缝连接;角焊缝应沿衬板全长焊接,焊角尺寸宜取6 mm,如图6-11所示。

(3)梁翼缘与柱翼缘间应采用全熔透坡口焊缝,如图6-11所示;抗震设防烈度为8度乙类建筑和抗震设防烈度为9度时,应检验V形切口的冲击韧性,其夏比冲击韧性在-20 ℃时不低于27 J。

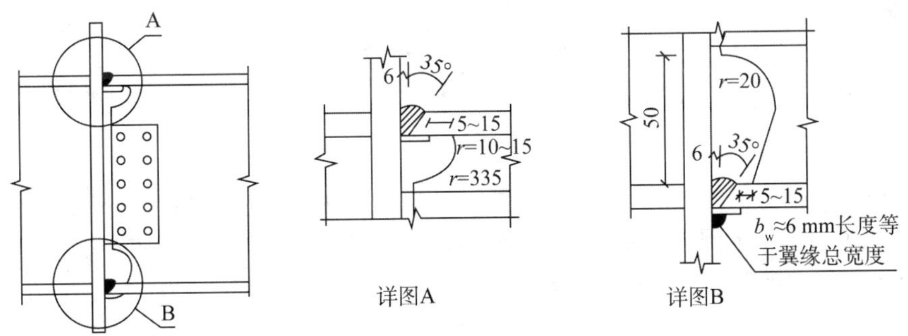

图6-11 钢框架梁柱刚接的典型构造

(4)柱在梁翼缘对应位置设置横向加劲肋或隔板,且加劲肋或隔板厚度不应小于梁翼缘厚度;当柱截面为I形时,其横向加劲肋与柱翼缘应采用全熔透对接焊缝连接,与腹板可采用角焊缝连接;当柱截面为箱形截面柱时,其与梁翼缘对应位置设置的隔板应采用全熔透对接焊缝与壁板相连。

(5)当梁翼缘的塑性截面模量小于梁全截面塑性截面模量的70%时,梁腹板与柱的连接螺栓不得小于两列;当计算仅需一列时,仍应布置两列,且此时螺栓总数不得小于计算值的1.5倍。

6.5.4 节点域的构造措施

当节点域的抗剪强度、屈服强度以及稳定性不能满足有关规定时,应采取加厚节点域或贴焊补强板的措施。补强板的厚度及其焊缝应按传递补强板所分担剪力的要求设计。具体设计时采取以下加强措施：

(1)对焊接组合柱,宜加厚节点板,将柱腹板在节点域范围更换为较厚板件。加厚板件应伸出柱横向加劲肋之外各 150 mm,并采用对接焊缝与柱腹板相连。

(2)对轧制 H 形柱,可贴焊补强板加强。补强板上下边缘可不伸过横向加劲肋或伸过柱横向加劲肋之外各 150 mm。当补强板不伸过横向加劲肋时,加劲肋应与柱腹板焊接,补强板与加劲肋之间的角焊缝应能传递补强板所分担的剪力,且厚度不小于 5 mm;当补强板伸过加劲肋时,加劲肋仅与补强板焊接,此焊缝应能将加劲肋传来的力传递给补强板,补强板的厚度及其焊缝应按传递该力的要求设计。补强板侧边可采用角焊缝与柱翼缘相连,其板面尚应采用塞焊与柱腹板边成整体。塞焊点之间的距离不应大于相连板件中较薄板件厚度的 $21\sqrt{235/f_{ay}}$ 倍。

6.5.5 刚接柱脚的构造措施

高层钢结构刚性柱脚主要有埋入式、外包式外露式三种。钢结构的刚接柱脚宜采用埋入式,也可采用外包式;抗震烈度为 6、7 度且高度不超过 50 m 时也可采用外露式。下面主要介绍埋入式柱脚(图 6-12)和外包式柱脚(图 6-13)两类。

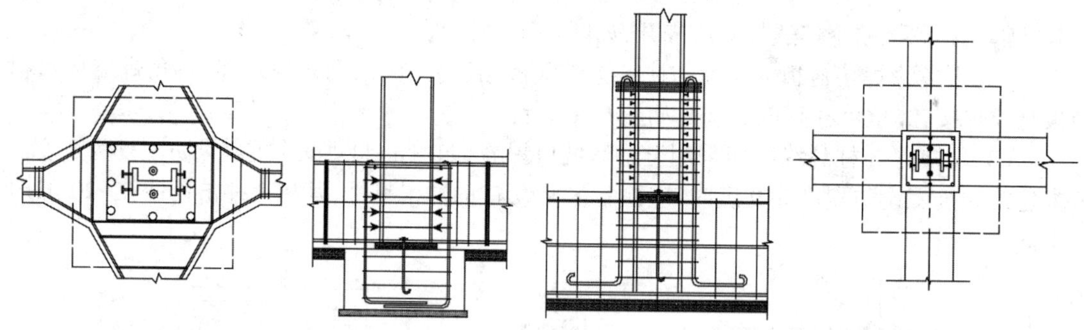

图 6-12　埋入式柱脚

图 6-13　外包式柱脚

1. 埋入式柱脚

埋入式柱脚是将钢柱埋置于混凝土基础梁中。上部结构传递下来的弯矩和剪力都是通过柱翼缘对混凝土的承压作用传递给基础的;上部结构传递下来的轴向压力或轴向拉力是由柱脚底板或锚栓传给基础。其弹性设计阶段的抗弯强度和抗剪强度要满足式(6-40)和式(6-41)的要求。

$$\frac{M}{W} \leqslant f_{cc} \tag{6-41}$$

$$\left(\frac{2h_0}{d}+1\right)\left[1+\sqrt{1+\frac{1}{(2h_0/d+1)^2}}\right]\frac{V}{Bd} \leqslant f_{cc} \tag{6-42}$$

式中　M、V——柱脚的弯矩设计值和剪力设计值;

d、h_0、B——钢柱埋入深度、柱反弯点至柱脚底板的距离和钢柱翼缘宽度;

f_{cc}——混凝土局部承压强度设计值。

埋入式柱脚设计中应满足以下构造要求:

(1)柱脚的埋入深度对轻型 I 形柱,不得小于钢柱截面高度的 2 倍;对大截面 H 形钢柱和箱形柱,不得小于钢柱截面高度的 3 倍。

(2)埋入式柱脚在钢柱埋入部分的顶部,应设置水平加劲肋或隔板,加劲肋或隔板的宽厚比应符合《钢结构设计标准》(GB 50017—2017)关于塑性设计的规定。柱脚在钢柱的埋入部分应设置栓钉,栓钉的数量和布置可按外包式柱脚的有关规定确定。

(3)柱脚钢柱翼缘的保护层厚度,对中间柱不得小于180 mm,对边柱和角柱的外侧不宜小于250 mm,如图6-14所示。

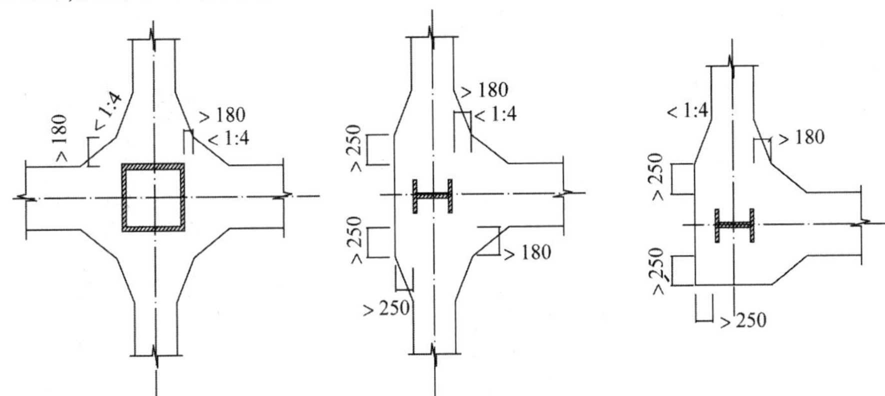

图 6-14 埋入式柱脚的保护层厚度

(4)柱脚钢柱四周,应按下列要求设置主筋和箍筋。

①主筋的截面面积应按式(6-42)计算:

$$A_s = \frac{M_0}{d_0 f_{sy}} \tag{6-43}$$

$$M_0 = M + Vd$$

式中 M_0——作用于钢柱脚底部的弯矩;

d_0——受拉侧与受压侧纵向主筋合力点间的距离;

f_{sy}——钢筋抗拉强度设计值;

②主筋的最小配筋率为0.2%,且不宜少于4ϕ22,并上端弯钩。主筋的锚固长度不应小于35d(d为钢筋直径),当主筋的中心距大于200 mm时,应设置ϕ16的架立筋。

③箍筋宜为ϕ10,间距100 mm;在埋入部分的顶部,应配置不小于3ϕ12、间距50 mm的加强箍筋。

2. 外包式柱脚

外包式柱脚是在钢柱外面包以钢筋混凝土的柱脚。上部结构传递下来的弯矩和剪力全部通过外包混凝土承受;上部结构传递下来的轴向压力或轴向拉力由柱脚底板或锚栓传给基础。其弹性设计阶段的抗弯强度和抗剪强度要满足式(6-43)和式(6-44)的要求。

$$M \leqslant nA_s f_{sy} d_0 \tag{6-44}$$

$$V - 0.4N \leqslant V_{rc} \tag{6-45}$$

I形截面:$V_{rc} = b_{rc}h_0(0.07f_{cc} + 0.5f_{ysh}\rho_{sh})$ 或 $V_{rc} = b_{rc}h_0(0.14f_{cc}b_e/b_{rc} + f_{ysh}\rho_{sh})$ 取较小值。

箱形截面:$V_{rc} = b_e h_0(0.07f_{cc} + 0.05f_{ysh}\rho_{sh})$

式中 M、V、N——柱脚弯矩、剪力和轴力设计值;

A_s——一根受拉主筋截面面积;

n——受拉主筋的根数;

V_{rc}——外包钢筋混凝土所分配到的受剪承载力,由混凝土黏结破坏或剪切破坏的最小值决定;

b_{rc}——外包钢筋混凝土的总宽度;

b_e ——外包钢筋混凝土的有效宽度，$b_e = b_{e1} + b_{e2}$，如图 6-15 所示；
f_{sy}、f_{ysh} ——受拉主筋和水平箍筋的抗拉强度设计值；
ρ_{sh} ——水平箍筋配筋率；
d_0——受拉主筋重心至受压区主筋重心间的间距；
h_0——混凝土受压区边缘至受拉钢筋重心的距离。

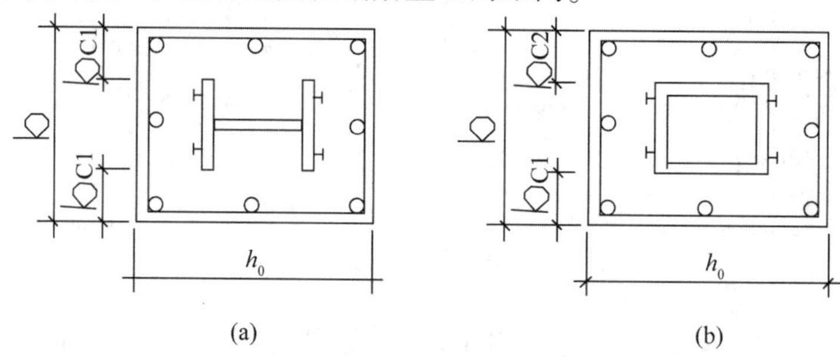

图 6-15　外包式柱脚截面

(a) I 形柱；(b) 箱形柱

在外包式柱脚设计中，应满足以下主要构造要求：

(1) 柱脚钢柱的外包高度，对 I 形截面柱可取钢柱截面高度的 2.2～2.7 倍，对箱形截面柱可取钢柱截面高度的 2.7～3.2 倍。

(2) 柱脚钢柱翼缘外侧的钢筋混凝土保护层厚度，一般不应小于 180 mm，同时应满足配筋的构造要求。

(3) 柱脚底板的长度、宽度和厚度，可根据柱脚轴力计算确定，但柱脚底板的厚度不宜小于 20 mm。

(4) 锚栓的直径，通常根据其与钢柱板件厚度和底板厚度相协调的原则确定，一般可在 29～42 mm 的范围取，不宜小于 20 mm，当不设锚板或锚梁时，柱脚锚栓的锚固长度要大于 30 倍锚栓直径，当设有锚板或锚梁时，柱脚锚栓的锚固长度要大于 25 倍锚栓直径。

6.6　多层和高层钢框架-支撑结构抗震构造措施

钢框架-支撑结构中除了钢框架部分满足前节所要求的构造措施外，其他部分还需满足本节所规定的抗震构造措施。

6.6.1　钢框架-中心支撑结构抗震构造措施

1. 框架部分的构造措施

当房屋高度不高于 100 mm 且框架部分承担的地震作用不大于结构底部总地震剪力的 25% 时，抗震设防烈度为 8、9 度的抗震构造措施可按框架结构降低 1 度的相应要求采用；其他情况下框架部分的构造措施仍按前节介绍的纯框架结构的抗震构造措施的规定。

2. 中心支撑杆件的构造措施

中心支撑的杆件长细比和板件宽厚比限值应符合下列规定：

(1) 支撑杆件的长细比，按压杆设计时，不应大于 $120\sqrt{235/f_{ay}}$；一、二、三级中心支撑不得采用拉杆设计，四级采用拉杆设计时，其长细比不应大于 180。

(2)支撑杆件的板件宽厚比,不应大于表 6-4 规定的限值。采用节点板连接时,应注意节点板的强度和稳定。

表 6-4　钢结构中心支撑板件宽厚比限值

板件名称	一级	二级	三级	四级
翼缘外伸部分	8	9	10	13
I 形截面腹板	25	26	27	33
箱形截面壁板	18	20	25	30
注:表列数值适用于 Q235 钢,采用其他牌号钢材应乘以 $\sqrt{235/f_{ay}}$,圆管应乘以 $235/f_{ay}$				

3. 中心支撑节点的构造措施

中心支撑节点的构造应符合下列要求:

(1)一、二、三级,支撑宜采用 H 形钢制作,两端与框架可采用刚接构造,梁柱与支撑连接处应设置加劲肋;一级和二级采用焊接 I 形截面的支撑时,其翼缘与腹板的连接宜采用全熔透连续焊缝。

(2)支撑与框架连接处,支撑杆端宜做成圆弧。

(3)梁在其与 V 形支撑或人字形支撑相交处,应设置侧向支承;该支承点与梁端支承点间的侧向长细比(λ_y)以及支承力,应符合现行国家标准《钢结构设计标准》(GB 50017—2017)关于塑性设计的规定。

(4)若支撑和框架采用节点板连接,应符合现行国家标准《钢结构设计标准》(GB 50017—2017)关于节点板在连接杆件每侧有不小于 30°的规定;一、二级时,支撑端部至节点板最近嵌固点(节点板与框架构件连接焊缝的端部)在沿支撑杆件轴线方向的距离,不应小于节点板厚度的 2 倍。

6.6.2　钢框架-偏心支撑框架结构抗震构造措施

1. 框架部分的构造措施

当房屋高度不高于 100 m 且框架部分承担的地震作用不大于结构底部总地震剪力的 25%时,抗震设防烈度为 8、9 度的抗震构造措施可按框架结构降低一度的相应要求采用;其他情况下框架部分的构造措施仍按 6.5 节介绍的纯架结构的抗震构造措施的规定。

2. 偏心支撑杆件的构造措施

偏心支撑框架的支撑杆件的长细比不应大于 $120\sqrt{235/f_{ay}}$,支撑杆件的板件宽厚比不应超过国家标准《钢结构设计标准》(GB 50017—2017)规定的轴心受压构件在弹性设计时的宽厚比限值。

3. 消能梁段的构造措施

(1)基本规定。偏心支撑框架消能梁段的钢材屈服强度不应大于 345 MPa。消能梁段的腹板不得贴焊补强板,也不得开洞。

(2)消能梁段及消能梁段同一跨内的非消能梁段其板件的宽厚比不应大于表 6-5 规定的限值。

表 6-5　偏心支撑框架梁板宽厚比限值

板件名称		宽厚比限值
翼缘外伸部分		8
腹板	当 $N/(Af) \leqslant 0.14$ 时 当 $N/(Af) > 0.14$ 时	$90[1-1.65N/(Af)]$ $33[2.3-N/(Af)]$
注：表列数值适用于 Q235 钢，当材料为其他牌号钢材时，应乘以 $\sqrt{235/f_{ay}}$，$N/(Af)$ 为梁轴压比		

(3)消能梁段的长度规定。

当 $N > 0.16(Af)$ 时，消能梁段的长度应符合下列规定：

当 $\rho(A_w/A) < 0.3$ 时，$a < 0.6M_{lp}/V_l$　　(6-46)

当 $\rho(A_w/A) \geqslant 0.3$ 时，$a \leqslant [1.15-0.5\rho(A_w/A)]1.6M_{lp}/V$　　(6-47)

$$\rho = N/V$$

式中　a——消能梁段的长度；

ρ——消能梁段轴向力设计值与剪力设计值之比。

(4)消能梁段腹板的加劲肋设置要求。

①消能梁段与支撑连接处，应在其腹板两侧配置加劲肋，加劲肋的高度应为梁腹板高度，一侧的加劲肋宽度不应小于 $(b_f/2-t_w)$，厚度不应小于 $0.75t_w$ 和 10 mm 的较大值。

②当 $a \leqslant 1.6M_{lp}/V_l$ 时，应在消能梁段腹板上设置中间加劲肋，加劲肋间距不大于 $(30t_w-h/5)$。

③当 $2.6M_{lp}/V_l < a \leqslant 5M_{lp}/V_l$ 时，应在距消能梁段端部 $1.5b_f$ 处配置中间加劲肋，且中间加劲肋间距不应大于 $(52t_w-h/5)$。

④当 $1.6M_{lp}/V_l < a \leqslant 2.6M_{lp}/V_l$ 时，腹板上设置中间加劲肋的间距易在上述②、③条之间线性插入。

⑤当 $a > 5M_{lp}/V_l$ 时，腹板上可不配置中间加劲肋。

⑥中间加劲肋应与消能梁段的腹板等高，当消能梁段截面高度不大于 640 mm 时，可配置单侧加劲肋，消能梁段截面高度大于 640 mm 时，应在两侧配置加劲肋，一侧加劲肋的宽度不应小于 $(b_f/2-t_w)$，厚度不应小于 t_w 和 10 mm。

4. 消能梁段与柱连接的构造措施

消能梁段与柱的连接应符合下列要求：

(1)消能梁段与柱连接时，其长度不得大于 $1.6M_{lp}/V_l$，且应满足 6.4.5 节中消能梁段的承载力验算规定。

(2)消能梁段翼缘与柱翼缘之间应采用坡口全熔透对接焊缝连接，消能梁段腹板与柱之间应采用角焊缝连接；角焊缝的承载力不得小于消能梁段腹板的轴向承载力、受剪承载力和受弯承载力。

(3)消能梁段与柱腹板连接时，消能梁段翼缘与连接板间应采用坡口全熔透焊缝，消能梁段与柱间应采用角焊缝连接；角焊缝的承载力不得小于消能梁段腹板的轴向承载力、受剪承载力和受弯承载力。

5. 侧向稳定性构造

消能梁段两端上下翼缘应设置侧向支撑，支撑的轴力设计值不得小于消能梁段翼缘轴向承载力设计值（翼缘宽度、厚度和钢材受压承载力设计值三者的乘积）的6%，即$0.06b_f t_f f$。

偏心支撑框架梁的非消能梁段上下翼缘，应设置侧向支撑，支撑的轴力设计值不得小于梁翼缘轴向承载力的2%，即$0.02b_f t_f f$。

【例6-1】某高层钢结构写字楼，设防烈度为8度，设计地震为第一组，Ⅲ类场地。结构采用的是钢框架-中心支撑结构，其中支撑采用人字形布置，结构的几何尺寸如图6-16所示。结构中柱采用箱形柱，梁采用焊接H形钢，支撑采用轧制H形钢，具体的构件截面尺寸见表6-6。钢材型号为梁柱采用Q345号钢，支撑采用Q235号钢，楼板为120 mm厚的压型钢板+混凝土组合楼盖。

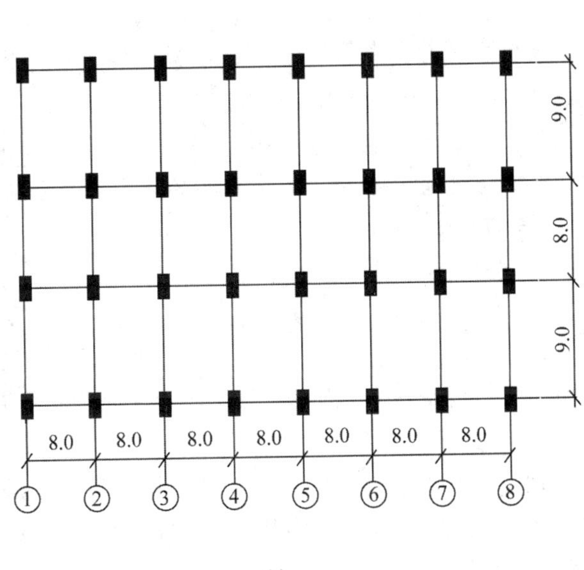

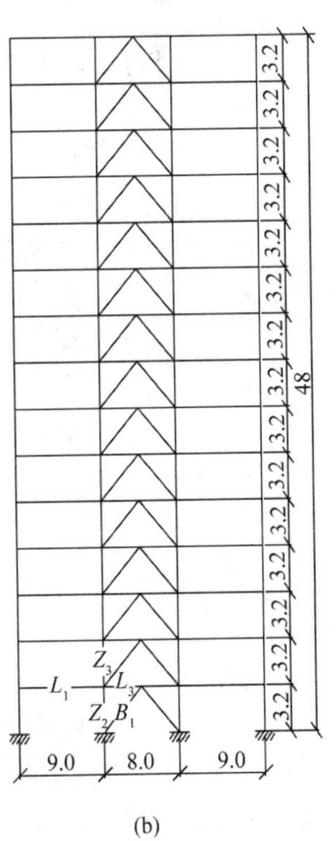

图6-16 结构示意图

(a)平面图；(b)剖面图

【解】结构构件截面尺寸计算，见表6-6。

表6-6 结构截面尺寸

边柱		中柱		框架梁		框架支撑	
层数	截面尺寸	层数	截面尺寸	层数	截面尺寸	层数	截面尺寸（轧制）
1～4	□450×450×32	1～7	□450×450×36	1～10	600×250×25×12	1～10	220×220×16×9.5
5-10	□450×450×28	8～14	□450×450×32	11～20	600×250×20×12	11～20	240×240×17×10
10～15	□450×450×24	15～20	□450×450×28	—	—	—	—

(1) 计算模型。本工程为规则结构，可采用平面杆系模型计算。应考虑楼板与梁的共同作用，计算模型中梁的惯性矩可取 $1.5I_b$，I_b 为钢梁惯性矩。

①地震影响系数曲线的基本参数。

水平地震影响系数最大值：$\alpha_{max}=0.16$；

场地特征周期值：$T_g=0.45$；

阻尼比：$\zeta=0.02$。

则曲线下降段的衰减指数：$r=0.9+\dfrac{0.05-\zeta}{0.5+5\zeta}=0.95$

直线下降段的下降斜率调整系数：$\eta_1=0.02+(0.05-\zeta)/8=0.023\ 75$

阻尼调整系数：$\eta_2=1.0+\dfrac{0.05-\zeta}{0.06+1.7\zeta}=1.319$

②效重力荷载代表值的计算。

楼板自重：$0.12\times 24\ 000=2\ 880(\mathrm{N/m^2})$

管道、吊顶、压型钢板等：300 $\mathrm{N/m^2}$

活荷载：$1\ 500\times 0.5=750(\mathrm{N/m^2})$

(2) 构件内力计算及抗震验算。具体的计算可用 PKPM、Sap2000 等软件建模计算，各软件所得结果有可能不完全一致，但基本相同，本例题是用 Sap2000 软件的计算结果。

①各种内力调整系数。

a. 地震剪力调整系数。由计算结果可知，底层框架柱和支撑所承担的地震剪力分别为

$$V_{框架}=374\ 210\ \mathrm{N}$$

$$V_{支撑}=655\ 459\ \mathrm{N}$$

$$V_{框架}/(V_{框架}+V_{支撑})=374\ 210/(374\ 210+655\ 459)=0.36>0.25$$

因此，地震剪力调整系数取 1.0。

b. 构件内力增大系数。对于钢框架-中心支撑结构中的人字形支撑组合内力设计值应乘以 1.5 的增大系数。

②构件抗震验算。因篇幅所限，仅对图 6-18 中的 Z_1、Z_2、Z_3、L_1、L_2 和 B_1 等少数构件和节点域进行抗震验算，表 6-7 所列为这些构件组合的内力设计值。因为本工程是位于Ⅲ类场地、抗震设防烈度为 8 度、平面布置规则且风荷载不起控制作用的钢框架-中心支撑结构，因此构件的组合内力设计值中不考虑竖向地震作用和风荷载的作用。构件的组合内力设计值是按下式进行组合计算的。

$$S=\gamma_G S_{GE}+\gamma_{Eh}S_{Ehk}$$

式中 S ——结构构件内力组合的设计值；

γ_G ——重力荷载分项系数，一般情况应取 1.2，当重力荷载效应对构件承载力有利时，不应大于 1.0；

γ_{Eh} ——水平地震作用分项系数，取 1.3；

S_{GE} ——重力荷载代表值的效应；

S_{Ehk} ——水平地震作用标准值的效应，尚应乘以相应的增大系数或调整系数。

表 6-7 部分构件的组合内力设计值和截面参数

构件编号	轴力/kN	剪力/kN	弯矩/(kN·m)	截面面积/m²	W_{nx}/m³	W_{ny}/m³	承载力抗震调整系数
Z_1	1 440	104	250	0.053 5	6.96×10^{-3}	6.96×10^{-3}	0.75
Z_2	3 292	143	306	0.059 6	7.63×10^{-3}	7.63×10^{-3}	0.75
Z_3	2 914	105	177	0.059 6	7.63×10^{-3}	7.63×10^{-3}	0.75
L_1	—	42.5	201	0.019 1	4.00×10^{-3}	5.22×10^{-3}	0.75
L_2	—	36	142	0.019 1	4.00×10^{-3}	5.22×10^{-3}	0.75
B_1	561.5	—	—	8.83×10^{-3}	—	—	0.8

①框架柱 Z_1 的截面抗震验算:框架柱截面抗震验算包括强度验算以及平面内和平面外的整体稳定性验算,分别按式(6-4)~式(6-6)进行验算:

a. 强度验算:假定 $A_n = 0.9A$;$W_{nx} = W_{ny} = 0.9W_x = 0.9W_y$

$$\frac{N}{A_n} + \frac{M_x}{\gamma_x W_{nx}} + \frac{M_y}{\gamma_y W_{ny}} = \frac{1\,440 \times 10^3}{0.9 \times 0.053\,5} + \frac{250 \times 10^3}{1.05 \times 0.9 \times 6.96 \times 10^{-3}}$$

$$= 67.9 \times 10^6(\mathrm{N/m^2}) \leqslant \frac{f}{\gamma_{RE}} = 400 \times 10^6(\mathrm{N/m^2})$$

b. 平面内稳定性验算:框架柱 Z_1 为结构的底层柱,根据 Z_1 顶端所连框架梁的线刚度与柱线刚度的关系查表可得,柱 Z_1 的计算长度系数 $u = 1.5$。

则 $\lambda_x = \dfrac{uH}{i_x} = \dfrac{1.5 \times 3.2}{0.171\,1} = 28 \quad \varphi_x = 0.922$

$$N_{Ex} = \pi^2 EA/\lambda_x^2 = \pi^2 \times 2.06 \times 10^{11} \times 0.053\,5/28^2 = 1.38 \times 10^8(\mathrm{N/m^2})$$

$$\beta_{mx} = 1.0$$

$$\frac{N}{\varphi_x A} + \frac{\beta_{mx} M_x}{\gamma_x W_{1x}(1 - 0.8N/N_{Ex})} = \frac{1\,440 \times 10^3}{0.922 \times 0.053\,5} + \frac{1.0 \times 250 \times 10^3}{1.05 \times 6.96 \times 10^{-3} \times \left(1 - \dfrac{0.8 \times 1\,440 \times 10^3}{1.38 \times 10^8}\right)}$$

$$= 63.7 \times 10^6(\mathrm{N/m^2}) \leqslant \frac{f}{\gamma_{RE}} = 400 \times 10^6(\mathrm{N/m^2})$$

c. 平面外稳定性验算:本例题假定平面外的计算长度系数为 1.5,实际工程要根据实际情况计算。

$$\varphi_y = \varphi_x = 0.922$$

$$\beta_{tx} = 0.65 + 0.35M_2/M_1 = 0.53$$

$$\varphi_b = 1.4$$

$$\frac{N}{\varphi_y A} + \frac{\beta_{tx} M_x}{\varphi_b W_{1x}} = \frac{1\,440 \times 10^3}{0.922 \times 0.053\,5} + \frac{0.53 \times 250 \times 10^3}{1.4 \times 6.96 \times 10^{-3}}$$

$$= 1.36 \times 10^{7}(\mathrm{N/m^2}) \leqslant \frac{f}{\gamma_{\mathrm{RE}}} = 4 \times 10^{8}(\mathrm{N/m^2})$$

则框架柱 Z_1 满足抗震要求。

②框架梁 L_1 截面抗震验算：因本结构中楼盖采用的是 120 mm 厚的压型钢板组合楼盖，并与钢梁有可靠的连接，故不需要验算整体稳定性，只需要分别按式(6-7)和式(6-8)验算其抗弯强度和抗剪强度。

a. 抗弯强度验算：假定 $W_{nx} = 0.9W_x$

$$\frac{M_x}{\gamma_x W_{nx}} = \frac{201 \times 10^3}{1.05 \times 0.9 \times 4.0 \times 10^{-3}} = 5.32 \times 10^{7}(\mathrm{N/m^2}) \leqslant 4 \times 10^{8}(\mathrm{N/m^2})$$

b. 抗剪强度验算：假定 $A_{wn} = 0.85A_w$

$$V/A_{wn} = \frac{42.5 \times 10^3}{0.85 \times (600 - 50) \times 12 \times 10^{-6}} = 7.58 \times 10^{6}(\mathrm{N/m^2}) \leqslant \frac{1.85 \times 10^8}{0.75} = 246.7 \times 10^{6}(\mathrm{N/m^2})$$ 则框架梁 L_1 满足抗震要求。

③支撑受压承载力验算：支撑的抗震验算要根据式(6-10)进行受压承载力验算。

因为本结构中的中心支撑采用的是人字形支撑，所以其内力设计值应乘以一个 1.5 的增大系数，即

$$N = 1.5 \times 561.5 = 842.25(\mathrm{kN})$$

$$i_y = 60.8\ \mathrm{mm} < i_x = 103\ \mathrm{mm}$$

则

$$\lambda = \frac{\sqrt{4^2 + 3.2^2}}{0.0608} = 84.3 \qquad \varphi = 0.624$$

$$\lambda_n = (\lambda/\pi)\sqrt{f_{ay}/E} = (84.3/3.14) \times \sqrt{235 \times 10^6/2.06 \times 10^{11}} \approx 0.91$$

$$\psi = 1/(1 + 0.35\lambda_n) = 1/(1 + 0.35 \times 0.91) = 0.758$$

$$N/(\varphi A_{br}) = \frac{842.5 \times 10^3}{0.642 \times 8.83 \times 10^{-3}} = 1.52 \times 10^{8}(\mathrm{N/m^2})$$

$$\leqslant \frac{\psi f}{\gamma_{\mathrm{RE}}} = \frac{0.758 \times 215 \times 10^6}{0.8} = 2.04 \times 10^{8}(\mathrm{N/m^2})$$

则支撑构件 B_1 满足抗震要求。

④与人字支撑相连的横梁 L_2 验算。横梁的验算按中间无支座的简支梁计算。

受压支撑的屈曲压力：$N = \varphi A_{br}\psi f/\gamma_{\mathrm{RE}} = 1.12 \times 10^{6}\ \mathrm{N}$

支撑不平衡力：$F = (N_{拉} - 0.3N_{压}) \times 3.2 \times \sqrt{4^2 + 3.2^2} = 3.16 \times 10^{5}(\mathrm{N})$

构件自重：$q_{G1} = 1.47 \times 10^{3}\ \mathrm{N/m}$

楼板、吊顶等的等效重力荷载代表值：$q_{G2} = 3.144 \times 10^{4}\ \mathrm{N/m}$

$$M_{\max} = (q_{G1} + q_{G2})l^2/8 + Fl/4 = 8.95 \times 10^{5}\ \mathrm{N/m}$$

$$V_{\max} = (q_{G1} + q_{G2})l/2 + F/2 = 2.89 \times 10^{5}\ \mathrm{N}$$

$$\frac{M_x}{\gamma_x W_x} = \frac{0.895 \times 10^6}{1.05 \times 4.0 \times 10^{-3}} = 2.12 \times 10^{8}(\mathrm{N/m^2}) \leqslant 2.69 \times 10^{8}(\mathrm{N/m^2})$$

$$V/A_w = \frac{2.89 \times 10^5}{(600 - 50) \times 12 \times 10^{-6}} = 4.37 \times 10^7(\mathrm{N/m^2}) \leqslant 1.67 \times 10^8(\mathrm{N/m^2})$$

则横梁 L_2 满足抗震要求。

⑤钢框架梁柱节点全塑性承载力验算。本例题仅对与 Z_2、Z_3、L_1、L_2 等构件所连节点进行全塑性承载力验算：

$$\sum W_{pc}(f_{yc} - N/A_c) = 2 \times 9.279 \times 10^{-3} \times \left(3.45 \times 10^6 - \frac{(3.3 + 2.9) \times 10^6}{0.0596}\right)$$

$$= 4.47 \times 10^6(\mathrm{N \cdot m})$$

$$> \eta \sum W_{yb} f_{yb} = 1.05 \times 2 \times 4.5 \times 10^{-3} \times 345 \times 10^6 = 3.26 \times 10^6(\mathrm{N \cdot m})$$

则该节点满足全塑性承载力要求。

⑥节点域的抗剪强度、屈服承载力和稳定性验算。本例题仅对与 Z_2、Z_3、L_1、L_2 等构件所连节点域抗震验算，其他节点域方法一样。具体内容就是对节点域进行抗剪强度、屈服承载力和稳定性验算。

a. 抗剪强度验算。

$$V_p = 1.8 h_b h_c t_w = 1.8 \times 550 \times 378 \times 36 \times 10^{-9} \approx 0.0135(\mathrm{m^3})$$

$$(M_{b1} + M_{b2})/V_p = \frac{(201 + 142) \times 10^3}{0.0135} = 2.54 \times 10^7(\mathrm{N/m^2})$$

$$\leqslant (4/3) f_v / \gamma_{RE} = \frac{4 \times 185 \times 10^6}{3 \times 0.85} = 2.9 \times 10^8(\mathrm{N/m^2})$$

b. 屈服承载力验算和稳定性验算。

$$M_{pb1} = M_{pb2} = 4.5 \times 10^{-3} \times 345 \times 10^6 = 1.55 \times 10^6(\mathrm{N \cdot m})$$

$$\frac{\psi(M_{pb1} + M_{pb2})}{V_p} = \frac{0.7 \times 2 \times 1.55 \times 10^6}{0.0135} = 1.6 \times 10^8(\mathrm{N/m^2})$$

$$\leqslant (4/3) f_v = \frac{4 \times 1.85 \times 10^8}{3} = 2.47 \times 10^8(\mathrm{N/m^2})$$

$$t_w = 0.036 \geqslant \frac{h_b + h_c}{90} = \frac{0.55 + 0.378}{90} = 0.01$$

则该节点域满足抗震要求。

(3)抗震变形验算。

$$\Delta u_{emax} = 0.00315(\mathrm{m}) < [\theta_e] h = \frac{3.2}{300} = 0.0107(\mathrm{m})$$

则该结构在多遇地震作用下变形满足抗震要求。

(4)节点的弹性设计和极限承载力验算。本例题仅对 L_1、L_2 梁柱节点进行抗震验算，其他梁柱节点的验算方法相同。节点连接采用翼缘完全焊透的坡口对接焊缝连接，腹板采用摩擦型高强度螺栓连接，共布置了 M20×10 的摩擦型高强度螺栓，具体布置如图 6-17 所示。

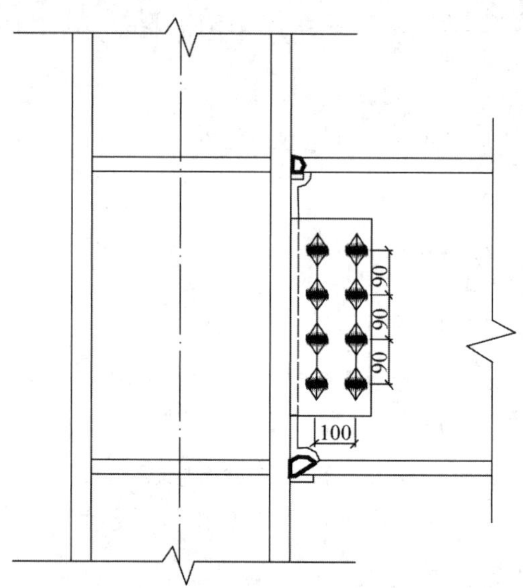

图 6-17　梁柱节点连接

①弹性设计。

假定：$I_w = 0.85I_w^0 = 0.85 \times 12 \times 550^3 \times 10^{-12}/12 = 1.414 \times 10^{-4}(\mathrm{m}^4)$

则 $I_f = 0.25 \times 0.025 \times 0.575^2/2 = 1.03\times10^{-3}(\mathrm{m}^4)$

$$M_F = \frac{I_F M}{I_F + I_w} = \frac{1.03 \times 10^{-3} \times 201 \times 10^3}{1.03 \times 10^{-3} + 1.414 \times 10^{-4}} = 1.77 \times 10^5(\mathrm{N \cdot m})$$

$$M_w = \frac{I_w M}{I_F + I_w} = \frac{1.414 \times 10^{-4} \times 201 \times 10^3}{1.03 \times 10^{-3} + 1.414 \times 10^{-4}} = 2.43 \times 10^4(\mathrm{N \cdot m})$$

$$N_{Mx} = \frac{2.43 \times 10^4 \times 0.18}{4 \times (0.09^2 + 2 \times 0.05^2 + 0.18^2)} = 2.4 \times 10^4(\mathrm{N})$$

$$N_{My} = \frac{2.43 \times 10^4 \times 0.05}{4 \times (0.09^2 + 2 \times 0.05^2 + 0.18^2)} = 6.7 \times 10^3(\mathrm{N})$$

$N_v^b = 0.9uP = 0.9 \times 0.55 \times 1.55 \times 10^5 = 7.67 \times 10^4(\mathrm{N})$

$$\frac{M_F}{W_F} = \frac{1.77 \times 10^5}{1.03 \times 10^{-3}/0.3} = 5.15 \times 10^7(\mathrm{N/m^2}) \leqslant \frac{f_t^w}{\gamma_{RE}} = \frac{300 \times 10^6}{0.9} = 3.3 \times 10^8(\mathrm{N/m^2})$$

$$\sqrt{\left(\frac{V}{n} + N_{My}\right)^2 + N_{Mx}^2} = 10^3\sqrt{(4.25 + 6.7)^2 + 24^2} = 2.64 \times 10^4(\mathrm{N}) \leqslant$$

$N_v^b = 7.67 \times 10^4(\mathrm{N})$

②极限承载力验算。

$M_u = A_f(h - t_f)f_u = 0.25 \times 0.025 \times 0.575 \times 5.1 \times 10^8 = 1.83 \times 10^6(\mathrm{N \cdot m})$

$M_p = 4.5 \times 10^{-3} \times 3.25 \times 10^8 = 1.46 \times 10^6(\mathrm{N \cdot m})$

$N_{vu}^b = 0.58n_f A_e^b f_u^b = 0.58 \times 0.245 \times 104\,0 \times 10^6 = 1.48 \times 10^5(\mathrm{N})$

$N_{cu}^b = d\sum t f_{cu}^b = 0.02 \times 0.012 \times 1.5 \times 5.1 \times 10^8 = 1.84 \times 10^5(\mathrm{N})$

$V_u = 10 \times \min(N_{vu}^b, N_{vu}^b) = 1.48 \times 10^6(\mathrm{N \cdot m})$

$M_u = 1.83 \times 10^6 \geqslant 1.2M_p = 1.2 \times 1.46 \times 10^6 = 1.75 \times 10^6 (\mathrm{N \cdot m})$

$V_u = 1.48 \times 10^6 \geqslant 0.58 h_w t_w f_{ay} = 0.58 \times 0.55 \times 0.012 \times 3.45 \times 10^8 = 1.32 \times 10^6 (\mathrm{N})$

则该节点设计满足抗震要求。

(5)结构抗震构造措施检验。

①框架部分的构造措施。框架柱 Z_1 的构造检验。

a. 长细比要求。

$$\lambda = 28 < 60\sqrt{235/325} = 51$$

长细比满足规范要求。

b. 板件宽厚比要求

箱形截面壁板：$h/t_w = 386/32 = 12.06 < 35\sqrt{235/325} = 29.7$

板件宽厚比满足规范要求。

则框架柱 Z_1 满足规范构造要求。

②框架梁 L_1 的构造检验。因本结构的楼盖采用压型钢板现浇混凝土楼板，并与钢梁有可靠连接，故对钢梁的长细比无特殊要求。板件的长细比因此满足规范要求。

翼缘的外伸部分：$(250 - 12)/2 \times 25 = 4.75 < 9 \times \sqrt{235/325} = 7.65$

腹板：$(600 - 50)/12 = 45.8 < \left(72 - \dfrac{100 \times 3.45 \times 10^4}{0.0191 \times 3.15 \times 10^8}\right) \times \sqrt{235/325} = 60.7$

则框架梁 L_1 满足规范构造要求。

③支撑构件 B_1 的构造措施。

a. 长细比要求。$\lambda = 84.3 < 90$，长细比满足规范要求。

b. 板件宽厚比要求。

翼缘外伸部分：$\dfrac{b_1}{t} = \dfrac{240 - 10}{2 \times 17} = 6.76 < 8$

腹板：$\dfrac{h_w}{t_w} = \dfrac{240 - 34}{10} = 20.6 < 23$

支撑构件 B_1 满足规范构造措施。

思考题

1. 多层和高层钢结构房屋有哪些主要震害？
2. 多层和高层钢结构房屋的特点有哪些？
3. 高层建筑钢结构有哪几种主要的结构体系？
4. 在框架-支撑结构体系中，中心支撑与偏心支撑有何区别？如何进行支撑布置？
5. 多层和高层钢结构房屋可采用哪些楼盖形式？
6. 钢框架结构有哪些主要抗震构造措施？

第7章 单层钢筋混凝土柱厂房

7.1 震害及其分析

单层钢筋混凝土柱厂房是我国当前建筑业中使用最广泛的一种建筑厂房形式,由于厂房结构构件组成和连接方式与一般民用混凝土框架建筑有相当大的区别,使其具有脆性性质,结构的抗剪、抗拉、抗弯的强度低,未经合理抗震设计的多数遭到严重破坏。鉴于未来地震施加给结构物的地震作用具有很大的不确定性,过高地要求技术结构的地震作用效应和地震反应,目前还很困难。因此必须重视房屋震害的实地考察,找出房屋的抗震薄弱环节,总结出有益的抗震措施。单层钢筋混凝土柱厂房的一般震害表现为:在6烈度、7烈度地区主体结构完好,少数围护砖墙开裂外闪,突出屋面的Π形天窗架局部损坏;在8烈度区主体结构有不同程度的破坏,例如有相当多的上柱裂缝,与柱和屋盖拉结不好的围护墙局部倒塌,Π形天窗架倾倒,个别重屋盖厂房屋盖塌落等;在9烈度区主体结构破坏严重,砖围护墙大量倒塌,Π形天窗架大量倾倒,不少厂房屋盖塌落;在10、11烈度地区,大多数厂房倒塌毁坏。从震害调查结果来看,现有未抗震设防的单层钢筋混凝土柱厂房,凡经正规设计而由于考虑了类似于水平地震作用的风荷载和起重机水平荷载,对于抵抗7烈度地震作用是有足够能力的,但也存在若干薄弱环节;而对于7烈度以上地震,则显示出其抵抗能力的不足。特别是单层钢筋混凝土柱厂房存在着纵向抗震能力较差以及构件联结构造单薄,支撑体系较弱,构件若干截面强度不足等薄弱环节。位于第Ⅳ类建筑场地的厂房震害加重,主要是由于厂房自振周期与场地土卓越周期接近而产生了类共振造成的。从震害情况分析,单层钢筋混凝土柱厂房存在屋盖较重、结构布置不当、整体刚度弱、构造措施不利等薄弱环节。

7.1.1 屋盖系统

屋盖系统较重,产生的地震作用较大,而屋盖结构的整体性却显得不够,发生强烈地震时,往往局部区段首先破坏和塌落。主要震害表现为屋面板错位、震落,以及屋架(屋面梁)与柱连接处破坏。前者破坏的主要原因是屋面板与屋架(屋面梁)的焊点数量不足或焊接不牢,板间无灌缝或灌缝质量很差。后者主要因为构件支撑长度不足,施焊不符合要求,或埋件锚固强度不足等。

突出屋面的天窗架刚度远小于下部主体结构,受“鞭端效应”影响,地震作用较大,而其与屋架的构造连接又过于薄弱，极易发生倾斜甚至倒塌，它的纵向抗震能力比横向更弱。

钢筋混凝土屋架震害的主要表现：

(1)上弦发生扭转裂缝。

(2)天窗架支撑传来的地震作用将上弦剪断或将上弦与天窗架连接件拔出。

(3)梯形屋架零轴力杆和竖杆发生平面的破坏；当上弦设有支撑屋面板小柱时，小柱被剪断。

(4)屋架与柱顶连接处发生柱顶混凝土压酥、屋架端头破裂。

(5)下弦发生平面的过大变形。

7.1.2 柱

在横向排架结构中，上柱根部(由于柱截面突然变化)和高低跨厂房中柱的支承低跨屋架处(由于高振型影响)，为抗震的薄弱部位。单层厂房钢筋混凝土柱主要震害表现：

(1)上柱在牛腿附近因弯曲受拉出现水平裂缝、酥裂或折断，如图7-1(a)所示。

(2)上柱柱头由于与屋架连接不牢，连接件被拔出引起酥裂或折断。

(3)下柱由于内力过大，承载力不足，在柱根部产生水平裂缝、环裂甚至折断；由于弯曲引起的竖向剪力，使平腹杆在两端产生竖向裂缝，如图7-1(b)所示。

(4)柱间支撑与柱的连接部位，由于支撑应力集中，多出现水平裂缝。

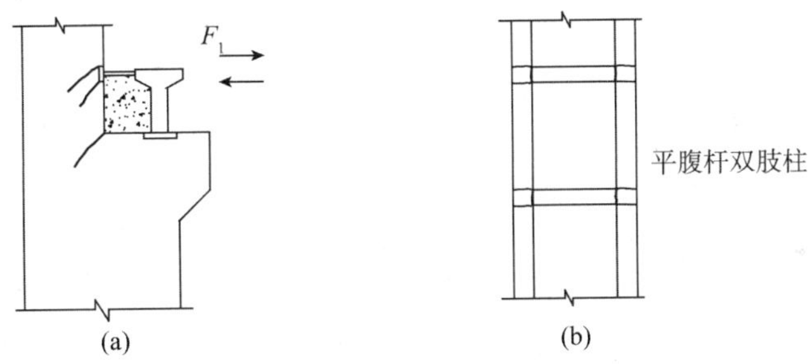

图7-1 单层厂房柱震害示意图

7.1.3 墙体

单层钢筋混凝土柱厂房外围护砖墙、高低跨处的高跨封墙和纵、横向厂房交接处的悬墙等较高墙，与柱及屋盖连接较差，地震时容易外闪，连同圈梁大面积倒塌。

7.1.4 支撑

支撑系统，尤其是厂房纵向支撑系统是承受纵向地震作用的重要构件。但是，它们的抗震能力很弱，表现为如只按照一般构造要求设置，则往往因间距过大、杆件的刚度和强度偏低而发生支撑压弯、支撑节点板扭折、锚筋拉脱等破坏形式。

在进行单层厂房结构的抗震设计时，必须针对上述弱点正确地进行结构布置，注意刚度协调，加强厂房的整体性，改进连接构造，同时进行结构抗震验算，以确保厂房结构的抗震能力。

7.2 单层厂房结构抗震设计要求

单层厂房,无论是哪类结构形式,由哪种材料做成,都应遵守一定的设计原则,这些原则都应在初步设计和技术设计中首先加以考虑。从场地选择、平面布置、地基基础、结构体系、构件连接等方面进行单层钢结构厂房的抗震设计原则和要求。这也是我国单层钢结构厂房发展的现状和未来的发展趋势。

7.2.1 场地选择

厂房宜选择在对建筑物抗震有利的地段(如开阔平坦的坚硬场地土或密实均匀的中硬场地土);避开对建筑物不利的地段(如软弱场地土、易液化土、采空区、河岸和边坡边缘、古河道、暗埋的塘滨沟谷、半镇半挖地基等);不应建造在危险的地段上(可能发生滑坡、地陷的地段)。

7.2.2 地基与基础

地基与基础的设计宜符合下列要求:同一结构单元的结构,宜采用同一类型的基础;同一结构单元的基础,宜埋设在同一标高上;同一结构单元,不宜设置在性质截然不同的地基土上;若选用桩基础,宜采用低承台桩。

7.2.3 结构布置

厂房的结构布置应符合下列要求:

(1)单层厂房的平、立面布置宜规则、对称,质量和刚度变化均匀,厂房建筑物的重心尽可能降低,避免高低错落。多跨厂房宜等高、等长,当高差不大时(如高差小于或等于 2 m),尽量做成等高。厂房屋面不做或少做女儿墙,必须做时,应尽量降低其高度。大量震害表明,不等高多跨厂房有高振型反应,不等长多跨厂房有扭转效应,由此产生的破坏均较重。

(2)厂房的贴建房屋和构筑物,不宜布置在厂房角部和紧邻防震缝处。在地震作用下,防震缝处排架柱的侧移量大,当有毗邻建筑时,相互碰撞或变位受约束的情况严重,从而加重震害。

(3)厂房平面求避免凹凸曲折。当生产工艺设计人员认为确有必要采用较为复杂的平、立面时,应采用防震缝将厂房分隔成规则的结构单元,在厂房纵横跨交接处、大柱网厂房或不设柱间支撑的厂房,防震缝宽度可采用 100 ~ 150 mm,其他情况可采用 50 ~ 90 mm。另外两个主厂房之间的过渡跨至少应一侧采用防震缝与主厂房脱开,避免地震作用下相邻两个独立的主厂房的振动变形不同步,而使过渡跨的屋盖倒塌破坏。

(4)厂房内上起重机的铁梯不应靠近防震缝设置。起重机的铁梯,晚间停放起重机时,增大该处排架侧移刚度,加大地震反应。对于多跨厂房,各跨上起重机的铁梯,不宜设置在同一横向轴线附近,否则会导致震害加重。

(5)厂房工作平台宜与主体结构脱开。厂房内的工作平台与或刚性内隔墙与厂房主体结构连接时,会改变主体结构的工作性状,加大地震反应,导致应力集中,可能造成短柱效应,不仅影响排架柱,还可能涉及柱顶的连接和相邻的屋盖结构,计算和加强措施均较困难。

(6)厂房的同一结构单元内,不应采用不同的结构;厂房端部应设屋架,不应采用山墙承重;厂房单元内不应采用横墙和排架混合承重。不同形式的结构,振动特性不同,材料强度不同,侧移刚度不同。在地震作用下,往往由于荷载、位移、强度的不均衡,而造成结构破坏。除此,若采用山墙承重,则屋盖系统(屋面板、屋架和支撑)在两个端部不封闭,造成屋盖地震作用传递途径变化,山尖墙在抗震设防烈度为6度时就有震害,其破坏后将直接引起屋盖的破坏。

(7)厂房各柱列的侧移刚度宜均匀。纵向刚度严重不均匀的厂房,由于各柱列的地震作用分配不均匀,变形不协调,常导致柱列和屋盖的纵向破坏。

7.2.4 天窗架布置

(1)天窗宜采用突出屋面较小的避风型天窗,有条件或抗震设防烈度为9度时宜采用下沉式天窗。震害表明:下沉式天窗的屋盖比突出屋面的天窗架的屋盖有良好的抗震性能。

(2)突出屋面的天窗宜采用钢天窗架;抗震设防烈度为6~8度时采用矩形截面杆件的钢筋混凝土天窗架。

(3)抗震设防烈度为8度和9度时,天窗架宜从厂房单元端部第三柱间开始设置。第二开间起开设天窗,将使端开间每块屋面板与屋架无法焊接或焊连的可靠性大大降低而导致地震时掉落,同时也大大降低屋面纵向水平刚度。因此,如果山墙能够开窗,或者采光要求不太高时,天窗从第三开间起设置。按照这种方法设置,虽能增强屋面纵向水平刚度,但对建筑通风、采光不利,考虑到6度和7度区的地震作用效应较小,且很少有屋盖破坏的震例,对抗震设防烈度为6度和7度区,不做此要求。

(4)天窗屋盖、端壁板和侧板,宜采用轻型板材。

7.2.5 屋架设置

(1)厂房宜采用钢屋架或重心较低的预应力混凝土屋架、钢筋混凝土屋架。震害经验表明:轻型大型屋面板无檩屋盖和钢筋混凝土有檩屋盖的抗震性能良好。

(2)跨度不大于15 m时,可采用钢筋混凝土屋面梁。跨度大于24 m,或8度Ⅲ、Ⅳ类场地和抗震设防烈度为9度时,应优先采用钢屋架。柱距为12 m时,可采用预应力混凝土托架(梁);当采用钢屋架时,亦可采用钢托架(梁)。

(3)预应力混凝土和钢筋混凝土空腹桁架的腹杆及其上弦节点均较薄弱,在天窗两侧竖向支撑的附加地震作用下,容易产生节点破坏、腹杆折断的严重破坏。因此,不宜采用有突出屋面天窗架的空腹桁架屋盖。

7.2.6 柱的设置

(1)抗震设防烈度为8度和9度时,宜采用矩形、工字形截面柱或斜腹杆双肢柱,不宜采用薄壁工字形柱、腹板开孔工字形柱、预制腹板的工字形柱和管柱。

(2)柱底至室内地坪以上500 mm范围内和阶形柱的上柱,宜采用矩形截面。

7.2.7 围护墙体

当单层厂房采用砌体结构时,宜采用配筋砌体或组合砌体构件做成,或在砌体构件中增设配筋的构造处理;围护墙体,在条件允许时,宜采用轻质材料或钢筋混凝土做成的大型墙板等轻型墙体。要注意非结构构件(如女儿墙、围护墙、雨篷等)应与主体结构有可靠的连接和锚固,以避免地震时倒塌伤人。要重视钢筋混凝土圈梁、构造柱的构造要求。

7.3 单层厂房的横向抗震验算

单层厂房横向抗震排架计算简图,如图 7-2 所示。

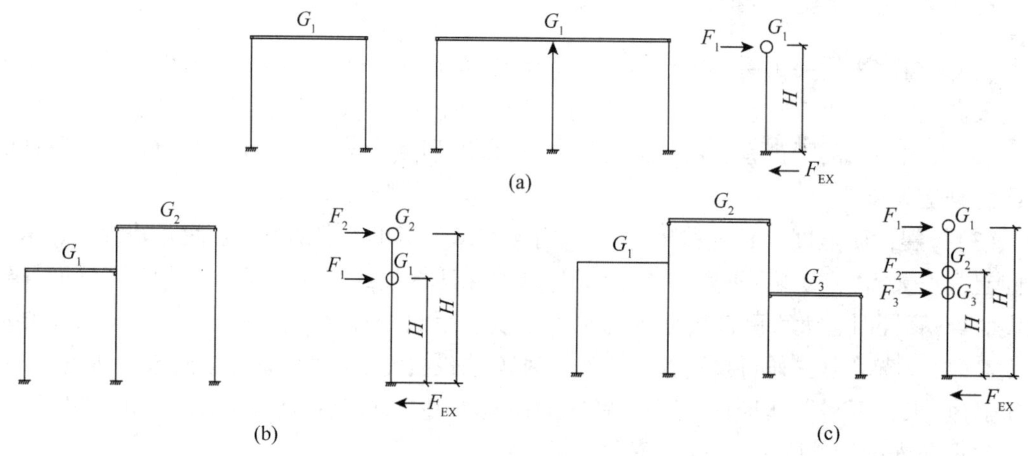

图 7-2 单层厂房横向抗震排架计算简图

7.3.1 计算简图

在进行单层厂房横向抗震强度验算时,一般可简化为平面排架计算,截取一个柱距的单片排架作为计算单元。当纵向柱列的柱距不等时,可选取较大柱距作为计算单元,计算单元内其他柱列的几榀排架合并为一榀平面排架来计算内力。

在进行单层厂房结构的基本周期计算时,认为厂房质量均集中在柱顶处,并假定结构体系中的每一点只发生单一方向的水平振动,每一个质点只有一个自由度。于是,单跨和多跨等高厂房可简化为单质点体系[图 7-2(a)],两跨不等高厂房可简化为两质点体系[图 7-2(b)],三跨不等高(不对称)厂房可简化为三质点体系等[图 7-2(c)]。内力分析按惯用的静力计算方法进行。

在对设有桥式起重机的单层厂房排架进行地震作用下的内力分析时,除了把厂房各部分的质量集中于柱顶处以外,还须将每跨间起重机的重量集中于该跨任一个柱子的起重机梁顶面处。

7.3.2 集中柱顶处的质点重力荷载 G_i 的计算

在单层厂房抗震验算中,位于柱顶以上的重力荷载,如屋盖的恒载和活载等,可作为一个质量集中的质点来考虑。但柱自重及围护墙自重、起重机梁自重等是一些分布的或集中于竖杆不同标高处的重力荷载,属于无限多个质点的体系。

在结构动力计算中，计算厂房自振周期时，常利用“动能等效原则”计算柱顶处等效重力荷载。折算的原则是使简化体系的最大动能与原体系的最大动能相等，折算前后结构周期不变。根据此原则，可以求得动能等效换算系数 ζ。将原体系中某种质点的重力荷载乘以 ζ（表 7-1），即为折算至柱顶处的质点重力荷载 G_i。

表 7-1　动能等效换算系数 ζ

换算集中到柱顶处的各部分结构重力荷载	ζ
(1)位于柱顶以上的结构（屋盖、檐墙等）；	1.0
(2)柱及与柱等高的纵墙墙体；	0.25
(3)单跨和等高多跨厂房的起重机梁以及不等高厂房的边柱的起重机梁；	0.5
(4)不等高厂房高低跨交接处的中柱：	
①中柱的下柱，集中到低跨柱顶；	0.25
②中柱的上柱，分别集中到高跨和低跨柱顶；	0.5
(5)不等高厂房高低跨交接处中柱的起重机梁：	
①靠近低跨屋盖，集中到低跨柱顶；	1.0
②位于高跨及低跨柱顶之间，分别集中到高跨和低跨柱顶	0.5

根据表 7-1，可计算出单跨及等高多跨单层厂房［图 7-2(a)］集中到柱顶的总重力荷载为

$$G_1 = 1.0\times(G_{屋盖}+0.50G_{雪}+0.50G_{灰})+0.50G_{起重机梁}+0.25\times(G_{柱}+G_{纵墙})+1.0G_{檐墙} \tag{7-1}$$

式中，$G_{雪}$、$G_{灰}$ 前的系数 0.50 为抗震验算时的可变荷载组合系数，其余系数均为动能等效换算系数。

两跨不等高厂房［图 7-2(b)］的相应公式为

$$G_1 = 1.0\times(G_{低屋盖}+0.50G_{低雪}+0.50G_{低灰})+0.50G_{低起重机梁}+1.0G_{高起重机梁}+0.25\times(G_{低边柱}+G_{中柱下柱}+G_{低外墙})+0.50(G_{中柱上柱}+G_{高悬墙}) \tag{7-2a}$$

$$G_2 = 1.0\times(G_{高屋盖}+0.50G_{高雪}+0.50G_{高灰})+0.50G_{高起重机梁}+0.25\times(G_{高边柱}+G_{高外墙})+0.50(G_{中柱上柱}+G_{高悬墙}) \tag{7-2b}$$

在式(7-2a)中 $1.0G_{高起重机梁}$ 为中柱高跨起重机梁重力荷载代表值集中于低跨屋盖处的数值。当集中于高跨屋盖处时，应乘以 0.5 动能等效换算系数。至于集中到低跨屋盖处还是集中到高跨屋盖处，则应以就近集中为原则。

当有起重机桥架时，起重机及桥架质量使自振周期增长，但同时桥架对横向排架起撑杆作用，使横向刚度增大，自振周期变短。综合二者影响，在计算厂房自振周期时，一般可不考虑起重机质量的影响。实践表明，这样处理对厂房抗震计算偏于安全。但确定厂房地震作用时，应考虑起重机质量影响。

用动能等效原则所求得的换算重力荷载代表值，确定地震作用在构件内产生的弯矩时，与原有重力荷载代表值产生的弯矩并不等效，此时应按柱底截面弯矩等效原则，确定集中于屋盖处的重力荷载代表值，具体计算公式为

$$G_1 = 1.0\times(G_{屋盖}+0.50G_{雪}+0.50G_{灰})+0.75G_{起重机梁}+0.50\times(G_{柱}+G_{悬墙}+G_{纵墙})\ (i=1,2) \tag{7-3}$$

式中　$0.75G_{起重机梁}$、$0.50G_{柱}$、$0.50G_{纵墙}$——起重机梁、柱和纵墙换算至 i 屋盖处的等效质量。

考虑到影响地震作用的因素很多,为简化计算,确定单层钢筋混凝土柱厂房的横向地震作用时,也可采用动能等效原则计算。计算结果表明,这样处理可满足抗震计算所要求的精确度。

确定厂房地震作用时,对于设有起重机的厂房,除将厂房重力荷载按照动能等效原则集中于屋盖标高处以外,还要考虑起重机桥架重力荷载(如为硬钩起重机,还应包括最大吊重的30%),一般是把某跨起重机桥架重力荷载集中于该跨的任一柱起重机梁的顶面标高处。如两跨不等高厂房均设有起重机,则在确定厂房地震作用时应按四个集中质点考虑,如图7-3所示。

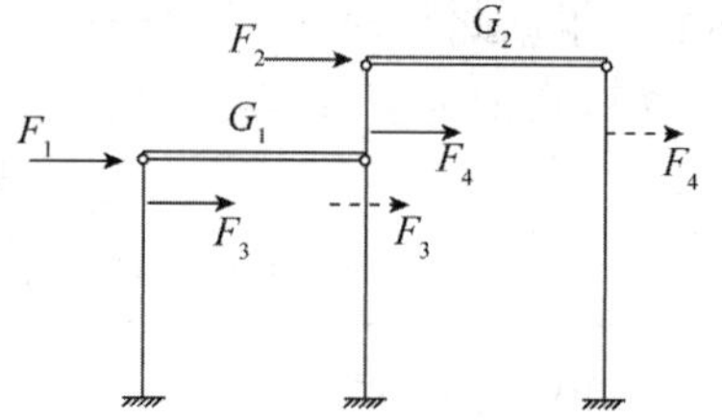

图7-3　高低跨有起重机厂房计算简图

7.3.3　横向基本周期计算

1. 单跨和等高多跨单层厂房基本周期 T_1

等高排架侧移,如图7-4所示。

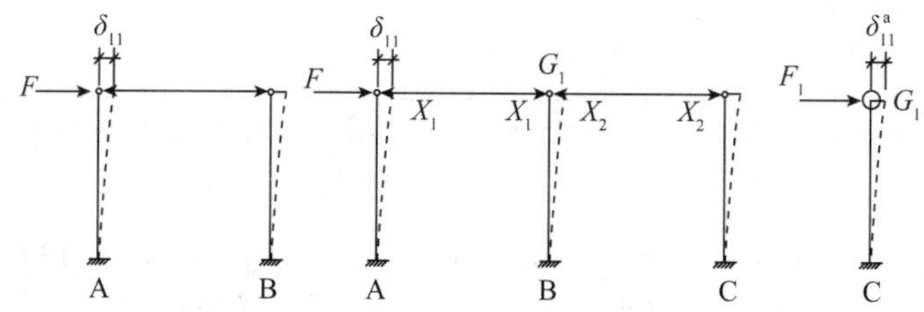

图7-4　等高排架侧移

单跨和等高多跨单层厂房,可按单质点体系计算其横向基本周期 T_1(以 s 计),计算公式为:

$$T_1 = 2\pi\sqrt{\frac{G_1\delta_{11}}{g}} \approx 2\sqrt{G_1\delta_{11}} \tag{7-4}$$

式中　G_1——集中于屋盖处的质点等效重力荷载(kN);

δ_{11}——单位水平力作用于排架顶部时,该处发生的沿水平方向的位移(m/kN)(图7-4),计算公式:$\delta_{11} = (1 - x_1)\delta_{11}^{a}$;

x_1——单位水平力作用于排架顶部时,算得的横梁内力;

δ_{11}^{a}——当A柱为竖向悬臂杆,在顶端作用有单位水平力时,在该处发生的沿水平方向的位移(m/kN)(图7-5)。

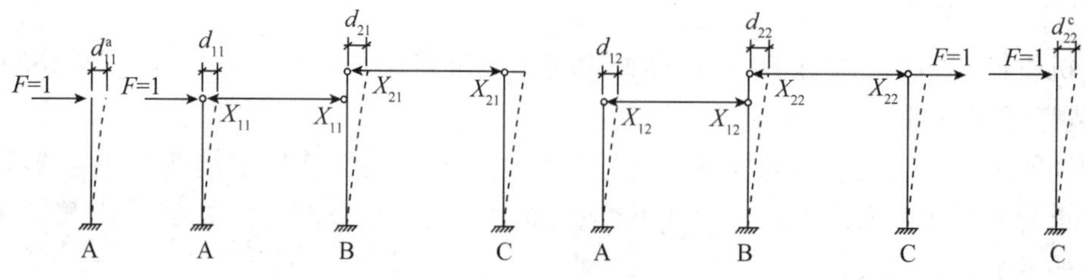

图7-5　不等高排架侧移

2. 两跨不等高厂房横向基本周期 T_1

两跨不等高厂房,可按二质点体系计算其横向基本周期 T_1(以 s 计),按能量法其计算公

式为

$$T_1 = 2\sqrt{\frac{G_1\Delta_1^2 + G_2\Delta_2^2}{G_1\Delta_1 + G_2\Delta_2}} \tag{7-5}$$

$$\begin{cases}\Delta_1 = G_1\delta_{11} + G_2\delta_{12} \\ \Delta_2 = G_1\delta_{12} + G_2\delta_{22}\end{cases} \tag{7-6}$$

式中 G_1、G_2——集中于低跨和高跨柱顶处的质点等效重力荷载(kN);

δ_{11}、$\delta_{12}(=\delta_{21})$、$\delta_{22}$——单位水平力作用于排架顶部时,所发生的各柱柱顶沿水平方向的位移(m/kN),可由下面公式算得:

$$\delta_{11} = (1 - x_{11})\delta_{11}^{a};\ \delta_{21} = x_{21}\delta_{22}^{c};\ \delta_{22} = (1 - x_{22})\delta_{22}^{c};$$

x_{11}、$x_{21}(=x_{12})$、x_{22}——单位水平力作用于排架顶部时算得的横梁内力;

δ_{11}^{a}、δ_{22}^{c}——当A、C柱为竖向悬臂杆,在A、C柱顶作用有单位水平力时,在该处发生的沿水平方向的位移(m/kN)。

3. 简化为 n 个质点体系的不等高单层厂房的横向基本周期

n 个质点体系的不等高单层厂房的横向基本周期可按下式计算:

$$T_1 = 2\sqrt{\frac{\sum_{i=1}^{n} G_i\Delta_i^2}{\sum_{i=1}^{n} G_i\Delta_i}} \tag{7-7}$$

$$\begin{cases}\Delta_1 = G_1\delta_{11} + G_2\delta_{12} + \cdots + G_n\delta_{1n} \\ \vdots \\ \Delta_n = G_1\delta_{1n} + G_2\delta_{2n} + \cdots + G_n\delta_{nn}\end{cases} \tag{7-8}$$

式中 各符号意义同式(7-5)、式(7-6)。

4. 横向基本周期调整

按平面排架计算厂房的横向地震作用时,排架的基本周期应考虑纵墙及屋架与柱连接的固结作用,可按下列规定进行调整。

(1)由钢筋混凝土屋架或钢屋架与钢筋混凝土柱组成的排架,有纵墙时,取周期计算值的80%;无纵墙时,取周期计算值的90%。

(2)由钢筋混凝土屋架或钢屋架与砖柱组成的排架,取周期计算值的90%。

(3)由木屋架或钢木屋架或轻钢屋架与砖柱组成的排架,取周期计算值。

7.3.4 横向水平地震作用计算

1. 用底部剪力法计算厂房横向水平地震作用

单层厂房在横向水平地震作用下,可视作多质点体系。当它的高度不超过40 m,质量和刚度沿高度分布比较均匀时,可以假定地震时各质点的加速度反应分布与质点的高度成比例。因此,单层厂房结构在横向水平地震作用下的计算,可采用下述底部剪力法进行:

(1)结构总水平地震作用 F_E(标准值):

$$F_E = \alpha_1 G_{eq} \tag{7-9}$$

式中 α_1——相应于结构基本周期 T_1 的水平地震影响系数；

G_{eq}——结构等效总重力荷载，单质点取 G_E，多质点取 $0.85G_E$；

G_E——计算地震作用时，结构的总重力荷载代表值处的质点重力荷载代替，应以“基底弯矩等效原则”求得，为简化计，仍可采用式(7-1)、式(7-2)计算。

(2)横向水平地震作用沿高度分布：

$$F_i = \frac{G_i H_i}{\sum_{j=1}^{n} G_j H_j} F_E \ (i=1,2,\cdots,n) \tag{7-10}$$

式中 F_i——质点 i 的横向水平地震标准值，位置在柱顶或起重机梁顶面；

G_i、G_j——集中于质点 i、j 的重力荷载代表值；

H_i、H_j——质点 i、j 的计算高度，一般自基础顶面算起。

2. *考虑整体空间作用时横向水平地震作用的折减*

当单层厂房的两端有山墙时，由于两端山墙在其平面内的刚度比排架计算单元在其平面内的刚度大得多，因此施加在柱顶的横向水平地震作用一部分通过屋盖传至山墙，使各榀排架所受的横向水平地震作用有所减少。这时，山墙处的柱顶水平位移近似为零，各排架柱顶水平位移不等，中间的柱顶水平位移 Δ_1 最大，却比两端无山墙时的柱顶水平位移 Δ_0 为小。这种现象称为单层厂房的整体空间作用。

单层厂房的整体空间作用与山墙的间距有密切关系，山墙间距越小，整体空间作用越大；它还与屋盖类型有关，采用无檩体系屋盖时，由于其水平刚度较大，厂房的整体空间作用将比有檩体系屋盖的厂房大。单层厂房的动力实测试验得到类似结论，即厂房的横向自振频率随有无山墙和山墙间距的不同而变化，亦随屋盖类型的不同而变化。有山墙时，横向自振频率将提高，而无檩体系厂房比有檩体系厂房提高得更多些，同时这种提高又随山墙间距的减小而增大。当山墙间距过长后，实测的横向自振频率接近于排架平面内的自振频率，这时厂房不再存在整体空间作用。

另外，对于一端有山墙、一端开口的无檩体系厂房单元，有时还要考虑因厂房刚度不对称带来的扭转问题。抗震设防烈度为 8 度或 8 度以上地区的震害调查表明，在这类厂房单元中的伸缩缝附近的柱下端，往往发现有水平裂缝，少数还发现有受压区混凝土压碎、钢筋压弯现象，个别的在上柱根部亦发现有沿斜下方向发展的斜裂缝。经分析认为，这是由于这类厂房单元内质量中心与刚度中心不重合，在地震时发生扭转作用引起的。因此，在这种情况下，还应考虑扭转对于伸缩缝两侧排架柱内力的影响。

《建筑抗震设计规范(2016 年版)》(GB 50011—2010)规定，在符合一定条件时，钢筋混凝土柱排架(高低跨交接处除外)应按表 7-2 选用考虑整体空间作用及扭转影响的效应调整系数 ζ_1。这里的一定条件是指：

(1)抗震设防烈度为 7 度和 8 度。当设计烈度大于 8 度时，由于山墙破坏严重，地震作用无法传给山墙，不能考虑整体空间作用。

(2)厂房单元屋盖长度 L 与厂房总跨度 B 之比 $L/B \leq 8$ 或 $B>12$ m 时。因为当符合这个规定时，厂房屋盖的横向水平刚度较大，能保证将地震作用通过屋盖按相应的比例传给山墙或到顶横墙；否则，由于屋盖的横向水平刚度小而不能考虑整体空间作用。

当厂房仅一端有山墙(包括另一端为伸缩缝)时,L 取所考虑排架至山墙的距离。

当高低跨相差较大的不等高多跨单层厂房时,总跨度不包括低跨部分。

(3)山墙或到顶横墙厚度不小于 240 mm,开洞所占的水平截面面积不超过总面积的 50%。用实心砖砌筑,并与屋盖系统有可靠的连接。

(4)柱顶高度不大于 15 m。柱顶高度大于 15 m 时,山墙的稳定性不易保证,因此不考虑空间作用影响。

表 7-2　钢筋混凝土柱(高低跨交接处上柱除外)考虑整体空间作用及扭转影响的效应调整系数

屋盖	山墙		屋盖长度											
			≤30	36	42	48	54	60	66	72	78	84	90	96
钢筋混凝土无檩屋盖	两端山墙	等高厂房	—	—	0.75	0.75	0.75	0.8	0.8	0.8	0.85	0.85	0.85	0.9
		不等高厂房	—	—	0.85	0.85	0.85	0.9	0.9	0.9	0.95	0.95	0.95	1.0
	一端山墙		1.05	1.15	1.2	1.25	1.3	1.3	1.3	1.3	1.35	1.35	1.35	1.35
钢筋混凝土有檩屋盖	两端山墙	等高厂房	—	—	0.8	0.85	0.9	0.95	0.95	1.0	1.0	1.05	1.05	1.1
		不等高厂房	—	—	0.85	0.9	0.95	1.0	1.0	1.05	1.05	1.1	1.1	1.15
	一端山墙		1.0	1.05	1.1	1.1	1.15	1.15	1.15	1.2	1.2	1.2	1.25	1.25

7.3.5　排架的内力分析

按式(7-10)求得各质点的横向水平地震作用 F_i 后,就可将其当作静荷载施加在各质点 i 上,采用一般结构力学的方法进行排架的内力分析,得到排架柱在横向水平地震作用下的内力。

在计算排架柱在横向水平地震作用下的内力时,要注意以下几个问题:

(1)高振型对高低跨交接处柱子内力的影响。由于高低跨厂房在地震时存在高振型的影响,高低两个屋盖可能产生相反方向的运动,从而增大了高低跨交接处柱子上柱部分的内力(即支承低跨屋盖柱的牛腿以上各截面的内力)。《建筑抗震设计规范(2016 年版)》(GB 50011—2010)规定:高低跨交接处的钢筋混凝土的支承低跨屋盖的牛腿以上各截面,按底部剪力法求得的地震弯矩和剪力应乘以放大系数 η,其值可按下式采用:

$$\eta = \zeta\left[1 + 1.7\frac{n_{\mathrm{h}}}{n_0} \times \frac{G_{\mathrm{EL}}}{G}\right] \tag{7-11}$$

式中　ζ——不等高厂房高低跨交接处空间作用影响系数,按表 7-3 采用;

n_{h}——高跨跨数;

n_0——计算跨数,仅一侧有低跨时取总跨数,两侧均有低跨时取总跨数与高跨跨数之和;

G_{EL}——集中在高低跨交接处一侧各低跨屋盖标高处总重力荷载代表值。

表 7-3　高低跨交接处钢筋混凝土上柱空间作用影响系数

屋盖	山墙	屋盖长度										
		≤36	42	48	54	60	66	72	78	84	90	96
钢筋混凝土无檩屋盖	两端山墙	—	0.7	0.76	0.82	0.88	0.94	1.00	1.06	1.06	1.06	1.06
	一端山墙	1.25										
钢筋混凝土有檩屋盖	两端山墙	—	0.9	1.00	1.05	1.10	1.1	1.15	1.15	1.15	1.20	1.20
	一端山墙	1.05										

(2)高振型对突出屋面的天窗架的影响。当单层厂房有突出屋面的顶部结构时,由于鞭端效应影响,顶部结构的破坏将比下部排架结构严重。两者的刚度比及质量比相差愈大,这种鞭端效应亦愈大;但当顶部结构的横向刚度大于厂房排架结构的横向刚度时,高振型的影响很小,甚至可认为不存在这种影响。

按下列规定计算突出屋面天窗架的横向地震作用:

①有斜撑竿的三铰拱式钢筋混凝土和钢天窗架的横向水平地震作用,可按底部剪力法计算,当天窗架的跨度大于 9 m,或天窗架的跨度虽小于或等于 9 m 但抗震设防烈度为 9 度时,天窗架的横向水平地震作用效应宜乘以 1.5。此增大部分的地震作用效应不往下传递。

②其他情况的天窗架的横向水平地震,可采用振型分解反应谱法。

(3)起重机桥自重引起的地震作用。震害表明,有起重机的厂房,在遭遇地震作用时,起重机桥架会造成厂房局部强烈振动而引起严重破坏。因此,钢筋混凝土柱单层厂房的起重机梁的顶面标高处的上柱截面的内力,由起重机桥架引起的地震剪力和弯矩应乘以表 7-4 所列的地震剪力和弯矩增大系数 θ 。

表 7-4　桥架引起的地震剪力和弯矩增大系数

屋盖类型	山墙	边柱	高低跨柱	其他中柱
钢筋混凝土无檩屋盖	两端山墙	2.0	2.5	3.0
	一端山墙	1.5	2.0	2.5
钢筋混凝土有檩屋盖	两端山墙	1.5	2.0	2.5
	一端山墙	1.5	2.0	2.0

7.3.6　排架内力组合

排架横向抗震验算时的内力组合,是指地震作用引起的内力和与之相应的静力竖向荷载引起的内力,在可能出现的最不利情况下所进行的组合,可以根据它进行结构构件的强度验算。其计算方法有以下特点:

(1)地震作用是往复的,由地震作用产生的排架结构构件截面内力可正可负。

(2)内力组合时不考虑风荷载,亦不考虑起重机横向水平制动力。

(3)在静力竖向荷载计算中,起重机的竖向荷载在单跨时按一台起重机考虑,在多跨时按分别在不同跨度内的两台起重机考虑,并与计算地震作用时所取的起重机台数和所在跨相应。

两类荷载组合后的荷载效应 S(包括轴力、弯矩、剪力)按下式计算:

$$S = \gamma_G S_{GE} + \gamma_{Eh} S_{EhK} \tag{7-12}$$

式中 γ_G ——重力荷载分项系数,一般情况下 $\gamma_G = 1.2$,当重力荷载效应对构件承载能力有利时,不应大于 1.0;

S_{GE} ——重力荷载代表值的效应;当有起重机时,还应包括悬吊物重力标准值的效应,此悬吊重力荷载不计入横向水平地震作用;

γ_{Eh} ——水平地震作用分项系数,γ_{Eh} 取 1.3;

S_{EhK} ——水平地震作用标准值的效应,应乘以相应增大系数或调整系数。

7.3.7 厂房结构构件的抗震验算

单层钢筋混凝土柱厂房的抗震承载力验算,可按《混凝土结构设计规范》(GB 50010—2010)的规定进行验算,这里不再赘述。

7.4 单层厂房的纵向抗震验算

历次地震,特别是海城、唐山地震、汶川地震,厂房沿纵向发生破坏的例子很多,而且中柱列的破坏普遍比边柱列严重得多。因此,在厂房抗震设计中,应认真对待抗震验算问题。

单层厂房在纵向水平地震作用下的内力分析,严格来讲,应视屋盖为一水平剪切梁,厂房的纵向承重结构如纵向柱列、纵向柱间支撑和围护纵墙为一联合体,并由屋盖将纵向构件连接成一个多质点的空间结构,按多质点空间结构的力学模型进行抗震分析,求得厂房结构的纵向基本周期和各主振型的地震作用。然后,求得各个控制截面的组合地震作用效应 S。对于不等高厂房和不对称厂房,还要考虑厂房的扭转影响。

用上述多质点空间的结构分析方法虽然精确但是计算烦琐,在计算分析和震害总结基础上,《建筑抗震设计规范(2016 年版)》(GB 50011—2010)提出了厂房纵向抗震计算原则和简化方法。大体有三种方法:柱列法、修正刚度法以及拟能量法。前两种方法适用于单跨和等高多跨厂房,视屋盖类型的不同而异。拟能量法适用于多跨不等高厂房,无论采用哪种方法,在抗震验算中都涉及各种纵向结构构件的刚度计算问题。

7.4.1 纵向结构构件的刚度计算

单层厂房纵向结构的总刚度可以分解为图 7-6 所示的三部分。显然,第 s 柱列的纵向柱列结构的总刚度 K_s,应该等于该柱列所有结构构件的刚度之和,即

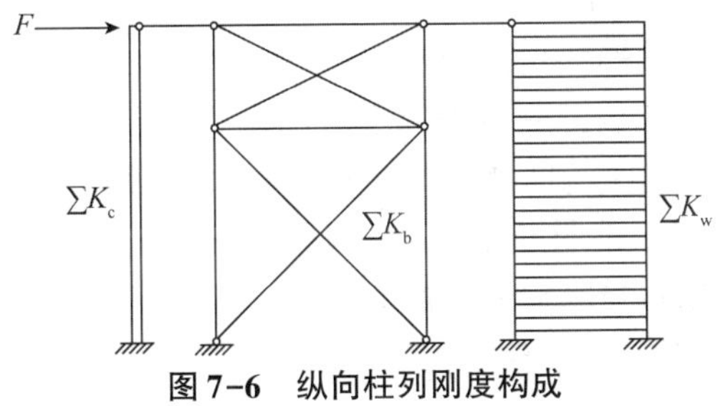

图 7-6 纵向柱列刚度构成

$$K_s = \sum K_c + \sum K_b + \sum K_w \tag{7-13}$$

式中，$\sum K_c$ 为纵向柱列各柱刚度的总和；$\sum K_b$ 为纵向柱列中柱间支撑刚度的总和；$\sum K_w$ 为纵墙体刚度的总和，对于多跨厂房，它们本身又都是各边柱和各中柱列刚度之和。确定构件刚度时，可先确定构件的柔度矩阵，然后进行求逆。如有两个水平力作用于构件上（如有起重机的情况），可分别求出柔度系数 δ_{11}、δ_{12}、δ_{21}、δ_{22}，如图 7-7 所示，然后建立柔度矩阵 $[\delta]$，并由 $[\delta]$ 求得墙体侧移刚度，$[K] = [\delta]^{-1}$，展开后得相应刚度为 $K_{11} = \delta_{22}/[\delta]$；$K_{22} = \delta_{11}/[\delta]$；$K_{21} = K_{12} = \delta_{11}/[\delta]$。$K_{11}$ 为一个力作用于支撑顶端时，支撑的刚度系数亦即在力作用点处产生单位水平侧移时，作用点处需施加的力；$[\delta] = \delta_{11}\delta_{22} - \delta_{12}^2$。

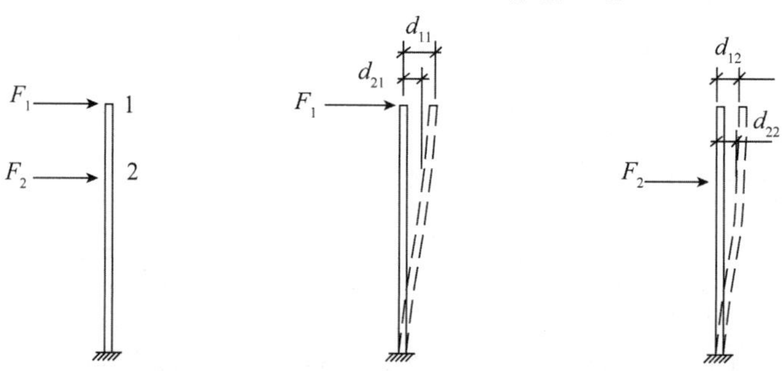

图 7-7　构件有两个集中力作用

下面分别介绍其计算方法。

1. 柱柔度

纵向柱列由一系列排架柱组成，柱柔度为

$$\delta_{11} = \frac{H^3}{\mu C_0 EI'_x} \tag{7-14}$$

式中　δ_{11}——柱顶在单位力下的侧移；

H——柱高，以 m 计；

EI'_x——下柱截面在纵向排架平面内的抗弯刚度（$kN \cdot m^2$）；

C_0——变截面柱系数，可参照有关设计手册。对于等截面悬臂柱，为 3.0；

μ——屋盖、起重机梁等纵向构件对柱抗弯刚度的影响系数。无起重机梁时，μ = 1.10；有起重机梁时，μ 取 1.50。

当有两个侧力作用时，不难求出 δ_{11}、δ_{22}、$\delta_{12} = \delta_{21}$。

2. 柱间支撑刚度

（1）柔性柱间交叉支撑的刚度（支撑杆长细比 $\lambda > 150$）。

这类支撑适用于设计烈度低（如设计烈度为 7 度）、厂房小、无起重机或起重机起重量轻的情况，或不属于上述情况，但所布置的支撑数量较多时（如设计烈度为 8 度时所设置的上柱支撑）。由于在这种情况下支撑斜杆的内力很小，截面小而杆件长细比很大，斜杆基本上不能够承受压力，因而在柱间支撑的计算简图中只考虑受拉的斜杆，而受压的斜杆在计算中认为它不存在。人们可以用图 7-8 计算这类支撑的柔度：

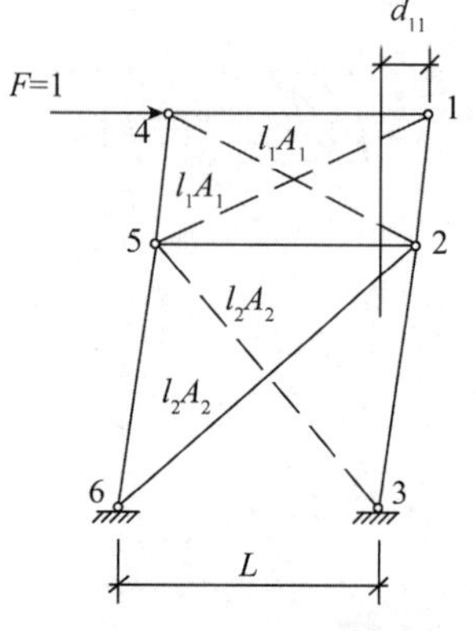

图 7-8　柱间交叉支撑柔度

$$\delta_{11}=\frac{1}{L^2E}\left(\frac{l_1^3}{A_1}+\frac{l_2^3}{A_2}\right) \tag{7-15}$$

式中 l_1、l_2、A_1、A_2——上、下柱支撑斜杆的长度和截面面积，以 m、m² 计；

L——支撑水平杆的长度，以 m 计；

E——支撑斜杆材料的弹性模量，以 kN/m² 计。

在 $P_1=1$ 作用下，斜杆的内力为

$$\begin{cases}N_{51}=l_1/L\\ N_{62}=l_2/L\end{cases} \tag{7-16}$$

(2)半刚性柱间交叉支撑的刚度(支撑杆长细比 $\lambda=40\sim150$)。

这类支撑适用于抗震设防烈度为 8 度的较大跨度厂房。在这种情况下，由于支撑斜杆的内力较大，小截面型钢已不能满足强度和刚度的要求，故此时斜杆的长细比往往小于 150，属于中柔度杆，具有一定的抗压强度和刚度，因而可以考虑这类支撑的斜拉杆和斜压杆均参加受力，但仍忽略水平杆和竖杆的轴向变形。半刚性柱间交叉支撑的柔度为

$$\delta_{11}=\frac{1}{L^2E}\left[\frac{l_1^3}{(1+\varphi_{上})A_1}+\frac{l_2^3}{(1+\varphi_{下})A_2}\right] \tag{7-17}$$

式中 $\varphi_{上}$、$\varphi_{下}$——上支撑和下支撑轴心受压钢构件的稳定系数，按《钢结构设计标准》(GB 50017—2017)；

其余符号意义同式(7-14)。

在 $P_1=1$ 作用下，斜杆的内力为

$$\begin{cases}N_{51}=\dfrac{l_1}{(1+k_{上}\varphi_{上})L} \quad N_{42}=-\dfrac{k_{上}\varphi_{上}l_1}{(1+k_{上}\varphi_{上})L}\\[2ex] N_{62}=2\dfrac{l_2}{(1+k_{下}\varphi_{下})L} \quad N_{53}=-2\dfrac{k_{下}\varphi_{下}l_2}{(1+k_{下}\varphi_{下})L}\end{cases} \tag{7-18}$$

式中 $k_{上}$、$k_{下}$——考虑上支撑和下支撑钢压杆进入非弹性阶段时，内力的综合影响系数。$\lambda=60\sim100$ 时，取 $k=0.7\sim0.6$，$\lambda=100\sim200$ 时，取 $k=0.6\sim0.5$；

其余符号意义同式(7-15)。

当有两个水平力时，如图 7-9 所示，有以下计算公式：

$$\delta_{12}=\delta_{21}=\delta_{22}=\frac{1}{L^2E}\frac{l_2^3}{(1+\varphi_{下})A_2} \tag{7-19}$$

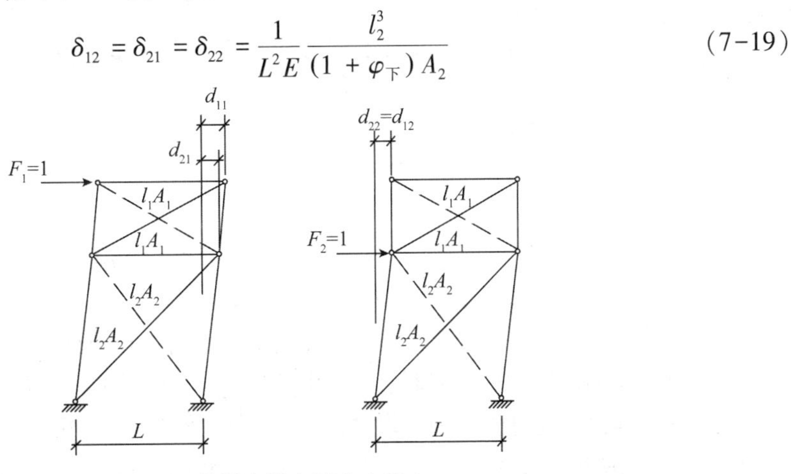

图 7-9 柱间支撑有两个水平力

进而写出柔度矩阵,柔度矩阵求逆,得侧移刚度。

(3)刚性柱间交叉支撑的刚度(支撑杆长细比<40)。

这类支撑杆件的长细比较小,属于小柔度杆,受压时不致发生侧向失稳现象,压杆与拉杆一样能充分发挥其全截面强度和刚度的作用。刚性柱间交叉支撑的柔度按下式计算:

$$\delta_{11} = \frac{1}{2L^2E}\left(\frac{l_1^3}{A_1} + \frac{l_2^3}{A_2}\right) \tag{7-20}$$

式中　各符号意义同式(7-14)。

在 $P_1=1$ 作用下,斜杆的内力为

$$\begin{cases} N_{51} = -N_{42} = l_1/2L \\ N_{62} = -N_{53} = l_2/2L \end{cases} \tag{7-21}$$

3. 墙肢柔度

对于底端为固定端的悬臂无洞单肢墙,在顶端有 $P=1$ 作用下,当考虑墙体的弯曲变形和剪切变形时,该单肢墙的柔度(图 7-10)为

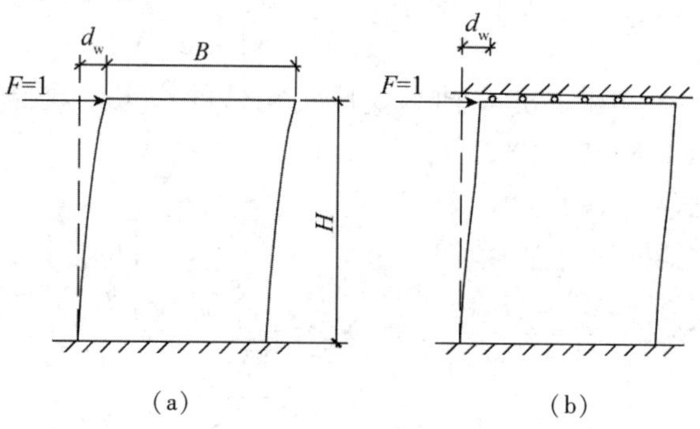

图 7-10　墙肢侧移示意图

$$\delta_w = \frac{H^3}{3EI} + \frac{\zeta H}{BtG} \approx \frac{4\left(\frac{H}{B}\right)^3}{Et} + \frac{3\left(\frac{H}{B}\right)}{Et} = \frac{4\rho^3 + 3\rho}{Et} \tag{7-22}$$

对于上下端嵌固的无洞单肢墙,在顶端有 $P=1$ 作用下,该单肢墙的柔度[图 7-10(b)]为

$$\delta_w = \frac{H^3}{12EI} + \frac{\zeta H}{BtG} \approx \frac{\rho^3 + 3\rho}{Et} \tag{7-23}$$

式中　H、B、t——墙肢的高度、长度、厚度,以 m 计;

ρ——墙肢的高宽比,$\rho = \frac{H}{B}$;

E、G——墙肢砌体材料的弹性模量、剪切模量,以 kN/m^2 计, $G \approx 0$;

ζ——剪应力不均匀系数,矩形截面取 1.2。

厂房贴砌纵墙多层多肢贴砌砖墙,如图 7-11 所示,洞口将砖墙分为侧移刚度不同的若干层。在计算各层墙体的侧移刚度时,对于窗洞上下的墙体,可以只考虑剪切变形,窗间墙可视为两端嵌固的墙段。在计算窗间墙段的刚度时,可同时考虑剪切变形和弯曲变形,即对于第 i 层 j 段窗间墙的刚度取 $K_{ij}=Et/(\rho^3+3\rho)$,故该层墙的刚度为 $K_i=\sum K_{ij}$,墙体侧移 $\delta_i=1/K_i$。墙体

在单位水平力作用下的侧移 δ 为各层砖墙侧移之和。

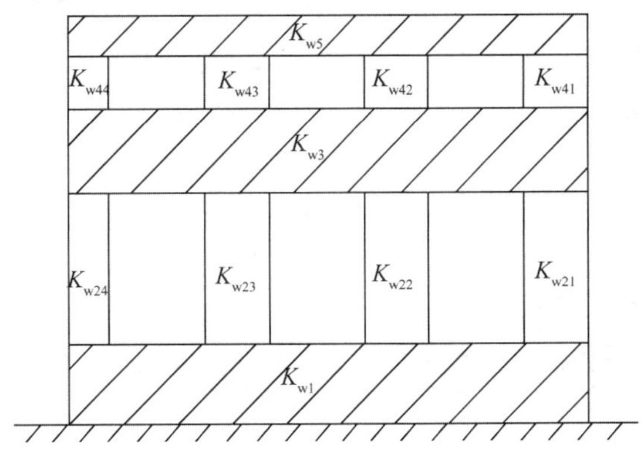

图 7-11　多层多肢贴砌砖墙侧移

若求某 1、2 两个高度处的墙体刚度，如图 7-12 所示，可先求出墙体侧移 δ_{11}、δ_{12}、δ_{21}、δ_{22} 建立柔度矩阵 $[\delta]$，并由 $[\delta]$ 求得墙体侧移刚度，相应刚度为 $K_{11}=\delta_{22}/[\delta]$；$K_{22}=\delta_{11}/[\delta]$；$K_{21}=K_{12}=\delta_{11}/[\delta]$。

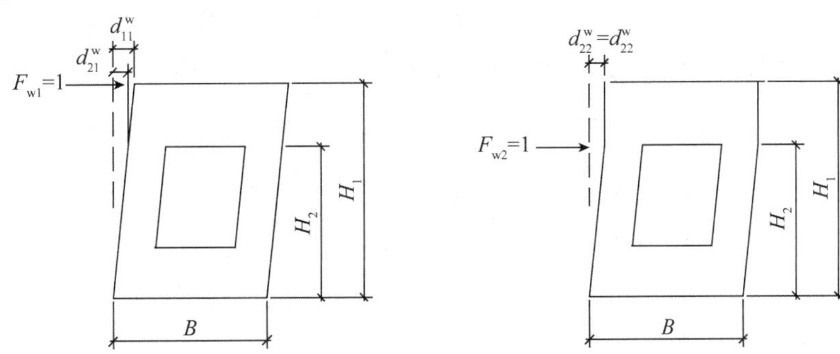

图 7-12　两个集中力时贴砌砖墙侧移

当墙面开洞时，应考虑洞口对墙体刚度削弱的影响，通常可用乘以开洞影响系数尺来反映。同时，考虑持续地震作用下砖墙开裂后刚度应降低，对于贴砌的砖围护墙，可根据柱列侧移值的大小，取侧移刚度折减系数 $\gamma=0.2\sim0.6$。

4. *有起重机时厂房第 i 柱列的刚度矩阵和柔度矩阵*

有起重机时，相当于有两个水平力作用于构件上。

（1）刚度矩阵。i 柱列刚度矩阵为

$$[\boldsymbol{K}_i]=\begin{bmatrix}\boldsymbol{K}_{11} & \boldsymbol{K}_{12}\\ \boldsymbol{K}_{21} & \boldsymbol{K}_{22}\end{bmatrix}=[\boldsymbol{K}_c]+[\boldsymbol{K}_b]+[\boldsymbol{K}_w]=\begin{bmatrix}\boldsymbol{K}_{11}^{c}+\boldsymbol{K}_{11}^{b}+\boldsymbol{K}_{11}^{w} & \boldsymbol{K}_{12}^{c}+\boldsymbol{K}_{12}^{b}+\boldsymbol{K}_{12}^{w}\\ \boldsymbol{K}_{21}^{c}+\boldsymbol{K}_{21}^{b}+\boldsymbol{K}_{21}^{w} & \boldsymbol{K}_{22}^{c}+\boldsymbol{K}_{22}^{b}+\boldsymbol{K}_{22}^{w}\end{bmatrix} \tag{7-24}$$

若取柱列所有柱的总侧移刚度为该柱列全部柱间支撑总侧移刚度的 10%，取 $\sum K_c=0.1\sum K_b$，则上式可写成：

$$[\boldsymbol{K}_i]=\begin{bmatrix}1.1\boldsymbol{K}_{11}^{b}+\boldsymbol{K}_{11}^{w} & 1.1\boldsymbol{K}_{12}^{b}+\boldsymbol{K}_{12}^{w}\\ 1.1\boldsymbol{K}_{21}^{b}+\boldsymbol{K}_{21}^{w} & 1.1\boldsymbol{K}_{22}^{b}+\boldsymbol{K}_{22}^{w}\end{bmatrix} \tag{7-25}$$

(2)柔度矩阵。i 柱列柔度矩阵为

$$[\Delta_i] = \begin{bmatrix} \boldsymbol{\delta}_{11} & \boldsymbol{\delta}_{12} \\ \boldsymbol{\delta}_{21} & \boldsymbol{\delta}_{22} \end{bmatrix} = [\boldsymbol{K}_i]^{-1}$$

7.4.2 柱列法

1. 适用范围

(1)各类型屋盖的单跨厂房。

(2)等高多跨轻型柔性屋盖厂房。主要是指采用石棉瓦、瓦楞铁、机瓦和木望板等轻质材料做屋盖的厂房。

2. 计算原则

柱列法是将单层厂房沿每跨屋盖的纵向中线切开,如图 7-13 所示。将厂房分割成若干相互独立的柱列结构进行抗震验算的一种方法。这种方法按单质点系分别计算各片柱列结构的纵向基本周期,然后对各柱列纵向水平地震作用分别进行计算,但在基本周期计算中引进厂房整体工作的调整系数。在算得基本周期后,就可以用底部剪力法算出各片柱列结构需要承受的纵向水平地震作用,并进行各结构构件的纵向抗震验算。

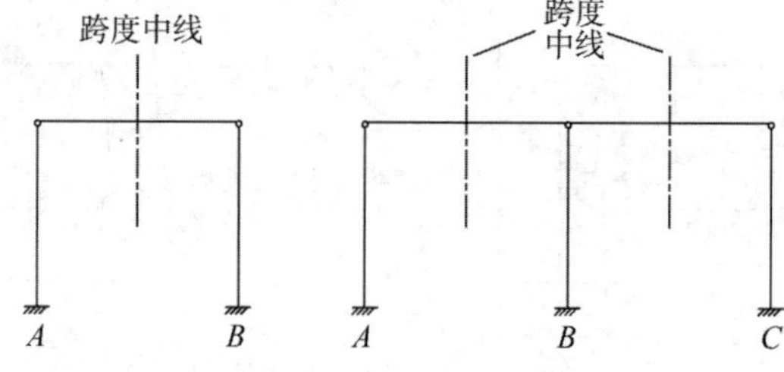

图 7-13 纵向柱列划分

由于屋盖纵向水平面内的刚度很小,由它连接成的空间结构是“弱连接体系”,在地震动时,整个厂房结构的纵向振动特性比较接近于各个柱列自成体系的振动情况。前者(单跨厂房)的柱列虽然可能与纵向水平刚度较大的屋盖相连接,但由于两侧柱列的纵向结构刚度一般是相同的,整个厂房结构的纵向振动特性亦比较接近于各个柱列自成体系的振动情况。因此,可采用按各柱列自成振动体系的原则来确定各柱列的纵向地震作用。

3. 纵向等效重力荷载代表值

单层厂房纵向抗震验算时,应以一个伸缩缝区段为计算单元。计算单层厂房纵向基本周期,需要将本单元各部分重力荷载用动能等效原则将它们折算到柱顶标高处。在计算单层厂房纵向水平地震作用时,按内力等效原则进行计算,还需要将起重机梁及其配件的重力荷载、起重机桥架自重(硬钩起重机还应包括部分悬吊物重力荷载)等集中到起重机梁顶面标高处。两种情况下,单层厂房各部分重力荷载的折算系数 ε 可按表 7-5 取用。

表 7-5 纵向抗震验算时的质量折算系数 ε

序号	厂房结构各部分重力荷载	确定纵向基本周期时	确定纵向地震作用时	
			无起重机柱列	有起重机柱列
1	位于柱顶以上部位的重力荷载	1.0	1.0	1.0
2	柱	0.25	0.50	0.1(柱顶) 0.4(起重机梁顶)
3	山墙、到顶横墙	0.25	0.50	0.50
4	纵墙(包括贴砌墙、嵌砌墙)	0.35	0.70	0.70
5	起重机梁及配件、起重机桥(硬钩起重机包括悬吊荷载的30%)	0.50	-	1.0 (起重机梁顶)

单跨及多跨等高厂房在计算纵向基本周期时,假定集中到柱顶的总等效重力荷载为

$$G_s=1.0\times(G_{屋盖}+0.50G_{雪}+0.50G_{灰})+0.50\times(G_{起重机梁}+G_{起重机桥})+0.25\times(G_{柱}+G_{横墙})+0.35G_{纵墙} \tag{7-26}$$

在计算有起重机梁柱列的纵向地震作用时,假定集中到起重机梁顶和柱顶的等效重力荷载分别为

$$w_s(起重机梁顶)=1.0\times(G_{起重机梁}+G_{起重机桥})+0.40G_{柱} \tag{7-27}$$

$$G_s(柱顶)=1.0\times(G_{屋盖}+0.50G_{雪}+0.50G_{灰})+0.10G_{柱}+0.50G_{横墙}+0.70G_{纵墙} \tag{7-28}$$

在计算无起重机梁柱列的纵向地震作用时,假定集中到柱顶的总等效重力荷载为

$$G_s(柱顶)=1.0\times(G_{屋盖}+0.50G_{雪}+0.50G_{灰})+0.50G_{柱}+0.50G_{横墙}+0.70G_{纵墙} \tag{7-29}$$

4. 基本自振周期

考虑厂房整体工作的基本周期调整系数,见表 7-6。

表 7-6 考虑厂房整体工作的基本周期调整系数

项目			边柱列	中柱列
砖墙	有柱撑	边跨无天窗	1.6(1.3)	0.9(0.9)
		边跨有天窗	1.65(1.4)	0.9(0.9)
	无柱撑		2(1.15)	0.85(0.85)
注:括号内数据适用于无围护墙或挂瓦、石棉瓦墙				

厂房第 i 柱列沿纵向作自由振动的基本周期为

$$T_1=2\psi_T\sqrt{G_i\delta_i} \tag{7-30}$$

ψ_T——根据厂房空间分析结果确定的周期修正系数,对于单跨厂房,$\psi_T=1.0$,对多跨厂房,按表 7-6 采用;

G_i——换算至第 i 柱列柱顶标高处的等效重力荷载代表值。

5. 柱列纵向水平地震作用

(1)无起重机厂房,作用于第 i 列柱顶处的水平地震作用 F_{Ei} 为

$$F_{Ei}=a_1G_{eq} \tag{7-31}$$

式中 a_1——相应于结构基本周期 T_1 的水平地震影响系数；

G_{eq}——第 i 柱列柱顶总等效重力荷载，按式(7-29)计算。

(2)有起重机厂房，作用于第 i 列柱顶处的水平地震作用 F_i 为

①作用于第 i 柱列柱顶标高的纵向水平地震作用同式(7-31)，但 G_{eq} 应用式(7-28)。

②作用于第 i 柱列起重机梁顶标高的纵向水平地震作用为

$$F_{ci}=\alpha_1 G_{ci}\frac{H_{ci}}{H_i}\ (i=1,2,\cdots,n) \tag{7-32}$$

式中 F_{ci}——质点 i 的横向水平地震标准值，位置在柱顶或起重机梁顶面；

G_{ci}——同式(7-27)中的 w_s，为第 i 柱列集中到起重机梁标高的重力荷载代表值；

H_{ci}——第 i 列起重机梁顶高度；

H_i——第 i 列柱顶高度，一般自基础顶面算起。

6. 构件水平地震作用分配

(1)无起重机厂房。第 i 柱列，每一根柱子、一片柱间支撑及贴砌纵向砖墙所分担的纵向地震作用分别为

$$F_c=\frac{\sum K_c}{nK_s}F_{Ei}\ (柱)(i=1,2,\cdots,n) \tag{7-33a}$$

$$F_b=\frac{\sum K_b}{mK_s}F_{Ei}\ (柱撑)(i=1,2,\cdots,n) \tag{7-33b}$$

$$F_w=\frac{\sum K_w}{K_s}F_{Ei}\ (墙肢)(i=1,2,\cdots,n) \tag{7-33c}$$

式中 F_{Ei}——质点 i 的横向水平地震作用，按式(7-31)计算；

n、m——第 i 柱列的柱子总根数、柱间支撑个数；

K_s、$\sum K_c$、$\sum K_b$、$\sum K_w$——意义与式(7-13)相同。

(2)有起重机柱列。有起重机柱列纵向水平地震作用分配如图 7-14 所示。为简化计算，可粗略地假定柱为剪切杆，取柱列所有柱的总侧移刚度为该柱列全部柱间支撑总侧移刚度的 10%，取 $\sum K_c=0.1\sum K_b$。

i 柱列一根柱、一片支撑和一片墙在柱顶标高处所分配的地震作用可按式(7-33)计算。但式中 F_{Ei} 由式(7-28)算出等效重力荷载后求得。

起重机所引起的地震作用，由柱和支撑承担。一根柱、一片支撑所分配的水平地震作用为

$$F_c^i=\frac{1}{11n}F_{ci} \tag{7-34}$$

$$F_b^i=\frac{k_b}{1.1\sum k_b}F_{ci} \tag{7-35}$$

式中 n——第 i 柱列柱的总根数；

F_{ci}——第 i 柱列起重机梁顶标高的纵向水平地震作用，按式(7-32)计算。

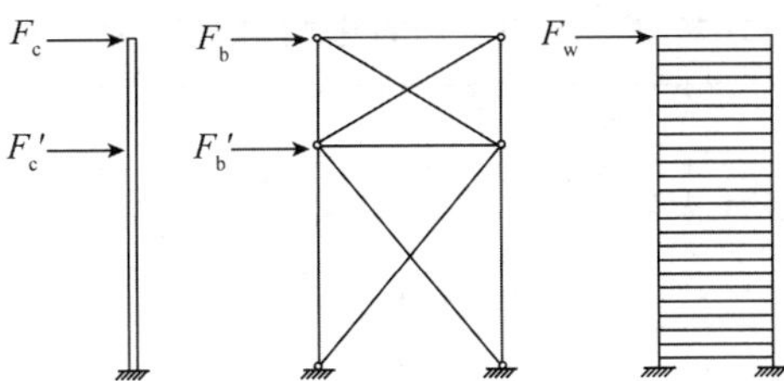

图 7-14 有起重机厂房纵向地震作用分配

7.4.3 修正刚度法

1. 适用范围

修正刚度法适用于等高多跨的无檩或有檩钢筋混凝土屋盖厂房。

2. 计算原则

修正刚度法取整个防震缝区段为纵向计算单元。在确定厂房的纵向自振周期时,首先假定整个屋盖为一刚性盘体,把所有柱列的纵向刚度加在一起,按"单质点体系"计算,但屋盖实际上并非绝对刚性,这样,自振周期计算中引入了一个修正系数 ψ_T(表 7-7),以考虑屋盖变形的影响。确定地震作用在各柱列之间的分配时,只有当屋盖的刚度为无限大时,才仅与柱列刚度这唯一因素成正比。而当屋盖并非绝对刚性时,地震作用的分配系数应该根据柱列的实际侧移来考虑。修正刚度法仍采用按柱列刚度比例分配地震作用,但对屋盖的空间作用及纵向围护墙对柱列侧移的影响作了考虑。在具体计算中,通过系数 ψ_3(表 7-8)来反映纵向围护墙的刚度对柱列侧移量的影响;用 ψ_4(表 7-9)反映纵向采用砖围护墙时,中柱列支撑的强弱对柱列侧移量的影响,边柱列可采用 $\psi_4=1.0$。

这种厂房,由于屋盖的纵向水平刚度很大,整体空间作用显著,在地震动时,整个厂房结构的纵向振动特性比较接近于刚性屋盖厂房。因此,采用刚性屋盖厂房结构的纵向振动特性来确定纵向地震作用,以及采取刚性屋盖分配的原则来确定纵向地震作用在各柱列间的分配,是可行的。

3. 纵向等效重力荷载代表值

按本章 7.4.2 相关内容计算。

4. 基本自振周期

修正刚度法是假定整个屋盖为一刚性盘体,把所有柱列的纵向结构连接起来,近似地按单质点体系进行计算,其纵向基本自振周期为

$$T_1 = 2\psi_T \sqrt{\frac{\sum G_i}{\sum K_i}} \tag{7-36}$$

式中 ψ_T——厂房自振周期修正系数,见表 7-7;

$\sum G_i$——厂房单元集中到屋盖标高处的等效重力荷载;

$\sum K_i$——厂房单元纵向侧移刚度。

表 7-7　厂房屋盖变形的基本周期修正系数 ψ_T

烈度	无檩体系		有檩体系	
	边跨无天窗	边跨有天窗	边跨无天窗	边跨有天窗
7 度	1.2	1.25	1.30	1.35
8 度	1.10	1.15	1.20	1.25
9 度	1.0	1.05	1.05	1.10

对于柱顶高度不超过 15 m 且平均跨度不超过 30 m 的单跨或多跨的钢筋混凝土柱砖围护墙厂房,其纵向基本周期亦可按下列经验公式确定:

$$T_1 = 0.23 + 0.00025\psi_1 l\sqrt{H^3} \tag{7-37}$$

式中　ψ_1——屋盖类型系数,大型屋面板钢筋混凝土屋架可采用 1.0,钢屋架采用 0.85;

l——厂房跨度(m),多跨厂房可取各跨的平均值;

H——基础顶面至柱顶的高度。

对于敞开、半敞开或墙板与柱子柔性连接的厂房,基本周期乘以围护墙影响系数 ψ_2。$\psi_2 = 2.6 - 0.002l\sqrt{H^3}$,ψ_2 小于 1.0 时取 1.0。

5. 柱列纵向水平地震作用

(1)无起重机厂房。作用于第 i 柱列柱顶标高处的地震作用标准值为

$$F_i = \alpha_1 G_{eq}\frac{K_{ai}}{\sum K_{ai}} \tag{7-38}$$

$$K_{ai} = \psi_3\psi_4 K_i \tag{7-39}$$

式中　α_1——相应于结构纵向基本周期 T_1 的水平地震影响系数;

G_{eq}——厂房单元各柱列等效总重力荷载,按式(7-29)计算;

K_i——i 柱列柱顶的总侧移刚度,应包括 i 柱列内柱子和上、下柱间支撑的侧移刚度及纵墙的折减侧移刚度的总和;

K_{ai}——i 柱列柱顶的调整侧移刚度;

ψ_3、ψ_4——柱列刚度调整系数,分别按表 7-8、表 7-9 取值。

表 7-8　围护墙影响系数 ψ_3

围护墙类别和烈度		柱列和屋盖类别				
		边柱列	中柱列			
			无檩屋盖		有檩屋盖	
240 砖墙	370 砖墙		边跨无天窗	边跨有天窗	边跨无天窗	边跨有天窗
	7 度	0.85	1.7	1.8	1.8	1.9
7 度	8 度	0.85	1.5	1.6	1.6	1.7
8 度	9 度	0.85	1.3	1.4	1.4	1.5
9 度	—	0.85	1.2	1.3	1.3	1.4
无墙、石棉瓦或挂板		0.90	1.1	1.1	1.2	1.2

表 7-9　纵向采用砖围护墙的中柱列柱间支撑影响系数 Ψ_4

厂房单元内设置下柱支撑的柱间数	中柱列下柱支撑斜杆的长细比					中柱列无支撑
	≤40	41～80	81～120	121～150	>150	
一柱间	0.9	0.95	1.0	1.1	1.25	1.4
二柱间	—	—	0.9	0.95	1.0	—

(2)有起重机厂房。

第 i 柱列顶标高处的地震作用时,按式(7-31)计算,但其中的 G_{eq} 按式(7-28)计算。

第 i 柱列起重机梁顶标高处的纵向地震作用时,按式(7-29)计算。

6. 柱列构件水平地震作用计算

(1)无起重机柱列。柱、支撑、墙在柱顶标高处的水平地震作用分别按式(7-33a)、式(7-33b)、式(7-33c)计算。

(2)有起重机柱列。计算方法与柱列法相同。

7.4.4　拟能量法

1. 适用范围

拟能量法适用于钢筋混凝土无檩及有檩屋盖的两跨不等高厂房的纵向抗震计算。

2. 计算原则

由于存在高低跨柱列,使得厂房的纵向自振特性和柱列间地震作用的分配复杂化。拟能量法以剪扭振动空间分析结果为标准,进行试算对比,找出各柱列按跨度中心划分质量的调整系数,从而得出各柱列作为分离体时的有效质量,然后按能量法公式确定整个厂房的自振周期,并用底部剪力法按单独柱列分别计算出各柱列的水平地震作用。

3. 基本周期

以一个防震缝区段作为计算单元,将厂房质量按跨度中心线划分开,并将墙柱等支承结构的质量换算集中到各柱列的柱顶高度处。质量换算求基本周期需要按动力等效原则,而计算水平地震作用时应按结构底部内力等效原则,两者在数值上是不相等的。但为了减少手算工作量,在计算周期和地震作用时统一用后一数值,同时对计算周期乘以小于1的周期修正系数 ψ_T。计算周期时,对于无起重机的或起重机吨位较小的厂房,一般将质量全部集中到柱顶;而对有较大吨位起重机的厂房,则应在支承起重机梁的牛腿面处增设一个质点。为了考虑厂房纵向的空间作用影响,对有关质点的质量还应进行某些调整。然后,将各柱列的集中质量视为水平力作用于相应位置,并求出各柱列在各质点位置处的侧移(图 7-15),按能量法确定厂房纵向基本周期。即

$$T_1 = 2\psi_T \sqrt{\frac{\sum G'_{si}\Delta_i^2}{\sum G'_{si}\Delta_i}} \tag{7-40}$$

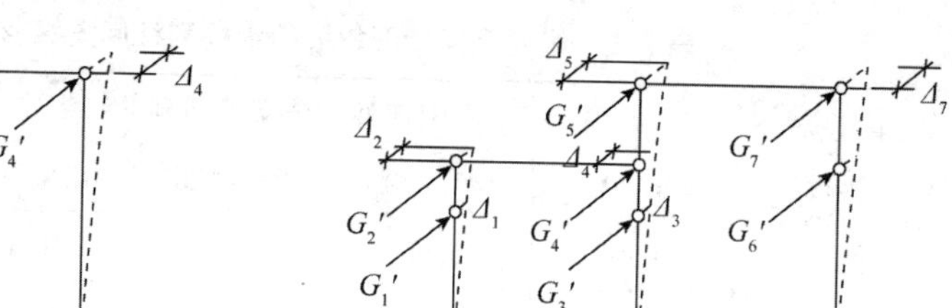

图 7-15　纵向周期计算简图

式中　i——质点序号；

ψ_T——周期修正系数,无围护墙时,取 0.9;有围护墙时,取 0.8;

Δ_i——各柱列作为独立单元,在本柱列各质点等效重力荷载(代表值)作为纵向水平力的共同作用下,i 质点处产生的侧移(图 7-15);

G'_{si}——按厂房空间作用进行质量调整后,s 列第 i 个质点的等效重力荷载代表值,按下式确定:高低跨中柱列柱顶高度处质点 $G'_{si}=\zeta G_{si}$,G_{si} 为中柱列柱顶等效重力荷载边柱列柱顶高度处质点 $G'_{si}=G_{si}+(1-\zeta)G_{(s\pm1)i}$,$G_{si}$ 为边柱列柱顶等效重力荷载;$G_{(s\pm1)i}$ 为与 G_{si} 相邻的中柱列的同标高柱顶的等效重力荷载。

中柱列质量调整系数,见表 7-10,其他中柱柱顶质点及牛腿顶面处质点重力荷载代表值不调整。

表 7-10　中柱列质量调整系数

围护墙类别和烈度		柱列和屋盖类别			
		中柱列			
240 砖墙	370 砖墙	无檩屋盖		有檩屋盖	
		边跨无天窗	边跨有天窗	边跨无天窗	边跨有天窗
	7 度	0.50	0.55	0.60	0.65
7 度	8 度	0.60	0.65	0.70	0.75
8 度	9 度	0.70	0.75	0.80	0.85
9 度		0.75	0.80	0.85	0.90
无墙、石棉瓦或挂瓦		0.90		1.0	

4. 高低跨各柱列重力荷载代表值

结构底部内力等效原则等效质点重力荷载代表值,按下述方法计算。

(1)边柱列。无起重机或有较小吨位起重机时,

$$G_s=1.0\times(G_{屋盖}+0.50G_{雪}+0.50G_{灰})+0.75\times(G_{起重机梁}+G_{起重机桥})+0.5\times(G_{柱}+G_{横墙})+0.7G_{纵墙} \tag{7-41}$$

有较大吨位起重机时,

$$G_s=1.0\times(G_{屋盖}+0.50G_{雪}+0.50G_{灰})+0.1G_{柱}+0.5G_{横墙}+0.7G_{纵墙} \tag{7-42}$$

(2)中柱列。无起重机或有较小吨位起重机时,

低跨柱顶：

$$G_s=1.0\times(G_{屋盖}+0.50G_{雪}+0.50G_{灰})+1.0\times(G_{起重机梁}+G_{起重机桥})_{高跨}+0.75\times(G_{起重机梁}+G_{起重机桥})_{高跨}+0.5\times(G_{柱}+G_{横墙})+0.70G_{纵墙}+0.5G_{悬墙} \tag{7-43}$$

高跨柱顶：

$$G_s=1.0\times(G_{屋盖}+0.50G_{雪}+0.50G_{灰})+0.5G_{横墙}+0.5G_{悬墙} \tag{7-44}$$

有较大吨位起重机时，

低跨柱顶：

$$G_s=1.0\times(G_{屋盖}+0.50G_{雪}+0.50G_{灰})+1.0\times(G_{起重机梁}+G_{起重机桥})_{高跨}+0.1G_{柱}+0.5G_{横墙}+0.5G_{悬墙} \tag{7-45}$$

高跨柱顶：

$$G_s=1.0\times(G_{屋盖}+0.50G_{雪}+0.50G_{灰})+0.5G_{横墙}+0.5G_{悬墙} \tag{7-46}$$

(3)集中于牛腿处质点。

$$G_s=1.0\times(G_{起重机梁}+G_{起重机桥})_{高跨}+0.4G_{柱} \tag{7-47}$$

以上各式取 $G_{起重机桥}$ 取各跨内起重机桥重的一半。

5. 柱列水平地震作用标准值

作用于第 i 柱列屋盖标高处的地震作用标准值，按调整后的质点重力荷载代表值计算：

边柱列：

$$F_i=\alpha_1 G'_{si} \tag{7-48}$$

中柱列：

$$F_{ik}=\frac{G'_{ik}H_{ik}}{G'_{i1}H_{i1}+G'_{i2}H_{i2}}\alpha_1(G'_{i1}+G'_{i2}) \quad (i\text{ 为柱列号};k\text{ 为质点号}) \tag{7-49}$$

对有起重机的厂房，作用于第 i 柱列起重机梁顶标高处的水平地震作用标准值，可近似按下式计算：

$$F_{is}=\alpha_1 G_{ci}\frac{H_{ci}}{H_i} \tag{7-50}$$

6. 构件水平地震作用分配

一般重力荷载产生的水平地震作用示意图与分配，见图 7-16、图 7-17。

(1)边柱列。边柱列水平地震作用标准值，可参照式(7-33)计算。

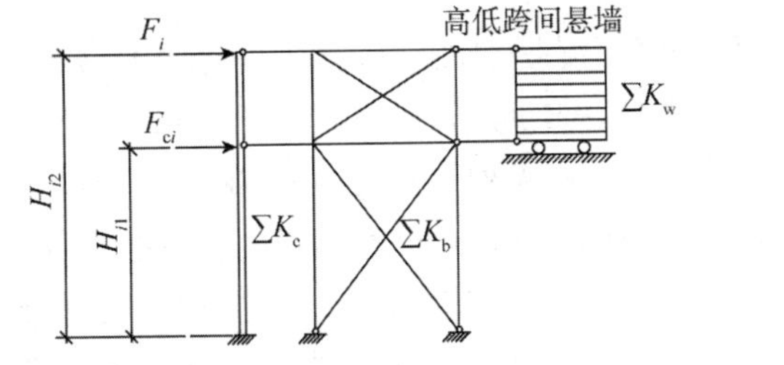

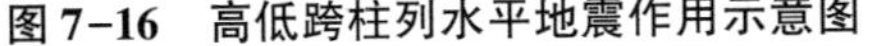

图 7-16　高低跨柱列水平地震作用示意图

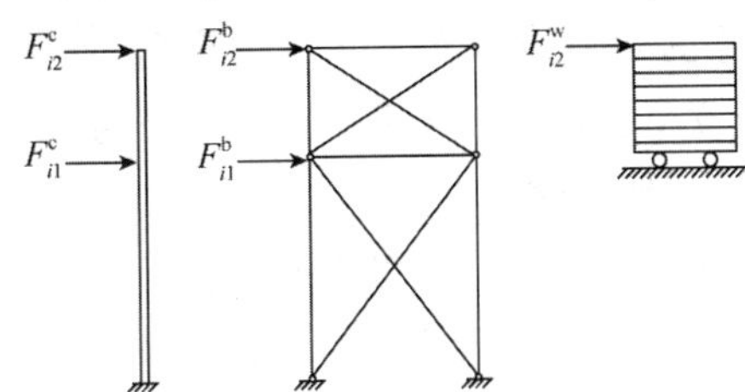

图 7-17　高低跨柱列水平地震作用分配

(2)高低跨中柱列。为简化计算，可粗略地假定柱为剪切杆，取柱列所有柱的总侧移刚度为该柱列全部柱间支撑总侧移刚度的 10%，这样可按下式计算各抗侧力构件的水平地震作用标准值。

悬墙：
$$F_{i2}^{w}=\frac{\psi_{k}K_{22}^{w}}{1.1K_{22}^{b}+\psi_{k}K_{22}^{w}}F_{i2} \tag{7-51}$$

支撑：
$$F_{i2}^{b}=\frac{K_{22}^{b}}{1.1K_{22}^{b}+\psi_{k}K_{22}^{w}}F_{i2} \tag{7-52a}$$

$$F_{i1}^{b}=\frac{1}{1.1}(F_{i1}+F_{i2}^{w}) \tag{7-52b}$$

柱：
$$F_{i1}^{c}=0.1F_{i1}^{b} \tag{7-53a}$$

$$F_{i2}^{c}=0.1F_{i2}^{b} \tag{7-53b}$$

式中 F_{i2}^{w}——悬墙顶点所分配的水平地震作用标准值；

F_{i1}——第 i 柱列顶点标高处(即 2 点)所承受的水平地震作用；

F_{i2}——第 i 柱列低跨标高处(即 1 点)所承受的水平地震作用；

F_{i1}^{b}、F_{i2}^{b}——低跨和高跨屋盖标高处柱支撑所分配的水平地震作用；

F_{i1}^{c}、F_{i2}^{c}——低跨和高跨屋盖标高处柱所分配的水平地震作用。

7.4.5 突出屋面天窗架的纵向抗震计算

突出屋面天窗架的纵向抗震计算，可采用下列方法：

(1)天窗架的纵向抗震计算，可采用空间结构分析法，并计及屋盖平面弹性变形和纵墙的有效刚度。

(2)柱高不超过 15 m 的单跨和等高多跨混凝土无檩屋盖厂房的天窗架纵向地震作用计算，可采用底部剪力法，但天窗架的地震作用效应应乘以边端效应增大系数，其值可按下列规定采用：

①单跨、边跨屋盖或有纵向内隔墙的中跨屋盖：

$$\eta=1+0.5n$$

②其他中跨屋盖：

$$\eta=0.5n$$

式中 η——等效增大系数；

n——厂房跨数，超过四跨时取四跨。

【例 7-1】某工业单层金工车间，为两跨不等高钢筋混凝土柱厂房，车间长度 60 m，低跨、高跨各布置两台 5 t 和 10 t 的 A5 级工作制起重机，AB 跨 18 m，BC 跨 24 m，厂房剖面如图 7-18 所示，截面尺寸：上柱均为矩形：400 mm×400 mm，A 列下柱为矩形 400 mm×600 mm，B、C 列下柱为工字形 400 mm×800 mm。屋盖结构采用钢筋混凝土大型屋面板，钢筋混凝土屋架，240 mm 围护墙。屋盖雪荷载 0.4 kN/m²，可变荷载 0.5 kN/m²；I_1 类场地，设计分组为第二组，柱间支撑采用 Q3 型钢($E_s=2.06\times10^5$ N/mm²)，按设防烈度为 8 度，计算横向及纵向水平地震作用。厂房柱间支撑布置图见图 7-19。

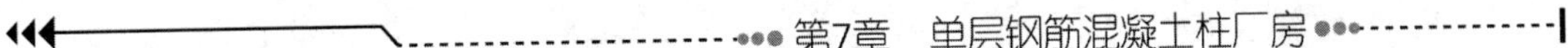

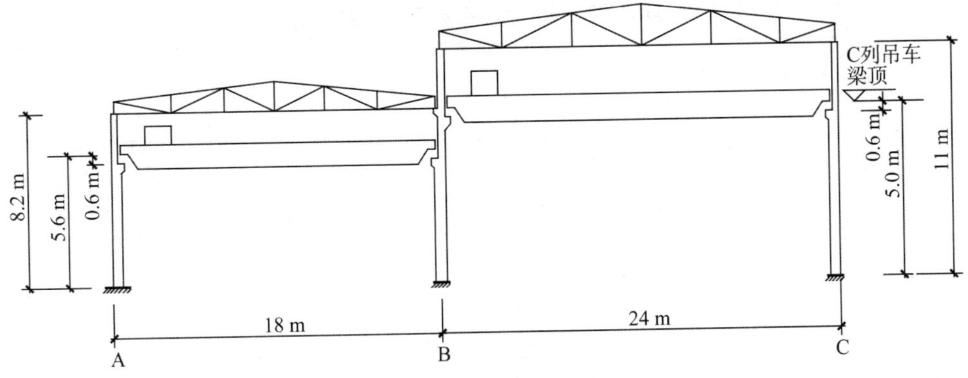

图 7-18 厂房剖面图

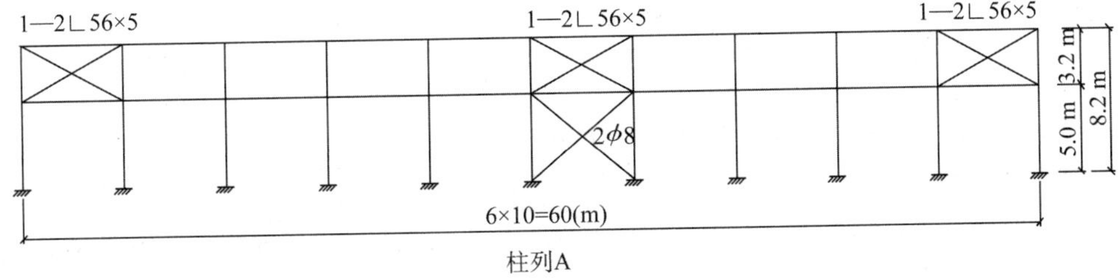

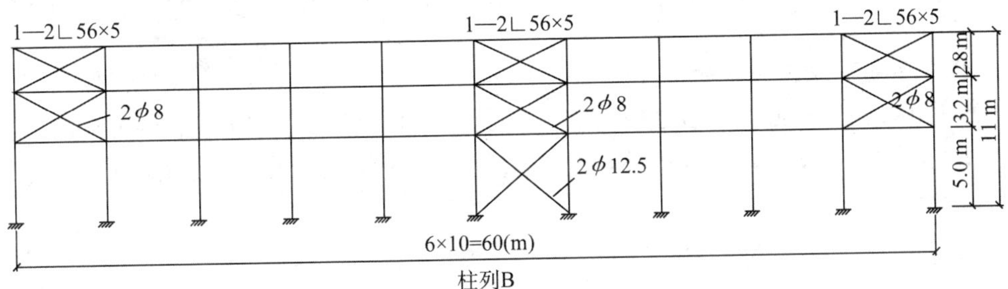

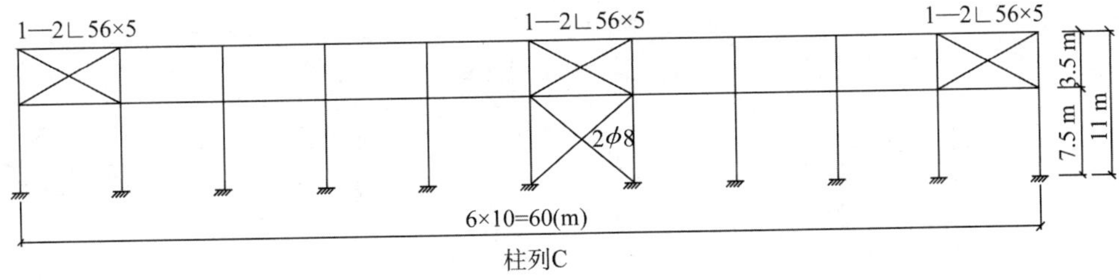

图 7-19 厂房柱间支撑布置示意图

【**解**】1. 横向计算

(1)横向自振周期计算。

①计算简图。计算简图如图 7-20 所示。作用于一个标准单元上的重力荷载值见表 7-11。

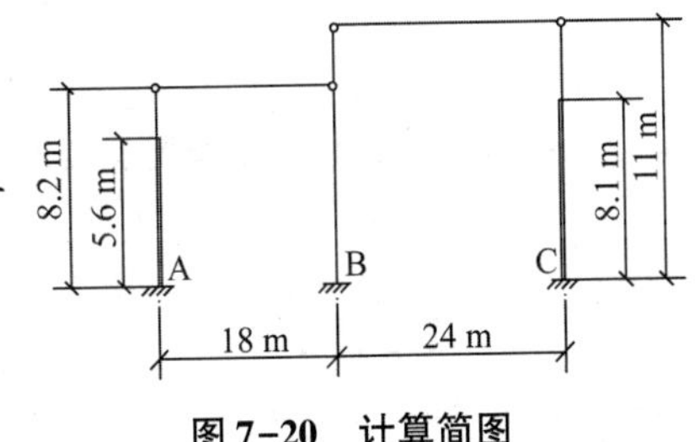

图 7-20 计算简图

表 7-11 作用于一个标准单元上的重力荷载值

kN

荷载类别 \ 跨别		低跨(18 m 跨)	高跨(24 m 跨)
屋盖自重 雪荷载 起重机梁		370.5 43.2 37.2	509.1 57.6 42
柱自重	上柱 下柱	13 32	16 48(B)45(C)
外墙重 起重机桥架重		184 32	222 180
悬墙	56.2		

②屋盖(柱顶)及起重机梁顶面的等效重力荷载代表值。

a. 集中于低跨屋盖的质量:

$G_1 = 1.0G_{低屋盖} + 0.50G_{低雪} + 0.25 \times (G_{低边柱} + G_{中柱下柱} + G_{低外墙}) + 0.50G_{中柱上柱} + 0.50G_{低起重机梁} + 1.0G_{高起重机梁} + 0.50G_{高悬墙}$

$= 1.0 \times 370.5 + 0.5 \times 43.2 + 0.25 \times (13+32+48+184) + 0.5 \times 16 + 0.5 \times 2 \times 37.2 + 1.0 \times 42 + 0.5 \times 56.2$

$= 576.7(\mathrm{kN})$

b. 集中于高跨屋盖的质量:

$G_2 = 1.0G_{高屋盖} + 0.50G_{高雪} + 0.25 \times (G_{高边柱} + G_{高外墙}) + 0.50(G_{中柱上柱} + G_{高悬墙}) + 0.50G_{高起重机梁}$

$= 1.0 \times 509.1 + 0.50 \times 57.6 + 0.25 \times (16+45+222) + 0.50 \times (16+56.2) + 0.50 \times 42$

$= 665.8(\mathrm{kN})$

③排架位移计算,如图 7-21 所示。

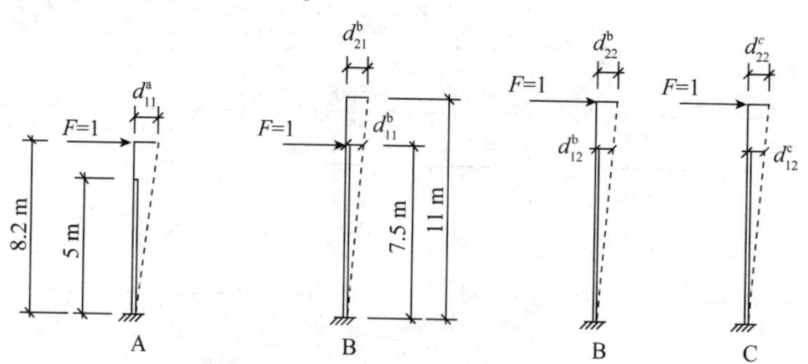

图 7-21 悬臂柱位移计算简图

根据上图,可计算出:$\delta_{11}^{a} = 1.14 \times 10^{-3}$ m/kN $\delta_{22}^{c} = 1.33 \times 10^{-3}$ m/kN

排架位移计算简图如图 7-22 所示,根据图 7-22 可计算出:

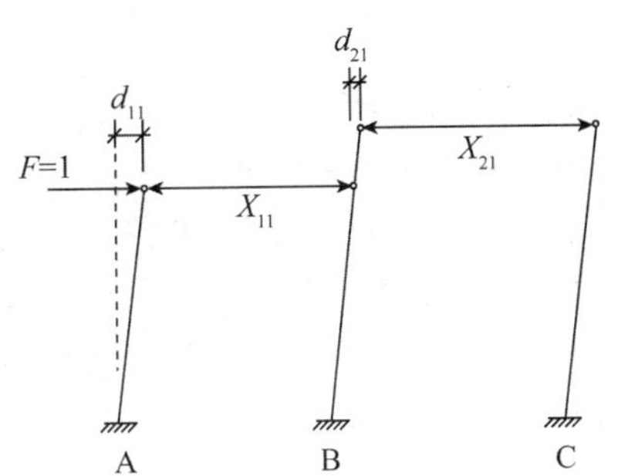

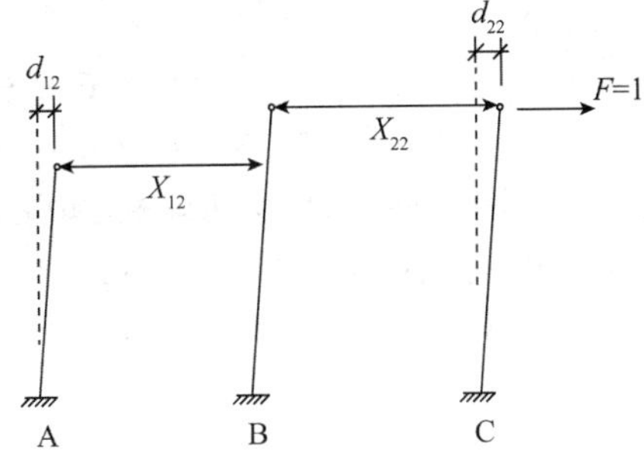

图 7-22　排架位移计算简图

$x_{11}=0.806 \quad x_{12}=x_{21}=-0.214 \quad x_{22}=0.564$

$\delta_{11}=(1-x_{11})\delta_{11}^{a}=(1-0.806)\times1.14\times10^{-3}=0.221\times10^{-3}(\mathrm{m/kN})$

$\delta_{12}=\delta_{21}=x_{21}\delta_{22}^{c}=0.214\times1.33\times10^{-3}=0.285\times10^{-3}(\mathrm{m/kN})$

$\delta_{22}=(1-x_{22})\delta_{22}^{c}=(1-0.564)\times1.33\times10^{-3}=0.580\times10^{-3}(\mathrm{m/kN})$

④排架基本周期：

$\Delta_1=G_1\delta_{11}+G_2\delta_{12}=576.7\times0.221\times10^{-3}+665.8\times0.285\times10^{-3}=0.317(\mathrm{m})$

$\Delta_2=G_1\delta_{12}+G_2\delta_{22}=576.7\times0.285\times10^{-3}+665.8\times0.580\times10^{-3}=0.550(\mathrm{m})$

$$T_1=2\times\sqrt{\frac{G_1\Delta_1^2+G_2\Delta_2^2}{G_1\Delta_1+G_2\Delta_2}}=2\times\sqrt{\frac{576.7\times0.317^2+665.8\times0.550^2}{576.7\times0.317+665.8\times0.550}}=1.37(\mathrm{s})$$

修正系数为 0.8，修正后：$T_1=1.09$ s。

(2)横向地震作用计算。

①集中于低跨屋盖的重力：

$G_1=1.0G_{低屋盖}+0.5G_{低雪}+0.5\times(G_{低边柱}+G_{中柱})+0.5G_{低纵墙}+0.75G_{低起重机梁}+0.5G_{高悬墙}$

$=1.0\times370.5+0.5\times43.2+0.5\times(13+32+16+48)+0.5\times184+0.75\times2\times37.2+1.0\times42+0.5\times56.2$

$=664.5(\mathrm{kN})$

(G_1 中包括了中柱高跨起重机梁重)

②集中于高跨屋盖的重力：

$G_2=1.0G_{高屋盖}+0.5G_{高雪}+0.5\times(G_{中柱上柱}+G_{高边柱}+G_{高外墙})+0.75G_{高起重机梁}+0.50G_{高悬墙}$

$=1.0\times509.1+0.5\times57.6+0.5\times(16+16+45+222)+0.75\times42+0.5\times56.2=747(\mathrm{kN})$

③集中于起重机梁顶面的重力：$G_3=164$ kN；$G_4=180$ kN。

④作用于排架柱底剪力：

$$F_{\mathrm{E}}=0.85\alpha_1\sum G_i$$

$$=\left(\frac{0.3}{1.09}\right)^{0.9}\times0.16\times0.85\times(664.5+747+164+180)=74.7(\mathrm{kN})$$

⑤各质点的地震作用。

$$F_i=\frac{G_iH_i}{\sum_{j=1}^{n}G_jH_j}F_{\mathrm{E}}$$

由此得各质点的地震作用：$F_1=25.3$ kN；$F_2=38.3$ kN；$F_3=4.2$ kN；$F_4=6.8$ kN。

(3)排架内力分析。屋盖标高处地震作用引起的柱子内力标准值。

①横梁内力：

$x_1 = F_1x_{11} + F_2x_{21} = 25.3 \times 0.806 - 38.3 \times 0.214 = 12.2(\text{kN})$（压）

$x_2 = F_1x_{12} + F_2x_{22} = 25.3 \times 0.214 - 38.3 \times 0.564 = -16.2(\text{kN})$（拉）

②排架内力调整：本厂房两端有240 mm厚山墙，并与屋盖有良好连接，厂房总长度与总跨度之比小于8，且柱顶高度小于15 m，故对排架的地震剪力与弯矩乘以考虑空间工作和扭转影响的效应调整系数，柱截面（中柱上柱截面除外）内力乘以0.9。中柱上柱截面内力乘以效应增大系数：

$$\eta = \zeta\left(1 + 1.7\frac{n_h}{n_o} \times \frac{G_{EL}}{G}\right) = 1.0 \times \left(1 + 1.7 \times \frac{1}{2} \times \frac{664.5}{746.9}\right) = 1.76$$

③柱内力计算：屋盖标高处地震作用引起的柱子内力计算，见表7-12。

表7-12　柱子内力计算结果

柱列		A			B			C		
截面		上柱底	下柱底		上柱底	下柱底		上柱底	下柱底	
内力	内力分类	M/(kN·m)	M/(kN·m)	V/kN	M/(kN·m)	M/(kN·m)	V/kN	M/(kN·m)	M/(kN·m)	V/kN
	按平面排架算	28.8	73.8	9.0	45.4	311.9	32.5	67.5	243.1	22.1
	考虑空间工作	25.9	66.4	8.1	79.9*	280.7	29.3	60.8	218.8	19.9
*79.9=16.2×(11−8.2)×1.76，其余第二行数字由第一行数字乘以空间作用效应调整系数0.9（表7-2）得到										

④起重机桥架地震作用引起的柱的内力标准值。此时，柱的内力可由静力计算中起重机横向水平荷载所引起的柱内力乘以相应比值得到。还要对起重机梁顶标高处的上柱截面乘以表7-4中的内力增大系数。

2.纵向计算

(1)等效重力荷载代表值。

①集中于低跨屋盖的质点重力荷载：

$G_{a1} = 1.0G_{半低屋盖} + 0.5G_{半低雪} + 0.1G_{低边柱} + 0.5G_{低横墙} + 0.7G_{低纵墙} + 0.75G_{低起重机梁}$

$= 1.0 \times 370.5 \times 0.5 \times 10 + 0.5 \times 43.2 \times 0.5 \times 10 + 0.1 \times (13+32) \times 11 + 0.5 \times 605 \times 2 + 0.75 \times 184 \times 10$

$= 3\,995(\text{kN})$

$G_{b2} = 1.0G_{半低屋盖} + 0.5G_{半低雪} + 0.1G_{中柱} + 0.5G_{横墙} + 0.5G_{高悬墙} + 1.0(G_{高桥架} + G_{高起重机梁})$

$= 1.0 \times 370.5 \times 0.5 \times 10 + 0.5 \times 43.2 \times 0.5 \times 10 + 0.1 \times (16+48) \times 11 + 0.5 \times (605+807) \times 2 + 0.5 \times 56.2 \times 10 + 1.0 \times (42 \times 10 + 180)$

$= 4\,324(\text{kN})$

②集中于高跨屋盖的质点重力荷载。

$G_{b1} = 1.0G_{高屋盖} + 0.5G_{高雪} + 0.50G_{横墙} + 0.4G_{中柱上柱} + 0.50G_{高悬墙}$

$= 1.0 \times 509.1 \times 0.5 \times 10 + 0.5 \times 57.6 \times 0.5 \times 10 + 0.5 \times 2 \times 276 + 0.4 \times 11 \times 16 + 0.50 \times 10 \times 56.2$

$= 3\,317(\text{kN})$

$G_{c1}=1.0G_{高屋盖}+0.5G_{高雪}+0.1G_{边柱}+0.5G_{横墙}++0.7G_{高纵墙}$

$=1.0\times509.1\times0.5\times10+0.5\times57.6\times0.5\times10+0.1\times(16+45)\times11+0.5\times807\times2+0.7\times10\times222$

$=5\ 118(kN)$

③集中于牛腿标高处的质点重力荷载(图7-23):

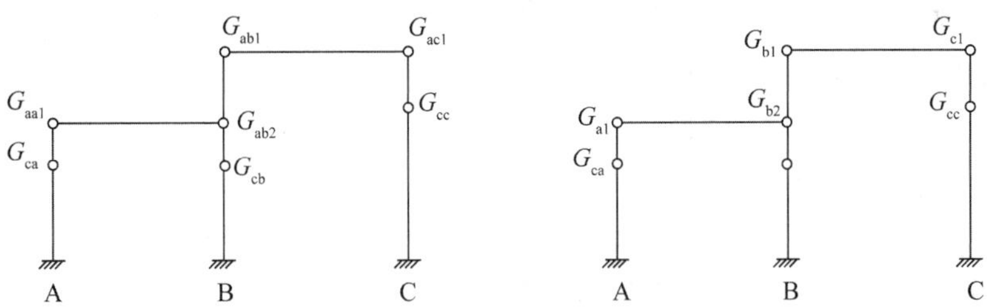

图7-23　厂房重力荷载集中示意图

$G_{ca}=0.4G_{低柱}+1.0(G_{吊梁}+G_{桥架})$

$=0.4\times(13+32)\times11+1.0\times(37.2\times10+164)=734(kN)$

$G_{cb}=0.4G_{中下柱}+1.0(G_{吊梁}+G_{桥架})$

$=0.4\times48\times11+1.0\times(37.2\times10+164)=747(kN)$

$G_{cc}=0.4G_{边柱}+1.0(G_{吊梁}+G_{桥架})$

$=0.4\times48\times11+1.0\times(42\times10+180)=811(kN)$

考虑厂房空间作用对质点重力荷载进行调整如下:

$G_{aa1}=G_{a1}+(1-\zeta_s)G_{b2}=3\ 995+(1-0.7)\times4\ 324=5\ 292(kN)$

$G_{ac1}=G_{c1}+(1-\zeta_s)G_{b1}=5\ 118+(1-0.7)\times3\ 317=6\ 113(kN)$

$G_{ab1}=\zeta_sG_{b1}=0.7\times3\ 317=2\ 323(kN)$

$G_{ab2}=\zeta_sG_{b2}=0.7\times4\ 324=3\ 027(kN)$

(2)柱列刚度。

①柱列A。

a. A列柱间支撑,计算结果见表7-13。

表7-13　计算结果

序号	支撑位置	数量	截面	A	回转半径 i	l/mm	l_0/mm	λ	φ
1	上柱支撑	3	2∟56×5	1 083	21.7	6 450	3 225	148.6	0.325
2	下柱支撑	1	2∟8	2 048	31.5	7 507	3 754	119	0.458

$$\delta_{11}=\frac{1}{L^2E}\left[\frac{l_1^3}{(1+\varphi_{上})A_1}\times\frac{1}{3}+\frac{l_2^3}{(1+\varphi_{下})A_2}\right]$$

$$=\frac{1}{2.06\times10^5\times5\ 600^2}\left[\frac{6\ 450^3}{(1+0.325)\times1\ 083}\times\frac{1}{3}+\frac{7\ 507^3}{(1+0.458)\times2\ 048}\right]$$

$$=3.16\times10^{-5}(mm/N)$$

$$k_A^b=\frac{1}{\delta_{11}}=31\ 646(kN/m)$$

b. A列纵墙刚度。纵墙计算结果见表7-14。

纵墙计算简图如图7-24所示。

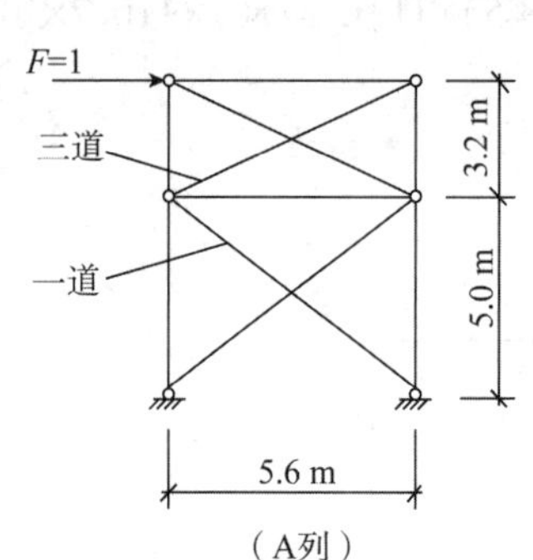

（A列）

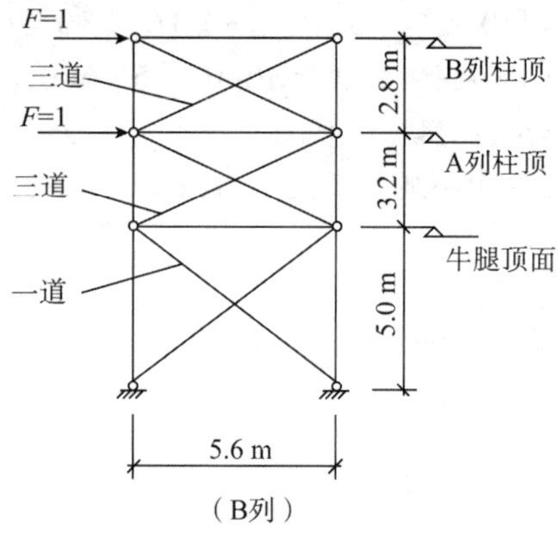

（B列）

图 7-24　柱间支撑

表 7-14　A 列墙段刚度计算

序号		h/m	b/m	$\rho=\frac{h}{b}$	$\frac{1}{\rho^3+3\rho}$	k_{ij}（N·mm^{-1}）	$k_w=\sum\frac{Et}{\rho^3+\rho}$（N·mm^{-1}）	$\delta_i=\frac{1}{k_i}$（mm·N^{-1}）
1		1.7	60	0.028 3	11.78		4.37×10^6	0.229×10^{-6}
2	2 边	3.6	1.5	2.4	0.047 6	17 673	2×176 73+9×69 689=662 547	1.51×10^{-6}
	2 中	3.6	3	1.2	0.187 7	69 689		
3		0.9	60	0.015	22.22		8.25×10^6	0.121×10^{-6}
4	4 边	1.8	1.5	1.2	0.187 7	69 689	2×69 689+9×184 155=1 796 773	0.556×10^{-6}
	4 中	1.8	3	0.6	0.469 0	184 155		
5		0.2	60	0.003 3	101		37.5×10^6	0.027×10^{-6}
								$\sum\delta_i=2.443\times10^{-6}$

由上表，可计算出柱列 A 的纵墙刚度：

$$k_A^w=\frac{1}{\sum\delta_i}=409\ 333(\text{kN/m})$$

柱列 A 总刚度：

$$k_A=\sum k_A^b+\sum k_A^c+\sum k_A^w=1.1\sum k_A^b+\sum k_A^w=439\ 288(\text{kN/m})$$

②柱列 B。

a. B 列柱间支撑。计算简图如图 7-24 所示，计算结果见表 7-15。

表 7-15　计算结果

序号	支撑位置	数量	截面	A	回转半径 i	l/mm	l_0/mm	λ	φ	ψ
1	上柱支撑	3	2∟56×5	1 083	21.7	6 261	3 131	144	0.34	0.556
2	中柱支撑	3	2∟8	2 048	31.5	6 500	3 250	103	0.555	0.597
3	下柱支撑	1	2∟12.5	3 138	49.5	7 507	3 754	76	0.727	0.660

$$\delta_{11}=\delta_{12}=\delta_{21}=\frac{1}{L^2E}\left[\frac{l_2^3}{(1+\varphi_{中})A_2}\times\frac{1}{3}+\frac{l_3^3}{(1+\varphi_{下})A_3}\right]$$

$$=\frac{1}{2.06\times10^5\times5\ 600^2}\left[\frac{6\ 500^3}{(1+0.555)\times2\ 048}\times\frac{1}{3}+\frac{7\ 507^3}{(1+0.727)\times3\ 138}\right]$$

$$=1.65\times10^{-5}(\mathrm{mm/N})$$

$$\delta_{22}=\frac{1}{L^2E}\left[\frac{l_1^3}{(1+\varphi_{上})A_1}\times\frac{1}{3}+\frac{l_2^3}{(1+\varphi_{中})A_2}\times\frac{1}{3}+\frac{l_3^3}{(1+\varphi_{下})A_3}\right]$$

$$=2.53\times10^{-5}(\mathrm{mm/N})$$

$$|\delta|=\delta_{11}\delta_{22}-\delta_{12}^2=(1.65\times2.53-1.65^2)\times10^{-10}=1.452\times10^{-10}(\mathrm{mm/N})^2$$

$$k_{11\mathrm{B}}^{\mathrm{b}}=\frac{\delta_{22}}{|\delta|}=\frac{2.53\times10^{-5}}{1.452\times10^{-10}}=174\ 242(\mathrm{kN/m})$$

$$k_{22\mathrm{B}}^{\mathrm{b}}=\frac{\delta_{11}}{|\delta|}=\frac{1.65\times10^{-5}}{1.452\times10^{-10}}=113\ 636(\mathrm{kN/m})$$

$$k_{12\mathrm{B}}^{\mathrm{b}}=k_{21\mathrm{B}}^{\mathrm{b}}=\frac{-\delta_{21}}{|\delta|}=\frac{-1.65\times10^{-5}}{1.452\times10^{-10}}=-113\ 636(\mathrm{kN/m})$$

b. 悬墙刚度。高低跨悬墙刚度计算方法与 A 列纵墙刚度计算方法相同，具体计算过程从略。

$$k_{\mathrm{B}}^{\mathrm{w}}=500\ 000\ \mathrm{kN/m}$$

$$[k_{\mathrm{B}}^{\mathrm{w}}]=\begin{bmatrix}500\ 000 & -500\ 000\\-500\ 000 & 500\ 000\end{bmatrix}$$

c. B 柱列刚度矩阵。柱子刚度可简化取为支撑刚度的 10%，则 B 柱列刚度矩阵：

$$[k_{\mathrm{B}}]=\begin{bmatrix}1.1k_{11\mathrm{B}}^{\mathrm{b}}+500\ 000 & -1.1k_{12\mathrm{B}}^{\mathrm{b}}-500\ 000\\-1.1k_{21\mathrm{B}}^{\mathrm{b}}-500\ 000 & 1.1k_{22\mathrm{B}}^{\mathrm{b}}+500\ 000\end{bmatrix}$$

$$=\begin{bmatrix}1.1\times174\ 242+500\ 000 & -1.1\times113\ 636-500\ 000\\-1.1\times113\ 636-500\ 000 & 1.1\times113\ 636-500\ 000\end{bmatrix}$$

$$=\begin{bmatrix}691\ 666 & -625\ 000\\-625\ 000 & 625\ 000\end{bmatrix}=4.17\times10^{10}$$

$$\delta_{11\mathrm{B}}=\frac{k_{22}}{|k_{\mathrm{B}}|}=\frac{62\ 500}{4.17\times10^{-10}}=1.5\times10^{-5}(\mathrm{m/kN})$$

$$\delta_{12\mathrm{B}}=\delta_{21\mathrm{B}}=\frac{-k_{21}}{|k_{\mathrm{B}}|}=\frac{-62\ 500}{4.17\times10^{-10}}=1.5\times10^{-5}(\mathrm{m/kN})$$

$$\delta_{22\mathrm{B}}=\frac{k_{11}}{|k_{\mathrm{B}}|}=\frac{691\ 666}{4.17\times10^{-10}}=1.66\times10^{-5}(\mathrm{m/kN})$$

③柱列 C 刚度矩阵。柱列 C 的刚度方法与柱列 A 的刚度方法相同，具体计算过程从略。

$$k_{\mathrm{C}}^{\mathrm{b}}=\frac{1}{\delta_{11}}=17\ 505\ \mathrm{kN/m}\qquad k_{\mathrm{C}}^{\mathrm{w}}=415\ 395\ \mathrm{kN/m}$$

④厂房纵向基本周期。

$$\Delta_{\mathrm{A}}=G_{\mathrm{aa1}}\delta_A=5\ 292\times2.25\times10^{-6}=0.011\ 7(\mathrm{mm})$$

$$\Delta_{\mathrm{B1}}=G_{\mathrm{ab1}}\delta_{\mathrm{B11}}+G_{\mathrm{ab2}}\delta_{\mathrm{B12}}=2\ 323\times1.5\times10^{-6}+3\ 027\times1.5\times10^{-6}=0.085\ 1(\mathrm{mm})$$

$$\Delta_{\mathrm{C}}=G_{\mathrm{ac1}}\delta_C=6\ 113\times2.30\times10^{-6}=0.014\ 1(\mathrm{mm})$$

$$T_1 = 2\psi_T \sqrt{\frac{\sum G'_{si}\Delta_i^2}{\sum G'_{si}\Delta_i}}$$

$$= 2 \times 0.8 \times \sqrt{\frac{5\,200 \times 0.011\,7^2 + 2\,323 \times 0.080\,3^2 + 3\,027 \times 0.085\,1^2 + 6\,113 \times 0.014\,1^2}{5\,200 \times 0.011\,7 + 2\,323 \times 0.080\,3 + 3\,027 \times 0.085\,1 + 6\,113 \times 0.014\,1}}$$

$$= 0.410(\text{s})$$

⑤柱列水平地震作用标准值

$$\alpha_1 = \left(\frac{T_g}{T_1}\right)^{0.9}\alpha_{\max} = \left(\frac{0.3}{0.410}\right)^{0.9} \times 0.16 = 0.121$$

$$F_{A1} = \alpha_1 G_{aa1} = 0.121 \times 5\,292 = 640(\text{kN})$$

$$F_{B1} = \alpha_1(G_{ab1} + G_{ab2})\frac{G_{ab1}H_1}{G_{ab1}H_1 + G_{ab2}H_2}$$

$$= 0.121 \times (2\,323 + 3\,027) \times \frac{2\,323 \times 11}{2\,323 \times 11 + 3\,027 \times 8.2} = 328(\text{kN})$$

$$F_{B2} = \alpha_1(G_{ab1} + G_{ab2})\frac{G_{ab2}H_2}{G_{ab1}H_1 + G_{ab2}H_2}$$

$$= 0.121 \times (2\,323 + 3\,027) \times \frac{3\,027 \times 8.2}{2\,323 \times 11 + 3\,027 \times 8.2} = 319(\text{kN})$$

$$F_C = \alpha_1 G_{ac1} = 0.121 \times 6\,113 = 740(\text{kN})$$

(3)计算构件水平地震作用标准值。

$$k'_A = \sum k_A^b + \sum k_A^c + \psi\sum k_A^w = 1.1\sum k_A^b + \psi\sum k_A^w = 198\,653(\text{kN/m})$$

砖墙：$F_A^w = \dfrac{\psi\sum k_A^w}{k'_A}F_{A1} = \dfrac{0.4 \times 409\,332}{198\,653} \times 640 = 527(\text{kN})$

柱撑：$F_A^b = \dfrac{\sum k_A^b}{k'_A}F_{A1} = \dfrac{31\,746}{198\,653} \times 640 = 193(\text{kN})$

柱：$F_A^c = \dfrac{0.1\sum k_A^b}{k'_A}F_{A1} = \dfrac{0.1 \times 31\,746}{198\,653} \times 640 = 10(\text{kN})$

柱列 B：

$$k'_{B1} = 1.1k_{B11}^b + \psi k_{B11}^w = 1.1 \times 113\,636 + 0.2 \times 500\,000 = 22\,500(\text{kN/m})$$

悬墙：$F_{B1}^w = \dfrac{\psi k_{B11}^w}{k'_{B1}}F_{B1} - \dfrac{0.2 \times 500\,000}{225\,000} \times 319 = 142(\text{kN})$

柱撑：$F_{B1}^b = \dfrac{k_{B11}^b}{k'_{B1}}F_{B1} = \dfrac{113\,636}{225\,000} \times 319 = 161(\text{kN})$

$$F_{B2}^b = \frac{1}{1.1}(F_{B2} + F_{B2}^w) = \frac{1}{1.1}(328 + 142) = 427(\text{kN})$$

柱：$F_{B2}^c = \dfrac{1}{11} \times 0.1F_{B2}^b = \dfrac{1}{11} \times 0.1 \times 161 = 1.46(\text{kN})$

$$F_{B1}^c = \frac{1}{11} \times 0.1F_{B1}^b = \frac{1}{11} \times 0.1 \times 427 = 3.88(\text{kN})$$

柱列 C 的计算方法与柱列 A 相同，从略。

7.5 单层厂房结构抗震构造措施

7.5.1 有檩屋盖构件的连接与支撑布置

有檩屋盖,主要是波形瓦(包括石棉瓦及槽瓦)屋盖。有檩屋盖构件的连接与支撑布置,应符合下列要求:

(1)檩条应与混凝土屋架(屋面梁)焊牢,并应有足够的支承长度。檩条端部埋设板与屋架(屋面梁)连接的焊缝长度不宜小于60 mm,焊脚高度不宜小于6 mm。不应利用檩条作为屋盖支撑的杆件。

(2)双脊檩应在跨度1/3处采用两个螺栓相互拉结。

(3)压型钢板应与檩条可靠连接,瓦楞铁、石棉瓦等与檩条拉结。

有檩屋盖的支撑系统布置应符合表7-16的要求。

表7-16 有檩屋盖的支撑系统布置

<table>
<tr><th colspan="2" rowspan="2">支撑名称</th><th colspan="3">抗震设防烈度</th></tr>
<tr><th>6、7</th><th>8</th><th>9</th></tr>
<tr><td rowspan="4">屋架支撑</td><td>上弦横向支撑</td><td>单元端开间各设一道</td><td>单元端开间及单元长度大于66 m的柱间支撑开间各设一道;天窗开洞范围的两端各增设局部的支撑一道</td><td>单元端开间及单元长度大于42 m的柱间支撑开间各设一道;天窗开洞范围的两端各增设局部的上弦横向支撑一道</td></tr>
<tr><td>下弦横向支撑</td><td colspan="2">同非抗震设计</td><td rowspan="2">屋架跨度大于等于30 m时,跨中增设一道</td></tr>
<tr><td>跨中竖向支撑</td><td colspan="2">同非抗震设计</td></tr>
<tr><td>端部竖向支撑</td><td colspan="3">屋架端部高度大于900 mm时,厂房单元端开间及柱间支撑开间各设一道</td></tr>
<tr><td rowspan="2">天窗架支撑</td><td>上弦横向支撑</td><td>单元天窗两端开间各设一道</td><td rowspan="2">单元天窗端开间及每隔18 m各设一道</td><td rowspan="2">单元天窗端开间及每隔30 m各设一道</td></tr>
<tr><td>两侧竖向支撑</td><td>单元天窗端开间及每隔36 m各设一道</td></tr>
</table>

7.5.2 无檩屋盖构件的连接与支撑布置

无檩屋盖是指各类不用檩条的钢筋混凝土屋面板与屋架(梁)组成的屋盖。我国目前仍大量采用钢筋混凝土大型屋面板,屋盖的各构件相互间连成整体是厂房抗震的重要保证。

无檩屋盖构件的连接及支撑布置应符合下列具体要求:

(1)每块大型屋面板应有三点与屋架(屋面梁)焊牢,三点焊缝长度不小于 60 mm,焊脚高度不小于 5 mm。靠柱列的屋面板与屋架(屋面梁)的连接焊缝长度不宜小于 80 mm。焊脚高度不小于 6 mm。另外,为了使屋盖具有一定的剪切刚度,还要求板缝间应用高强度等级的细石混凝土浇灌密实。

(2)6 度和 7 度时,有天窗厂房单元的端开间,或 8 度和 9 度时各开间,宜将垂直屋架方向两侧相邻的大型屋面板的顶面彼此焊牢。8 度和 9 度时,大型屋面板端头底面的预埋件宜采用角钢并与主筋焊牢。

(3)非标准屋面板宜采用装配整体式接头,或将板四角切掉后与屋架(屋面梁)焊牢。

(4)屋架(屋面梁)端部顶面预埋件的锚筋,8 度时不宜少于 4ϕ10,9 度时不宜少于 4ϕ12。

屋面板和屋架(梁)可靠焊连是第一道防线,相邻屋面板吊钩或四角顶面预埋铁件间的焊连是第二道防线;为保证焊连强度,要求屋面板端头底面预埋板和屋架端部顶面预埋件均应加强锚固;当制作非标准屋面板时,也应采取相应的措施。

无檩屋盖的支撑系统布置宜符合表 7-17 的要求,有中间井式天窗时宜符合表 7-18 的要求;8 度和 9 度跨度不大于 15 m 的屋面梁屋盖,可仅在厂房单元两端各设竖向支撑一道。

表 7-17　无檩屋盖的支撑系统布置

<table>
<tr><th colspan="3" rowspan="2">支撑名称</th><th colspan="3">烈度</th></tr>
<tr><th>6、7</th><th>8</th><th>9</th></tr>
<tr><td rowspan="6">屋架支撑</td><td colspan="2">上弦横向支撑</td><td>屋架跨度小于 18 m 时同非抗震设计,跨度不小于 18 m 时在厂房单元端开间各设一道</td><td colspan="2">厂房单元端开间及柱间支撑开间各设一道,天窗开洞范围的两端各增设局部的支撑一道</td></tr>
<tr><td colspan="2">上弦通长水平系杆</td><td rowspan="4">同非抗震设计</td><td>沿屋架跨度不大于 15 m 设一道,但装配整体式屋面可不设
围护墙在屋架上弦高度有现浇圈梁时,其端部处可不另设</td><td>沿屋架跨度不大于 12 m 设一道,但装配整体式屋面可不设
围护墙在屋架上弦高度有现浇圈梁时,其端部处可不另设</td></tr>
<tr><td colspan="2">下弦横向支撑</td><td rowspan="2">同非抗震设计</td><td rowspan="2">同上弦横向支撑</td></tr>
<tr><td colspan="2">跨中竖向支撑</td></tr>
<tr><td rowspan="2">两端竖向支撑</td><td>屋架端部高度≤900 mm</td><td>厂房单元端开间各设一道</td><td>厂房单元天窗端开间及每隔 48 m 各设一道</td></tr>
<tr><td>屋架端部高度>900 mm</td><td>厂房单元端开间各设一道</td><td>厂房单元端开间及柱间支撑开间各设一道</td><td>厂房单元端开间、柱间支撑开间及每隔 30 m 各设一道</td></tr>
</table>

续表

<table>
<tr><td colspan="2" rowspan="2">支撑名称</td><td colspan="3">烈度</td></tr>
<tr><td>6、7</td><td>8</td><td>9</td></tr>
<tr><td rowspan="2">天窗架支撑</td><td>天窗两侧竖向支撑</td><td>厂房单元天窗端开间及每隔 30 m 各设一道</td><td>厂房单元天窗端开间及每隔 24 m 各设一道</td><td>厂房单元天窗端开间及每隔 18 m 各设一道</td></tr>
<tr><td>上弦横向支撑</td><td>同非抗震设计</td><td>天窗跨度≥9m 时，厂房单元天窗端开间及柱间支撑各设一道</td><td>厂房单元天窗端开间及柱间支撑各设一道</td></tr>
</table>

表 7-18　中间井式天窗无檩屋盖支撑布置

<table>
<tr><td colspan="2">抗震设防烈度
支撑名称</td><td>6,7 度,8 度</td><td>9 度</td><td></td></tr>
<tr><td colspan="2">上弦横向支撑
下弦横向支撑</td><td>厂房单元端开间各设一道</td><td colspan="2">厂房单元端开间及柱间支撑开间各设一道</td></tr>
<tr><td colspan="2">上弦通长水平系杆</td><td colspan="3">天窗范围内屋架跨中上弦节点处设置</td></tr>
<tr><td colspan="2">下弦通长水平系杆</td><td colspan="3">天窗两侧及天窗范围内屋架下弦节点处设置</td></tr>
<tr><td colspan="2">跨中竖向支撑</td><td colspan="3">有上弦横向支撑开间设置,位置与下弦通长系杆相对应</td></tr>
<tr><td rowspan="2">两端竖向支撑</td><td>屋架端部高度<900 mm</td><td colspan="2">同非抗震设计</td><td>有上弦横向支撑开间,且间距不大于 48 m</td></tr>
<tr><td>屋架端部高度≥900 mm</td><td>厂房单元端开间各设一道</td><td>有上弦横向支撑开间,且间距不大于 48 m</td><td>有上弦横向支撑开间,且间距不大于 30 m</td></tr>
</table>

屋盖支撑还应符合下列要求：

(1)在天窗开洞范围内,在屋架脊点处应设上弦通长水平压杆。8 度Ⅲ、Ⅳ类场地和 9 度时,梯形屋架端部上带点应沿厂房纵向设置通长水平压杆。

(2)屋架跨中竖向支撑在跨度方向的间距,6～8 度时不大于 15 m,9 度时不大于 12 m;当仅在跨中设一道时,应设在跨中屋架屋脊处;当设两道时,应在跨度方向均匀布置。

(3)屋架上、下弦通长水平系杆与竖向支撑宜配合设置。

(4)柱距不小于 12 m 且屋架间距 6 m 的厂房,托架(梁)区段及其相邻开间应设下弦纵向水平支撑。

(5)屋盖支撑杆件宜用型钢。

7.5.3　屋架

在一般情况下宜采用预应力混凝土或钢筋混凝土屋架,当单层厂房结构的跨度大于 24 m,且位于抗震设防烈度 8 度设防Ⅲ、Ⅳ类场地土的地区,或位于抗震设防烈度 9 度设防地区时,优先选用钢屋架。

(1)突出屋面的混凝土天窗架,其两侧墙板与天窗立柱宜采用螺栓连接。地震震害表明，采用刚性焊连构造时，天窗立柱普遍在下档和侧板连接处出现开裂和破坏，甚至倒塌，刚性连接仅在支撑很强的情况下才是可行的措施，故规定一般单层厂房宜用螺栓连接。

(2)混凝土屋架的截面和配筋，应满足下列要求：

①屋架上弦第一节间和梯形屋架端竖杆的配筋，抗震设防烈度6度和抗震设防烈度7度时不宜少于4ϕ12，抗震设防烈度8度和抗震设防烈度9度时不宜少于4ϕ14。

②梯形屋架的端竖杆截面宽度宜与上弦宽度相同。

③拱形和折线形屋架上弦端部支撑屋面板的小立柱，截面不宜小于200 mm×200 mm，高度不宜大于500 mm，主筋宜采用Π形，抗震设防烈度6度和抗震设防烈度7度时不宜少于4ϕ12，抗震设防烈度8度和抗震设防烈度9度时不宜少于4ϕ14，箍筋可采用ϕ6，间距宜为100 mm。

7.5.4 柱

(1)下列范围内柱的箍筋应加密：

①柱头，取柱顶以下500 mm并不小于柱截面长边尺寸。

②上柱，取阶形柱自牛腿面至起重机梁顶面以上300 mm高度范围内。

③牛腿(柱肩)，取全高。

④柱根，取下柱柱底至室内地坪以上500 mm。

⑤柱间支撑与柱连接节点和柱变位受平台等约束的部位，取节点上、下各300 mm。

⑥加密区箍筋间距不应大于100 mm，箍筋最大肢距和最小直径应符合表7-19的规定。

表7-19　柱加密区箍筋最大肢距和最小箍筋直径

烈度和场地类别		6度和7度Ⅰ、Ⅱ类场地	7度Ⅲ、Ⅳ类场地和8度Ⅰ、Ⅱ类场地	8度Ⅲ、Ⅳ类场地和9度
箍筋最大肢距/mm		300	250	200
箍筋最小直径	一般柱头和柱根	ϕ6	ϕ8	ϕ8(ϕ10)
	角柱柱头	ϕ8	ϕ10	ϕ10
	上柱牛腿和有支撑的柱根	ϕ8	ϕ8	ϕ10
	有支撑的柱头和柱变位受约束部位	ϕ8	ϕ10	ϕ10
注.括号内数值用于柱根				

(2)山墙抗风柱的配筋，应符合下列要求：

①抗风柱柱顶以下300 mm和牛腿(柱肩)面以上300 mm范围内的箍筋，直径不宜小6 mm，间距不应大于100 mm，肢距不宜大于250 mm。

②抗风柱的变截面牛腿(柱肩)处，宜设置纵向受拉钢筋。

(3)大柱网厂房的抗震性能是唐山地震中发现的新问题，其震害特征：

①柱根出现对角破坏，混凝土酥碎剥落，纵筋压曲，说明主要是纵、横两个方向或斜向地震作用的影响，柱根的强度和延性不足。

②中柱的破坏率和破坏程度均大于边柱，说明与柱的轴压比有关。

(4)大柱网厂房柱的截面和配筋构造,应符合下列要求:

①柱截面宜采用正方形或接近正方形的矩形,边长不宜小于柱全高的1/18～1/16。

②重屋盖厂房地震组合的柱轴压比,抗震设防烈度6、7度时不宜大于0.8,抗震设防烈度8度时不宜大于0.7,抗震设防烈度9度时不应大于0.6。

③纵向钢筋宜沿柱截面周边对称配置,间距不宜大于200 mm,角部宜配置直径较大的钢筋。

④柱头和柱根的箍筋应加密,并应符合下列要求:

a.加密范围,柱根取基础顶面至室内地坪以上1 m,且不小于柱全高的1/6;柱头取柱顶以下500 mm,且不小于柱截面长边尺寸。

b.箍筋直径、间距和肢距,应符合表7-19的要求。

7.5.5　柱间支撑

柱间支撑是单层钢筋混凝土柱厂房的纵向主要抗侧力构件。当厂房单元较长或8度Ⅲ、Ⅳ类场地和9度时,纵向地震作用效应较大,设置一道下柱支撑不能满足要求时,可设置两道下柱支撑,但应注意:两道下柱支撑宜设置在厂房单元中间三分之一区段内,不宜设置在厂房单元的两端,以免温度应力过大;在满足工艺条件的前提下,两者靠近设置时,温度应力小;在厂房单元中部三分之一区段内,适当拉开设置则有利于缩短地震作用的传递路线,设计中可根据具体情况确定。交叉式柱间支撑的侧移刚度大,对保证单层钢筋混凝土柱厂房在纵向地震作用下的稳定性有良好的效果,但在与下柱连接的节点处理时,会遇到一些困难。

(1)厂房柱间支撑的布置,应符合下列规定:

①一般情况下,应在厂房单元中部设置上、下柱间支撑,且下柱支撑应与上柱支撑配套设置;

②有起重机或8度和9度时,宜在厂房单元两端增设上柱支撑;

③厂房单元较长或8度Ⅲ、Ⅳ类场地和9度时,可在厂房单元中部1/3区段内设置两道柱间支撑。

(2)柱间支撑应采用型钢,支撑形式宜采用交叉式,其斜杆与水平面的交角不宜大于55°。

(3)支撑杆件的长细比,不宜超过表7-20的规定。

(4)下柱支撑的下节点位置和构造措施,应保证将地震作用直接传给基础;当6度和7度不能直接传给基础时,应计及支撑对柱和基础的不利影响。

(5)交叉支撑在交叉点应设置节点板,其厚度不应小于10 mm,斜杆与交叉节点板应焊接,与端节点板宜焊接。

表7-20　交叉支撑斜杆的最大长细比

位置 \ 抗震设计烈度和场地	6度和7度Ⅰ、Ⅱ类场地	7度Ⅲ、Ⅳ类场地和8度Ⅰ、Ⅱ类场地	8度Ⅲ、Ⅳ类场地和9度Ⅰ、Ⅱ类场地	9度Ⅲ、Ⅳ类场地
上柱支撑	250	250	200	150
下柱支撑	200	150	120	120

7.5.6 连接节点

(1)抗震设防烈度8度时跨度不小于18 m的多跨厂房中柱和抗震设防烈度9度时多跨厂房各柱,柱顶宜设置通长水平压杆,此压杆可与梯形屋架支座处通长水平系杆合并设置,钢筋混凝土系杆端头与屋架间的空隙应采用混凝土填实。

(2)屋架(屋面梁)与柱顶的连接,抗震设防烈度8度时宜采用螺栓,抗震设防烈度9度时宜采用钢板铰,亦可采用螺栓;屋架(屋面梁)端部支承垫板的厚度不宜小于16 mm。柱顶预埋件的锚筋,抗震设防烈度8度时不宜少于4ϕ14,抗震设防烈度9度时不宜少于4ϕ16;有柱间支撑的柱子,柱顶预埋件还应增设抗剪钢板,为加强柱牛腿(柱肩)预埋板的锚固,要把相当于承受水平拉力的纵向钢筋与预埋板焊连。

(3)抗风柱的柱顶与屋架上弦的连接节点,要具有传递纵向水平地震力的承载力和延性。抗风柱的柱顶与屋架(屋面梁)上弦可靠连接,不仅保证抗风柱的强度和稳定,同时也保证山墙产生的纵向地震作用的可靠传递,但连接点必须在上弦横向支撑与屋架的连接点,否则将使屋架上弦产生附加的节间平面外弯矩。山墙抗风柱的柱顶,应设置预埋板,使柱顶与端屋架的上弦(屋面梁上翼缘)可靠连接。连接部位应位于上弦横向支撑与屋架的连接点处,不符合时可在支撑中增设次腹杆或设置型钢横梁,将水平地震作用传至节点部位。

(4)支承低跨屋盖的中柱牛腿(柱肩)的预埋件,应与牛腿(柱肩)中按计算承受水平拉力部分的纵向钢筋焊接,且焊接的钢筋,抗震设防烈度6、7度时不应少于2ϕ12;抗震设防烈度8度时不应少于2ϕ14;抗震设防烈度9度时不应少于2ϕ16。

(5)柱间支撑与柱连接节点预埋件的锚件,抗震设防烈度8度Ⅲ、Ⅳ类场地和抗震设防烈度9度时,宜采用角钢加端板,埋板与锚件的焊接,通常用埋弧焊或开锥形孔塞焊。其他情况可采用HRB335级或HRB400级热轧钢筋,但锚固长度不应小于30倍锚筋直径或增设端板。

(6)厂房中的起重机走道板、端屋架与山墙间的填充小屋面板、天沟板、天窗端壁板和天窗侧板下的填充砌体等构件应与支撑结构有可靠的连接。

思考题

1. 单层钢筋混凝土柱厂房主要震害有哪些?
2. 如何考虑桥架的质量?
3. 单层厂房横向抗震计算应考虑哪些因素进行内力调整?
4. 单层厂房纵向抗震计算有哪些方法?试简述各种方法的步骤与要点。
5. 单层厂房结构在平面布置上有何要求?为什么?

参考文献

[1]中华人民共和国国家标准. GB 50011—2010 建筑抗震设计规范(2016 年版)[S]. 北京:中国建筑工业出版社,2012.

[2]中华人民共和国国家标准. GB 50010—2010 混凝土结构设计规范[S]. 北京:中国建筑工业出版社,2012.

[3]郭继武. 建筑抗震设计[M]. 北京:高等教育出版社,2006.

[4]李国强,李杰,苏小卒. 建筑结构抗震设计[M]. 北京:中国建筑工业出版社,2008.

[5]罗福午. 单层工业厂房结构设计[M]. 北京:清华大学出版社,1995.

[6]窦立军. 抗震结构设计[M]. 北京:机械工业出版社,2012.

[7]王社良. 抗震结构设计[M]. 武汉:武汉理工大学出版社,2003.

[8]丰定国,王社良. 抗震结构设计[M]. 武汉:武汉工业大学出版社,2003.

[9]薛素铎,赵均,高向宇. 建筑抗震设计[M]. 3 版. 北京:科学出版社,2012.

[10]尚守平,周福霖. 结构抗震设计[M]. 3 版. 北京:高等教育出版社,2015.

[11]胡聿贤. 地震工程学[M]. 北京:地震出版社,1988.

[12]中华人民共和国国家标准. GB 50003—2011 砌体结构设计规范[S]. 北京:中国建筑工业出版社,2012.

[13]中华人民共和国国家标准. GB 50017—2017 钢结构设计标准[S]. 北京:中国建筑工业出版社,2003.